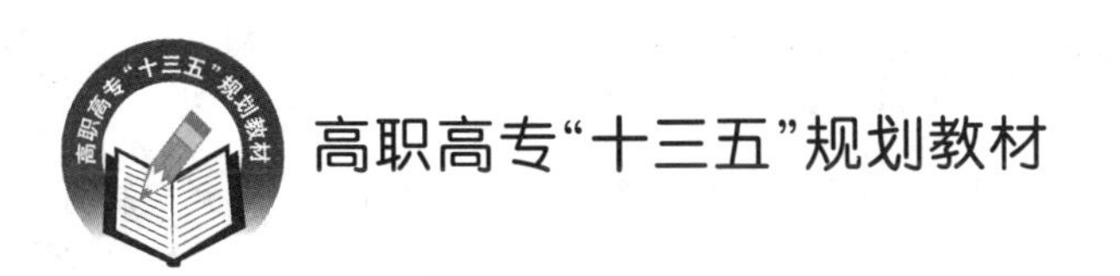

可编程控制器原理及应用

主　编　雷大军　高　春
副主编　林　君

北京航空航天大学出版社

内容简介

可编程控制器是一种融合计算机技术、微电子技术、自动控制技术和通信技术，实现工业自动化控制的新型控制装置。

本书主要以现今流行的西门子公司的S7-200 SMART系列CPU ST××小型PLC为背景，从工程应用的角度出发，重点介绍了PLC的组成、原理、指令系统和编程方法，深入浅出地论述了PLC系统的设计方法，并列举了大量S7-200 SMART系列PLC在控制系统中的典型应用实例，同时详细介绍了触摸屏Smart 1000。

本书可作为高职高专院校自动化控制技术、机电一体化、数控技术、应用电子技术等相关专业的教材，也可供其他技术人员参考。

图书在版编目(CIP)数据

可编程控制器原理及应用 / 雷大军，高春主编. --北京 ：北京航空航天大学出版社，2016.12

ISBN 978-7-5124-2315-2

Ⅰ. ①可… Ⅱ. ①雷… ②高… Ⅲ. ①可编程序控制器—高等职业教育—教材 Ⅳ. ①TP332.3

中国版本图书馆CIP数据核字(2016)第284306号

可编程控制器原理及应用

主　编　雷大军　高　春

副主编　林　君

责任编辑　孙兴芳

*

北京航空航天大学出版社出版发行

北京市海淀区学院路37号(邮编100191)　http://www.buaapress.com.cn

发行部电话：(010)82317024　传真：(010)82328026

读者信箱：goodtextbook@126.com　邮购电话：(010)82316936

北京兴华昌盛印刷有限公司印装　各地书店经销

*

开本：787×1 092　1/16　印张：13.75　字数：352千字

2017年1月第1版　2017年1月第1次印刷　印数：2 000册

ISBN 978-7-5124-2315-2　定价：29.00元

前　言

《可编程控制器原理及应用》是四川高等职业教育研究中心资助项目(项目编号:GZY16B17)——省级科研项目的成果之一。本书以培养综合应用型人才为目标,在注重基础理论教学的同时,突出实践性教学环节,力争做到深入浅出、循序渐进、理论联系实际、配套教学资源完整,以便于教学。本书体现了高等职业教育的特点,符合高职高专教育和人才培养大纲的基本要求。

可编程控制器(Programmable Logic Controller,PLC)是工业自动化设备的主导产品,具有控制功能强、可靠性高、使用方便、适用于不同控制要求的各种控制对象等优点,其工作原理、设计和使用方法为电气或机电类专业必修课的学习内容。

西门子公司的可编程控制器在我国的应用市场中占有相当大的份额,尤其是小型可编程控制器 S7-200 SMART 系列的 CPU ST××,以其结构紧凑、功能强大、易于扩展,以及质量优良、价格低、程序易于下载、通信组态方便等优点得到广泛的应用。

本书以 S7-200 SMART 系列的 CPU ST××为例,讲述了小型可编程控制器的构成、原理和指令系统,以及系统设置、调试和使用方法,同时对 OMRON、三菱等可编程控制器产品进行了介绍。本书重点突出实践性教学环节,在指令系统的介绍中,列举了大量实用性程序。本课程的参考教学时数为 40～70 学时,其中,实践性教学参考学时为 25 学时左右。

本书第 1、2 章为可编程控制器的概述和构成原理。第 3 章重点介绍了 CPU ST××小型 PLC 构成原理、编程器件、系统扩展及编程语言等内容。第 4 章重点介绍了 STEP 7-Micro/WIN SMART V2.0(汉化版)编程软件的使用方法。第 5、6 章介绍了 S7-200 SMART 系列 PLC 的指令系统。第 7 章重点介绍了 PLC 应用系统的设计方法,触摸屏 Smart 1000 的组态、编程的基本方法,以及 S7-200 SMART 的以太网通信技术。第 8 章介绍了其他机型。第 9 章是项目实例,给出了不同难度等级的编程练习、综合能力实验等内容,能满足不同层次学员的学习要求;本章介绍了 PLC 实验装置的构成、原理及实验要求,以灯、时间、电动机等为控制对象,从时序控制设计法、逻辑分析设计法、步进控制设计法等角度介绍了 PLC 应用系统的设计和编程方法。每章后面均附有习题。

本书由四川航天职业技术学院的教师编写,其中,周林编写第 1 章,高春编写第 2 章及第 9 章的项目 1～4,李大朋编写第 3、4 章及第 9 章的项目 9～11,林君编写第 5 章及第 9 章的项目 5～8,雷大军编写第 6 章及第 9 章的项目 12,刘涛编写第 7 章及第 9 章的项目 13～16,赵忠元编写第 8 章。全书由雷大军负责统稿。

在本书的编写过程中,成都大地脉博科技有限公司提供了大力帮助,尹工提供了大量的技术资料,还有许多教师及朋友为本书的编写提供了帮助,在此一并表示衷心的感谢。

由于作者水平有限,书中错误、不妥、疏漏之处在所难免,敬请读者批评指正。

编　者

2016 年 8 月

目　　录

第 1 章 可编程控制器概述

可编程控制器全称为可编程逻辑控制器(Programmable Logic Controller,PLC),又称为可编程机床控制器(Programmable Machine Controller,PMC),随着电子技术和计算机技术的发展,其功能扩展越来越多,因为不仅仅能够实现逻辑控制,所以有的书上也称为 PC(Programmable Controller)。但是由于个人计算机也称 PC(Personal Computer),为了加以区别,所以这种叫法不是很普遍。本书后续章节统一称为可编程控制器(PLC),它是随着科学技术的发展,为适应多品种、小批量生产的需求而发展起来的一种新型的工业控制装置。

由于可编程控制器一直在发展,所以到目前为止还未能对其下一个十分确切的定义。国际电工委员会(IEC)先后于 1982 年、1985 年和 1987 年颁发了《可编程控制器标准草案》(以下简称《草案》)及其修订稿,《草案》中对可编程控制器的定义是:"可编程控制器是一种数字运算操作的电子系统,专为在工业环境下应用而设计。它采用了可编程的存储器,用来在其内部存储执行逻辑运算、顺序控制、定时、计数和算术运算等操作的指令,并通过数字式或模拟式输入和输出,控制各种类型的机械或生产过程。可编程控制器及其有关外围设备,都按易于与工业系统连成一个整体,易于扩充其功能的原则设计"。

本章主要介绍可编程控制器的基础知识,包括可编程控制器的产生、用途、特点、性能指标、分类及发展等。

1.1 可编程控制器的产生与发展

1.1.1 可编程控制器的过去

20 世纪 60 年代,随着小型计算机的出现以及大规模生产复杂控制的需要,人们曾试图用小型计算机来满足工业控制的需求,但由于其价格高,输入/输出电路不匹配,以及编程复杂等原因,一直未能得到推广应用。20 世纪 60 年代末,美国汽车制造业竞争加剧,各生产厂家的汽车型号不断更新,这必然要求加工的生产线随之改变,整个控制系统需要更新换代,因此,为适应生产工艺不断更新的需求,寻求一种比继电器性能更可靠、功能更齐全、响应更快速的新型工业控制器势在必行。

1968 年,美国最大的汽车制造商美国通用汽车公司(GM)公开招标,提出取代继电器控制装置的要求;1969 年,美国数字设备公司(DEC)研制出了第一台可编程控制器 PDP-14,并在美国通用汽车公司的生产线上试验成功,首次将程序化的手段应用于电气控制。这是第一代可编程控制器,是世界上公认的第一台 PLC。由此可见,可编程控制器是生产力发展的必然产物。

可编程控制器自问世以来,发展极其迅速。20 世纪 70 年代初,日本和欧洲相继开始生产可编程控制器,将其作为一个独立的工业设备进行生产;我国也于 1974 年研制出第一台可编程控制器,1977 年开始工业应用。到现在,世界各国的一些著名电器厂家几乎都在生产可编程控制器，其已被作为一个独立的工业设备进行生产，已成为当代电器控制装置的主导。

随着微电子技术和集成电路的发展，特别是微处理器和微计算机的迅速发展，在 20 世纪 70 年代中期，美国、日本、德国等国的一些厂家在可编程控制器中引入了微机技术，微处理器及其他大规模集成电路芯片成为可编程控制器的核心部件，使其具备了自诊断功能，可靠性有了大幅度提高。国外工业界在 1980 年正式将其命名为可编程逻辑控制器。

进入 20 世纪 80 年代，可编程控制器都采用了 CPU、只读存储器(ROM)、随机存储器(RAM)或单片机作为其核心，处理速度大大提高，并且增加了多种特殊功能，体积进一步减小。20 世纪 90 年代末，PLC 几乎完全计算机化，速度更快、功能更强，各种智能模块不断涌现，使其在各类工业控制过程中的作用不断拓展。

1.1.2 可编程控制器的现在

PLC 不但能进行逻辑控制，而且在模拟量闭环控制、数字量的智能控制、数据采集、监控、通信联网及集散控制系统等各方面都得到了广泛的应用。大中型甚至小型 PLC 都配有 A/D、D/A 转换及算术运算功能，有的还具有 PID 功能，这些功能使 PLC 在模拟量闭环控制、运动控制、速度控制等方面具有了硬件基础；许多 PLC 还具有输出和接收高速脉冲功能，配合相应的传感器及伺服设备，可实现数字量的智能控制；PLC 配合可编程终端设备，可显示采集到的现场数据及分析结果，为系统分析、研究工作提供依据；利用 PLC 的自检信号可实现系统监控；另外，PLC 具有强大的通信功能，可以与计算机或其他智能装置进行通信及联网，从而能方便地实现集散控制。功能完备的 PLC 不仅能满足控制要求，还能满足现代化大生产、管理的需求。

1.1.3 可编程控制器的未来

可编程控制器在规模上和功能上将向两大方向发展：一是大型可编程控制器向高速、大容量和高性能方向发展，如有的机型扫描速度高达 0.1 毫秒/千字(0.1 微秒/步)，可处理几万个开关量 I/O 信号和多个模拟量 I/O 信号，用户程序存储器达十几兆字节(MB)；二是发展简易、经济、小型可编程控制器，以适应单机控制和小型设备自动化的需要。另外，不断增强 PLC 工业过程控制的功能，研制采用工业标准总线，使同一工业控制系统中可连接不同的控制设备，以增强可编程控制器的联网通信功能，便于分散控制与集中控制的实现；大力开发智能 I/O 模块，增强可编程控制器的功能等都是其发展方向。

PLC 发展迅速，每年都会推出不少新产品，其功能也在不断丰富，主要表现在：

- 控制规模不断扩大，单台 PLC 可控制成千乃至上万个点，多台 PLC 进行同位连接可控制数万个点。
- 指令系统功能增强，能进行逻辑运算、定时、计数、算术运算、PID 运算、数制转换、ASCII 码处理；高档 PLC 还能处理中断、调用子程序等，使得 PLC 能够实现逻辑控制、模拟量控制、数值控制和其他过程监控，甚至在某些方面可以取代小型计算机控制。
- 处理速度提高，每个点的平均处理时间从 10 μs 左右提高到 1 μs 以内。
- 编程容量增大，从几千字节增大到几十千字节，甚至上百千字节。
- 编程语言多样化，大多数使用梯形图语言和语句表语言，有的还可以使用流程图语言或高级语言。

● 增加通信与联网功能，多台 PLC 之间能互相通信、交换数据；PLC 还可以与上位计算机通信并接受其命令，然后将执行结果反馈给上位计算机。通信接口多采用 RS－422/RS－232C 等标准接口，以实现多级集散控制。

1.2　可编程控制器的用途与特点

1.2.1　可编程控制器的用途

PLC 的初期由于其价格高于继电器控制装置，所以使其应用受到限制。但近几年来，由于微处理芯片及有关元件价格大大下降，使得 PLC 成本下降，同时又由于 PLC 的功能大大增强，使得 PLC 的应用越来越广泛，例如，钢铁、水泥、石油、化工、采矿、电力、机械制造、汽车、造纸、纺织、环保等行业中的应用。PLC 的应用通常可分为以下 5 种类型：

1. 顺序控制

顺序控制是 PLC 应用最广泛的领域，其取代了传统的继电器顺序控制。PLC 可应用于单机控制、多机群控、生产自动控制等，如注塑机、印刷机、切纸机、组合机床、磨床、装配生产线、电镀流水线及电梯控制等。

2. 运动控制

目前，PLC 制造商已提供拖动步进电动机或伺服电动机的单轴或多轴位置控制模块。在多数情况下，PLC 把描述目标位置的数据传送给模块，其输出移动一轴或数轴到目标位置。在每个轴移动时，位置控制模块保持适当的速度和加速度，以确保运动平滑。

相对来说，位置控制模块比计算机数字控制（CNC）装置体积更小、价格更低、速度更快、操作更方便。

3. 闭环控制

PLC 能控制大量的物理参数，如温度、压力、速度和流量等。PID（Proportional Integral Derivative，比例、积分、微分）模块的提供使 PLC 具有闭环控制功能，即一个具有 PID 控制功能的 PLC 可用于闭环控制。当闭环控制中某一个变量出现偏差时，PID 控制算法会计算出相应的输出，把变量保持在设定值上。

4. 数据处理

在机械加工中，出现了把支持顺序控制的 PLC 和计算机数字控制（CNC）设备紧密结合的趋势。日本 FANUC 公司推出的 System 10、11、12 系列，已将 CNC 控制功能作为 PLC 的一部分。为了使 PLC 和 CNC 设备之间的内部数据能够自由传递，该公司采用了窗口软件。通过窗口软件，用户可以独立编程，由 PLC 送至 CNC 设备使用。美国 GE 公司也将 CNC 设备和 PLC 集成在一起。

5. 通信和联网

为了适应国外近几年来新兴的工厂自动化（FA）系统、柔性制造系统（FMS）及集散控制系统（DCS）等发展的需要，必须发展 PLC 之间、PLC 和上位计算机之间的通信功能。作为实时控制系统，不仅对 PLC 数据通信效率要求高，而且要考虑出现停电、故障时的对策等。

1.2.2　可编程控制器的特点

经过多年的发展，与传统继电器、接触器控制系统相比，可编程控制器具有以下鲜明的特点：

1. 抗干扰能力强，可靠性高

虽然继电器控制系统有较好的抗干扰能力，但其使用了大量的机械触头，使得设备连线复杂，由于器件的老化、脱焊、触头的抖动及触头在开闭时受电弧的损害，从而大大降低了系统的可靠性。而PLC采用微电子技术，大量的开关动作由无触点的电子存储器件来完成，大部分继电器和繁杂的连线被程序所取代，故寿命长，可靠性大大提高。

虽然微机具有很强的功能，但其抗干扰能力差，工业现场的电磁干扰、电源电压波动、机械振动、温度和湿度的变化，都有可能使一般通用微机不能正常工作。而PLC在电子线路、机械结构以及软件结构的设计上都吸取了生产控制经验，主要模块均采用了大规模与超大规模集成电路，而且I/O系统设计有完善的通道保护与信号处理电路；在结构上，对耐热、防潮、防尘、抗震等都充分考虑；在硬件上，采取隔离、屏蔽、滤波、接地等抗干扰措施。目前，各厂家生产的PLC的平均无故障工作时间都大大超过了IEC规定的10万小时，有的甚至达到了几十万小时。

2. 控制系统结构简单，通用性强，应用灵活

PLC产品均成系列化生产，品种齐全，外围模块品种也多，可由不同组件灵活地组成不同大小和不同要求的控制系统。在PLC构成的控制系统中，只需在PLC的端子上接入相应的输入/输出信号即可，不需要诸如继电器之类的物理电子器件和大量繁杂的硬件线路。当控制要求改变，需要变更控制系统功能时，可以用编程器在线或离线修改程序，因此修改接线的工作量是很小的。同一个PLC装置用于不同的控制对象，只需改变输入/输出组件或应用软件。

3. 编程方便，易于使用

PLC是面向用户的设备，其设计者充分考虑到现场工程技术人员的技能和习惯，所以PLC编程采用梯形图或面向工业控制的简单指令形式。梯形图与电气原理图类似，直观易懂、容易掌握，不需要专门的计算机知识和语言，深受现场电气技术人员的欢迎；另外，还有顺控功能流程图语言，使编程更加简单、方便。

4. 功能完善，扩展能力强

PLC中有用于开关量处理的、大量的继电器类软元件，可轻松地实现大规模的开关量逻辑控制，这是一般的继电器控制所不能实现的。PLC内部具有许多控制功能，能方便地实现D/A、A/D转换及PID运算，实现过程控制、数字控制等功能。PLC具有通信联网功能，它不仅可以控制一台单机、一条生产线，而且可以控制一个机群、许多条生产线；它不仅可以进行现场控制，而且可以进行远程控制。

5. 设计、安装、调试方便

PLC的辅助继电器、定时器及计数器等“软元件”丰富，软、硬件齐全。模块式PLC为模块化积木结构，因而可按性能、容量(输入/输出点数、内存大小)等选用组装。另外，由于PLC用软件编程取代了硬件电路实现控制功能，使得安装接线工作量大大减少，设计人员只要有一台PLC就可以进行控制系统的设计，并可在实验室进行模拟调试；而继电器控制系统则需布置硬件电路，电路的布线复杂且工作量大。

6. 维修方便

PLC具有完善的自诊断、履历情报存储及监视功能，对于其内部工作状态、通信状态、异常状态和I/O点的状态均有显示，甚至显示出可能的故障原因，便于故障的迅速排除。

7. 结构紧凑、体积小、质量轻

由于 PLC 具有结构紧凑、体积小、质量轻的特点，使其在工业控制等多个领域获得极为广泛的应用。

8. 网络功能

网络和通信能力是 PLC 应用技术发展水平和先进性的标志，通过 PLC 的通信接口，利用 PROFIBUS 等通信协议和以太网等网络通信技术可以很方便地将多台 PLC、PLC 与上位计算机、操作面板和工业现场设备相连，组成工业控制网络系统。

1.3　可编程控制器的分类

1.3.1　按 I/O 点数分类

一般来说，PLC 处理的 I/O 点数越多，所反映的控制关系就越复杂，用户要求的程序存储器容量就越大，要求的 PLC 指令及其他功能就越多，指令执行的速度就越快等。按 PLC 的 I/O点数可将 PLC 分为以下 3 类：

1. 小型机

小型 PLC 一般以开关量控制为主，其 I/O 点的总数在 256 点以下，用户程序存储器容量在 4 KB 以下。多数小型机还具有一定的通信功能和模拟量处理功能。这类 PLC 价格低廉、体积小，适于控制单台设备，开发机电一体化产品。

典型的小型机有西门子公司的 S7－200 系列、OMRON 公司的 CPM2A 系列、MITSUBISH 公司的 FX 系列和 AB 公司的 SLC500 系列等。

2. 中型机

中型 PLC 的 I/O 点的总数在 256～2 048 点之间，用户程序存储器容量达到 2～8 KB。中型 PLC 不仅具有开关量和模拟量的控制功能，还具有更强的数字计算功能，它的通信功能和模拟量处理功能更强大。中型机的指令比小型机更丰富，适用于复杂的逻辑控制和连续生产的过程控制。

典型的中型机有西门子公司的 S7－300 系列、OMRON 公司的 C200H 系列等。

3. 大型机

大型 PLC 的 I/O 点的总数在 2 048 点以上，用户程序存储器容量达到 8～16 KB。大型 PLC 的性能已经与工业控制计算机相当，它具有计算、控制和调节等功能，还具有强大的通信联网功能。它的监视系统采用 CRT 显示器，能够显示控制过程的动态曲线、PID 调节参数选择图；它配有多种智能板，构成一个多功能系统。这种系统还可以与其他型号的 PLC 互联，与上位机相连，组成一个既集中又分散的生产过程和产品质量控制系统。大型机适用于设备自动化控制、过程自动化控制和过程监控系统。

典型的大型机有西门子公司的 S7－400 系列、OMRON 公司的 CVMI 和 CSI 系列、AB 公司的 SLC5/05 系列等。

上述划分并没有一个严格的界限，随着电子技术和计算机技术的飞速发展，某些小型机也具有中型机和大型机的部分功能，这也是 PLC 的发展趋势。

1.3.2 按结构形式分类

按 PLC 的结构形式可分为整体式(也称单元式)和组合式(也称模块式)两类。

1. 整体式

整体式 PLC 是将中央处理单元(CPU)、存储器、输入单元、输出单元、电源、通信端口、I/O扩展接口等集成在一个箱体内构成主机;另外,还有独立的 I/O 扩展单元等通过扩展电缆与主机上的扩展接口相连,以构成不同的 PLC 配置与主机配合使用。整体式 PLC 的结构紧凑、体积小、成本低、安装方便。小型机通常采用这种结构。

2. 组合式

组合式 PLC 是将 CPU、输入单元、输出单元、电源单元、I/O 单元、通信单元等分别做成相应的电路板或模块,然后将各模块插在带有总线的底板上。配置有 CPU 的模块称为 CPU 模块,其他模块称为扩展模块。组合式 PLC 的特点是配置灵活,I/O 点数可以自由选择,各种功能模块可按需配置。大中型机通常采用该结构。

习　题

1-1　简述可编程控制器的定义。

1-2　可编程控制器有哪些主要特点?

1-3　可编程控制器有哪几种分类方法?

1-4　简述可编程控制器的主要控制功能。

1-5　简述中、大型 PLC 的发展方向。

第 2 章　可编程控制器构成原理

由于 PLC 自身的特点，其在工业生产的各个领域得到了越来越广泛的应用。而作为 PLC 的用户，要想正确地应用 PLC 去完成各种不同的控制任务，首先应了解其组成结构和工作原理。

2.1　可编程控制器的基本组成

2.1.1　可编程控制器的结构

可编程控制器实施控制的实质就是按一定的算法进行输入/输出变换，并将这个结果进行物理实现。输入/输出变换、物理实现可以说是 PLC 实施控制的两个基本点，同时，物理实现也是 PLC 与普通微机的不同之处，其需要考虑实际控制的需要，应能抗干扰并适用于工业现场，输出应放大到工业控制的水平，能方便使用。所以，PLC 采用了典型的计算机结构，基本结构由中央处理器(CPU)、存储器、输入/输出接口、电源、I/O 扩展接口、外设接口、编程工具、智能I/O 接口、智能单元等组成。PLC 的基本结构如图 2－1 所示。

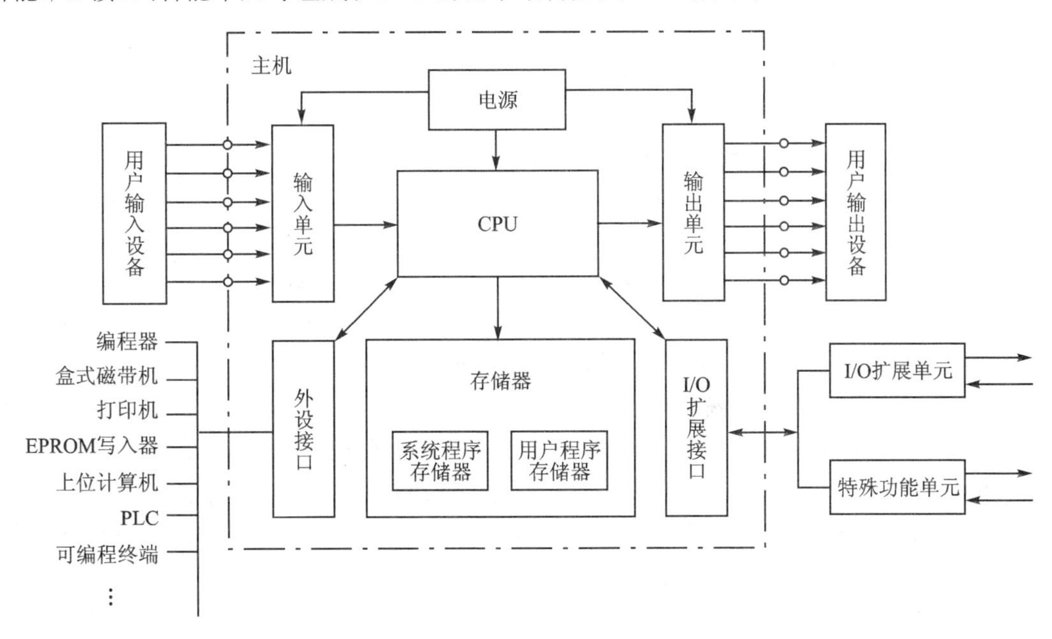

图 2－1　PLC 的基本结构

1. 中央处理器

中央处理器(CPU)是 PLC 的控制核心，它按照 PLC 系统程序赋予的功能指挥 PLC 有条不紊地进行工作，其主要作用有：

① 接收并存储从编程器输入的用户程序和数据。

② 诊断 PLC 内部电路的工作故障和编程中的语法错误。

③ 用扫描的方式通过 I/O 部件接收现场的状态或数据，并存入输入映像存储器或数据存储器中。

④ PLC 进入运行状态后，从存储器逐条读取用户指令，解释并按指令规定的任务进行数据传送、逻辑或算术运算等；根据运算结果，更新有关标志位的状态和输出映像存储器的内容，再经输出部件实现输出控制、制表打印或数据通信等功能。

为了进一步提高 PLC 的可靠性，近年来对大型 PLC 还采用双 CPU 构成冗余系统，或采用三 CPU 的表决式系统。这样，即使某个 CPU 出现故障，整个系统仍能正常运行。

2. 存储器

可编程控制器的存储器按其归属分为系统存储器和用户存储器，按其所存储内容的属性分为程序存储器和数据存储器。存放系统软件（包括监控程序、模块化应用功能子程序、命令解释程序、故障诊断程序及其各种管理程序）的存储器称为系统程序存储器，存放用户程序的存储器称为用户程序存储器。

PLC 常用的存储器类型有以下几种：

① RAM：读/写存储器（随机存储器），其存取速度最快，由锂电池供电保持。

② ROM：掩膜只读存储器，其内容在制造过程中确定，不允许再改写。

③ PROM：可编程只读存储器，其内容由用户用编程器一次性写入，不能再改写。

④ EPROM：可擦除只读存储器，存储内容也是由用户用编程器写入，但可以在紫外线灯的照射下擦除存储器内容，因此，它允许反复多次擦除和写入。

⑤ EEPROM：电可擦除只读存储器，其内容由用户写入，在写入新的内容时，原来存储的内容会自动清除，并且允许反复多次写入。

只读存储器是非挥发性的器件，即在断电状态下仍能保持所存储的内容；随机存储器是一种挥发性的器件，即当供电电源关断后，其存储的内容会丢失。因此，在实际使用中，应给其配备掉电保护电路，当正常电源关断后，由备用电池来供电，以保护其存储的内容不丢失。

PLC 存储空间的分配：虽然各种 PLC 的 CPU 的最大寻址空间各不相同，但是根据 PLC 的工作原理，其存储空间一般包括 3 个区域：系统程序存储区、系统 RAM 存储区（包括输入/输出映像寄存区和系统软元件存储区）、用户程序存储区。

① 系统程序存储区：在系统程序存储区中存放着相当于计算机操作系统的系统程序，包括监控程序、管理程序、命令解释程序、功能子程序、系统诊断子程序等。由制造厂商将其固化在 EPROM 中，所以用户不能直接存取。它和硬件一起决定了该 PLC 的性能。

② 系统 RAM 存储区：包括 I/O 映像寄存区以及各类软元件，如逻辑线圈、数据寄存器、定时器、计数器、变址寄存器、累加器等存储器。

◇ I/O 映像寄存区：由于 PLC 投入运行后，只是在输入采样阶段才依次读入各输入状态和数据，在输出刷新阶段才将输出的状态和数据送至相应的外设，因此，它需要一定数量的存储单元（RAM）以存放 I/O 的状态和数据，这些单元称作 I/O 映像寄存区。一个开关量 I/O 占用存储单元中的一个位，一个模拟量 I/O 占用存储单元中的一个字。因此，整个 I/O 映像寄存区可看作是由两个部分组成的：开关量 I/O 映像寄存区和模拟量 I/O 映像寄存区。

◇ 系统软元件存储区：除了 I/O 映像寄存区以外，系统 RAM 存储区还包括 PLC 内部各类软元件的存储区。该存储区又分为具有断电保持的存储区域和断电不保持的存储区域，前者在 PLC 断电时，由内部的锂电池供电，数据不会丢失；后者当 PLC 断电时，数据被清零。

③ 用户程序存储区：用于存放用户编制的用户程序。不同类型 PLC 的存储容量各不相同。

3. 输入/输出接口

输入/输出接口是 PLC 与外界连接的接口。输入接口用来接收和采集两种类型的输入信号：一类是由按钮、选择开关、行程开关、继电器触点、接近开关、光电开关、数字拨码开关等传来的开关量输入信号；另一类是由电位器、测速发电机和各种变换器等传来的模拟量输入信号。输出接口用来连接被控对象中的各种执行元件，如接触器、电磁阀、指示灯、调节阀（模拟量）、调速装置（模拟量）等。

输入/输出接口有数字量（包括开关量）输入/输出和模拟量输入/输出两种形式。数字量输入/输出接口的作用是将外部控制现场的数字信号与 PLC 内部信号的电平相互转换，而模拟量输入/输出接口的作用是将外部控制现场的模拟信号与 PLC 内部的数字信号相互转换。输入/输出接口一般都具有光电隔离和滤波的功能，其作用是把 PLC 与外部电路隔离，以提高 PLC 的抗干扰能力。

通常 PLC 的开关量输入接口按其使用电源的不同分为 3 种类型：直流 12～24 V 输入接口，交流 100～120 V 或 200～240 V 输入接口，交直流（AC/DC）12～24 V 输入接口。输入开关可以是无源触点或传感器的集电极开路的晶体管。PLC 开关量输出接口按输出开关器件种类的不同常有 3 种形式：第一种是继电器输出型，CPU 输出时接通或断开继电器的线圈，使继电器触点闭合或断开，再去控制外部电路的通断；第二种是晶体管输出型，通过光耦合器使开关晶体管截止或饱和导通以控制外部电路；第三种是双向晶闸管输出型，采用的是光触发型双向晶闸管，按照负载使用电源的不同，分为直流输出接口、交流输出接口和交直流输出接口。下面将简单介绍常见的开关量输入/输出接口电路。

（1）开关量输入接口电路

开关量输入接口是把现场各种开关信号变成 PLC 内部处理的标准信号。

1）直流输入接口电路

图 2-2 所示为直流输入接口电路。由于各输入端口的输入电路都相同，所以图 2-2 中只画出了一个输入端口的输入电路，图中点画线框中的部分为 PLC 内部电路，框外为用户接

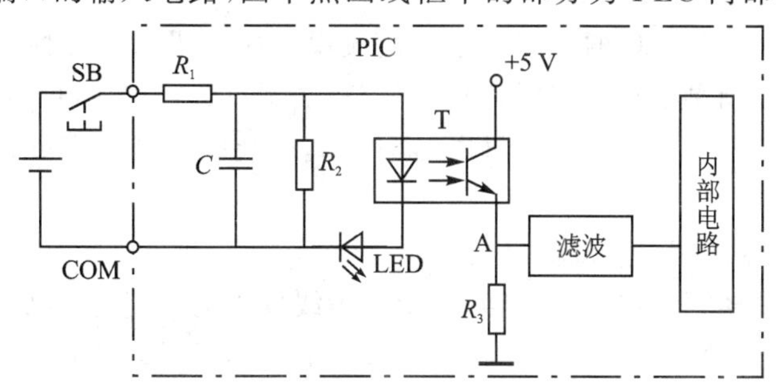

图 2-2 直流输入接口电路

线，R_1、R_2分压，并且R_1起限流作用，R_2及C构成滤波电路。输入电路采用光耦合器实现输入信号与机内电路的耦合，COM为公共端子。

当输入端的开关接通时，光耦合器导通，直流输入信号转换成TTL(5 V)标准信号送入PLC的输入电路，同时LED输入指示灯亮，表示输入端接通。

2）交流输入接口电路

图2-3所示为交流输入接口电路，为减少高频信号串入，电路中设有隔直电容C。

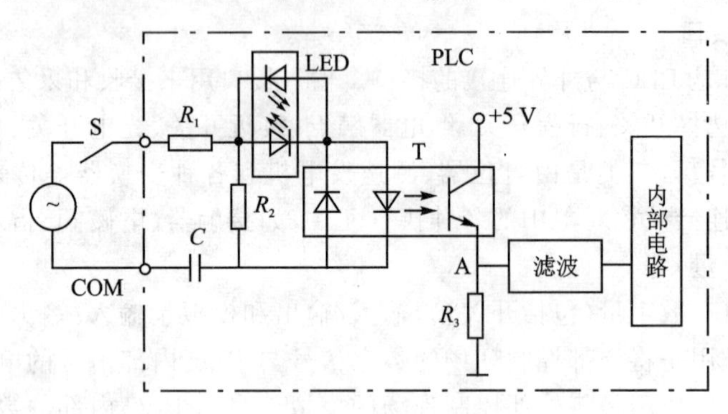

图2-3　交流输入接口电路

3）交、直流输入接口电路

图2-4所示为交、直流输入接口电路。其内部电路结构与直流输入接口电路基本相同，所不同的是外接电源除直流电源外，还可以用12～24 V交流电源。

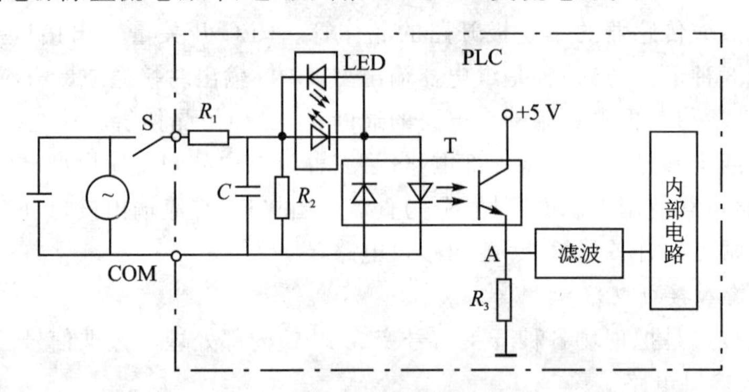

图2-4　交、直流输入接口电路

(2) 开关量输出接口电路

开关量输出接口是把PLC的内部信号转换成现场执行机构的各种开关信号。在开关量输出接口中，晶体管输出型的接口只能带直流负载，属于直流输出接口。晶闸管输出型的接口只能带交流负载，属于交流输出接口。继电器输出型的接口可带直流负载，也可带交流负载，属于交、直流输出接口。

1）晶体管输出接口电路(直流输出接口)

图2-5所示为晶体管输出接口电路，图中点画线框中的电路是PLC的内部电路，框外是PLC输出点的驱动负载电路。图2-5中只画出一个输出端的输出电路，各个输出端所对应的输出电路均相同。在图2-5中，晶体管VT为输出开关器件，光耦合器为隔离器件。稳压管和熔断器分别用于输出端的过电压保护和短路保护。

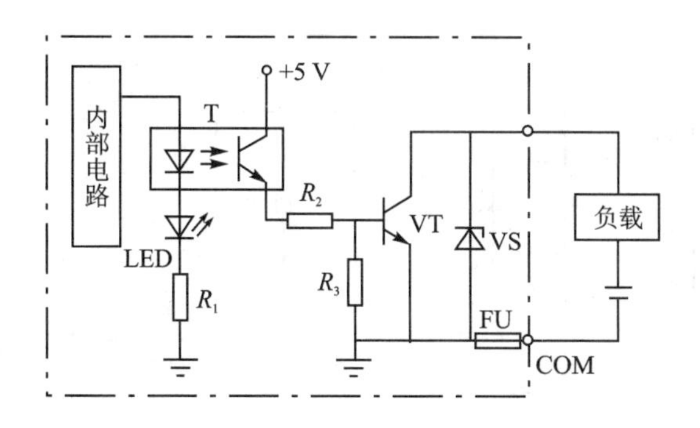

图 2-5　晶体管输出接口电路

PLC 的输出由用户程序决定。当需要某一输出端产生输出时，由 CPU 控制，将输出信号经光耦合器输出，使晶体管导通，相应的负载接通，同时输出指示灯点亮，指示该电路输出端有输出。负载所需直流电源由用户提供。

2）晶闸管输出接口电路（交流输出接口）

图 2-6 所示为晶闸管输出接口电路，图中只画出了一个输出端的输出电路。图 2-6 中双向晶闸管为输出开关器件，由它组成的固态继电器（ACSSR）具有光电隔离作用，作为隔离元件。电阻 R_2 与电容 C 组成高频滤波电路，以减少高频信号的干扰。在输出回路中还设有阻容过电压保护和浪涌吸收器，可承受严重的瞬时干扰。

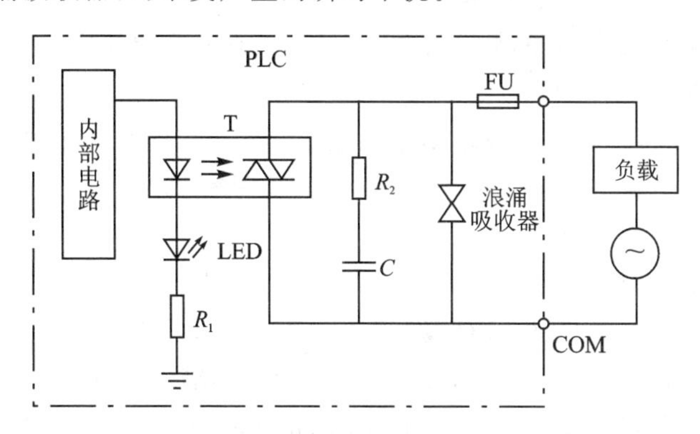

图 2-6　晶闸管输出接口电路

当需要某一输出端产生输出时，由 CPU 控制，将输出信号经光耦合器使输出回路中的双向晶闸管导通，相应的负载接通，同时输出指示灯点亮，指示该路输出端有输出。负载所需交流电源由用户提供。

3）继电器输出接口电路（交、直流输出接口）

图 2-7 所示为继电器输出接口电路，在图中继电器既是输出开关器件，又是隔离器件，电阻 R_1 和指示灯 LED 组成输出状态显示器；电阻 R_2 和电容 C 组成 RC 灭弧电路。当需要某一输出端产生输出时，由 CPU 控制，将输出信号输出，接通输出继电器线圈，输出继电器的触点闭合，使外部负载电路接通，同时输出指示灯点亮，指示该路输出端有输出。负载所需交、直流电源由用户提供。

上面介绍了几种开关量的输入/输出接口电路。由于 PLC 种类繁多，各生产厂家采用的输入/输出接口电路也有所不同，但基本原理大同小异。

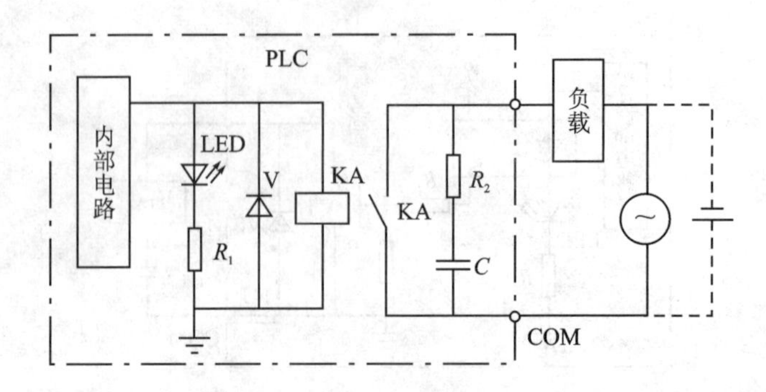

图 2－7　继电器输出接口电路

在 PLC 中，其开关量的输入信号端个数和输出信号端个数称为 PLC 的输入/输出点数，它是衡量 PLC 性能的重要指标之一。

4. 电　源

PLC 一般使用 220 V 单相交流电源，电源部件将交流电转换成中央处理器、存储器等电路工作所需的直流电，保证 PLC 的正常工作。对于小型整体式可编程控制器，其内部有一个开关稳压电源，此电源一方面可为 CPU、I/O 单元及扩展单元提供 5 V 直流工作电源，另一方面可为外部输入元件提供 24 V 直流电源。

电源部件的位置有多种，对于整体式结构的 PLC，电源通常封装在机箱内部；对于组合式 PLC，有的采用单独电源模块，有的将电源与 CPU 封装在一个模块中。

5. I/O 扩展接口

I/O 扩展接口用于将扩展单元与基本单元相连，使 PLC 的配置更加灵活，以满足不同控制系统的需求。

6. 外设接口

为了实现“人-机”或“机-机”之间的对话，PLC 配有多种外设接口。PLC 通过这些外设接口可以与监视器、打印机及其他的 PLC 或计算机相连。

当 PLC 与打印机相连时，可将过程信息、系统参数等输出打印；当与监视器(CRT)相连时，可将控制过程用图像显示出来；当与其他 PLC 相连时，可以组成多机系统或连成网络，实现更大规模的控制；当与计算机相连时，可以组成多级控制系统，实现控制与管理相结合的综合控制。

7. 编程工具

编程工具是供用户进行程序的编制、编辑、调试和监视用的设备。最常用的是编程器，其有简易型和智能型两类。简易型编程器只能联机编程，且往往是先将梯形图转化为机器语言助记符(语句表)后才能输入，它一般是由简易键盘和发光二极管或其他显示器件组成的。智能型编程器又称图形编程器，它可以联机，也可以脱机编程，具有 LCD 或 CRT 图形显示功能，可以直接输入梯形图以及通过屏幕进行对话。

用户也可以采用微机辅助编程。许多 PLC 厂家为自己的产品设计了计算机辅助编程软件，运用这些软件可以编辑、修改用户程序，监视系统的运行，打印文件，采集和分析数据，在屏幕上显示系统运行状态，对工业现场和系统进行仿真等。若要直接与可编程控制器通信，还要配有相应的通信电缆。

8. 智能I/O接口

为了满足工业上更加复杂的控制需要,PLC配有多种智能I/O接口,如满足位置调节需要的位置闭环控制模块,对高速脉冲进行计数和处理的高速计数模块等。这类智能模块都有其自身的处理器系统。通过智能I/O接口,用户可方便地构成各种工业控制系统,实现各种控制功能。

9. 智能单元

各种类型的PLC都有一些智能单元,它们一般都有自己的CPU,具有自己的系统软件,能独立完成一项专门的工作。智能单元通过总线与主机相连,通过通信方式接受主机的管理。常用的智能单元有A/D单元、D/A单元、高速计数单元、定位单元等。

10. 其他部件

PLC还配有盒式磁带机、EPROM写入器、存储器卡等其他外部设备。

2.1.2 可编程控制器的软件系统

可编程控制器的软件由系统程序和用户程序两大部分组成。系统程序由PLC制造商固化在机内,用以控制可编程控制器本身的运作;用户程序则是由使用者编制并输入的,用来控制外部对象的运作。

1. 系统程序

系统程序主要包括3部分:第一部分为系统管理程序,它控制了PLC的运行,使整个PLC按部就班地工作;第二部分为用户指令解释程序,通过用户指令解释程序将PLC的编程语言变为机器语言指令,再由CPU执行这些指令;第三部分为标准程序模块及系统调用程序,包括许多不同功能的子程序及其调用管理程序。

(1) 系统管理程序

系统管理程序是系统程序中最重要的部分,用以控制可编程控制器的运作。其作用有三:一是进行运行管理,控制PLC何时输入/输出、计算、自检、通信等时间上的分配管理。二是存储空间管理,即生成用户环境,规定各种参数、程序的存放地址,将用户使用的数据参数、存储地址化为实际的数据格式及物理存放地址,将有限的资源变为用户很方便地直接使用的元件。例如,它可将有限个数的CTC扩展为上百个用户时钟和计数器,通过这部分程序,用户看到的就不是实际机器存储地址和CTC地址了,而是按照用户数据结构排列的元件空间和程序存储空间。三是系统自检程序,包括系统出错检验、用户程序语法检验、句法检验、警戒时钟运行等。在系统管理程序的控制下,整个PLC能正确、有效地工作。

(2) 用户指令解释程序

用户指令解释程序是联系高级程序语言和机器码的桥梁。众所周知,任何计算机最终都是执行机器语言指令的,但用机器语言编程却是非常复杂的事情。可编程控制器可用梯形图语言编程,把使用者直观易懂的梯形图变成机器易懂的机器语言,这就是解释程序的任务。解释程序将梯形图逐条解释,翻译成相应的机器语言指令,再由CPU执行这些指令。

(3) 标准程序模块及系统调用程序

标准程序模块及系统调用程序由许多独立的程序块组成,各程序块有不同的功能,有的完成输入/输出处理,有的完成特殊运算等。可编程控制器的各种具体工作都是由这部分程序来完成的,这部分程序的多少决定了可编程控制器性能的强弱。

整个系统程序是一个整体,其质量如何很大程度上会影响可编程控制器的性能。往往通过改进系统程序就可以在不增加任何设备的条件下大大改善 PLC 的性能，例如，S7－200 系列 PLC 在推出后，西门子公司不断地将其系统程序进行完善，使其功能越来越强。

2. 用户程序

用户程序即应用程序，是可编程控制器的使用者针对具体控制对象编制的应用程序。根据不同控制要求编制不同的程序，相当于改变可编程控制器的用途，也相当于继电器控制设备的硬接线线路进行重设计和重接线，这就是所谓的“可编程序”。程序既可由编程器方便地送入 PLC 内部的存储器中，也能通过它方便地读出、检查与修改。

参与 PLC 应用程序编制的是其内部代表编程器件的存储器，俗称“软继电器”，或称编程“软元件”。PLC 中设有大量的编程“软元件”，这些“软元件”依编程功能分为输入继电器、输出继电器、定时器、计数器等。由于“软继电器”实质为存储单元，取用它们的常开、常闭触点实质上为读取存储单元的状态，所以可以认为一个继电器带有无数多个常开、常闭触点。

PLC 为用户提供了完整的编程语言，以适应编制用户程序的需要。PLC 提供的编程语言通常有 3 种：梯形图(LAD)、语句表(STL)和状态流程图(SFC)。

(1) 梯形图编程

梯形图编程语言是从继电器控制系统原理图的基础上演变而来的。它的许多图形符号与继电器控制系统电路图有对应关系，如表 2－1 所列。这种编程语言继承了传统继电器控制系统中使用的框架结构、逻辑运算方式和输入/输出形式，使得程序直观易读，具有形象实用的特点，因此应用最为广泛。

表 2－1　符号对照表

项　目	物理继电器	PLC 继电器
线圈	—□—	—○—
常开触点	—／—	—┤├—
常闭触点	—┴／—	—┤/├—

PLC 的梯形图与继电器控制系统电路图的基本思想是一致的，只是具体的表达方式有一定的区别，即 PLC 在编程中使用的继电器、定时器、计数器等的功能都是由软件实现的。图 2－8所示是典型的梯形图，左右两垂直的线称为母线(右母线可省略)，在左右两母线之间是触点的逻辑连接和线圈的输出，这些触点和线圈都是 PLC 的存储单元，即“软元件”。

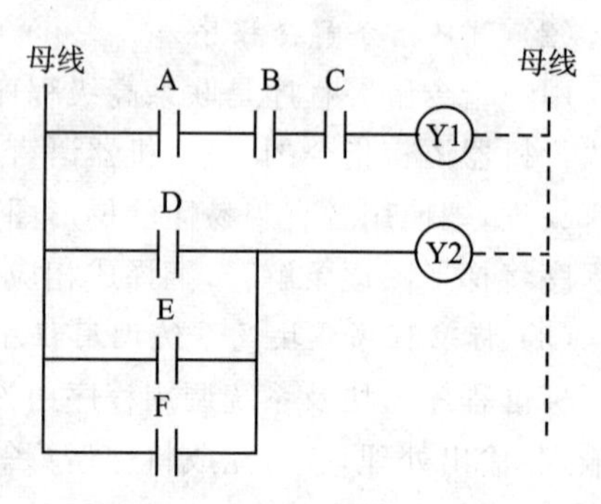

图 2－8　典型的梯形图

PLC 梯形图的一个关键概念是“能流”，是一种假想的“能量流”。如图 2－8 所示，把左边的母线假设为电源“相线”，把右边的母线(虚线所示)假设为电源“零线”，如果有“能流”从左至右流向线圈，则线圈被激励；如果没有“能流”，则线圈未被激励。

“能流”可以通过被激励(ON)的常开触点和未

被激励(OFF)的常闭触点自左向右流,也可以通过并联触点中的一个触点流向右边。“能流”在任何时候都不会通过触点自右向左流。在图 2-8 中,当 A、B、C 触点都接通后,线圈 Y1 才能接通(被激励),只要有一个触点不接通,线圈就不会接通;而 D、E、F 触点中任何一个接通,线圈 Y2 就被激励。

要强调的是,引入“能流”概念仅仅是为了和继电器接触器控制系统相比较,告诉人们如何来理解梯形图各输出点的动作,实际上并不存在这种“能流”。

梯形图语言简单明了,易于理解,往往是编程语言的首选。

(2) 语句表编程

语句表编程语言是一种类似于计算机汇编语言的助记符语言,它是可编程控制器最基础的编程语言。所谓语句表编程,就是用一系列的指令表达程序的控制要求。一条典型指令往往由两部分组成:一部分是几个容易记忆的字符,用来代表可编程控制器的某种操作功能,称为助记符;另一部分是操作数或称为操作数的地址。指令还与梯形图有一定的对应关系,不同厂家 PLC 的指令不尽相同,本书将在后续内容中介绍 S7-200 SMART 系列 PLC 的梯形图及指令。

图 2-9 所示是语句表编程的例子,图 2-9(a)所示是梯形图,图 2-9(b)所示为相应的语句表。图 2-9 中的 LD 指令为常开触点与左母线连接;AN 指令用于常闭触点的串联;O 指令用于常开触点的并联;=指令为将运算结果输出到某个继电器;I0.0、I0.1、I0.2、I0.3 为输入点,相当于输入继电器;Q0.0、Q0.1 为输出点,相当于输出继电器;M0.0 中的 M 为内部存储器标志位,类似于继电器系统中的中间继电器。

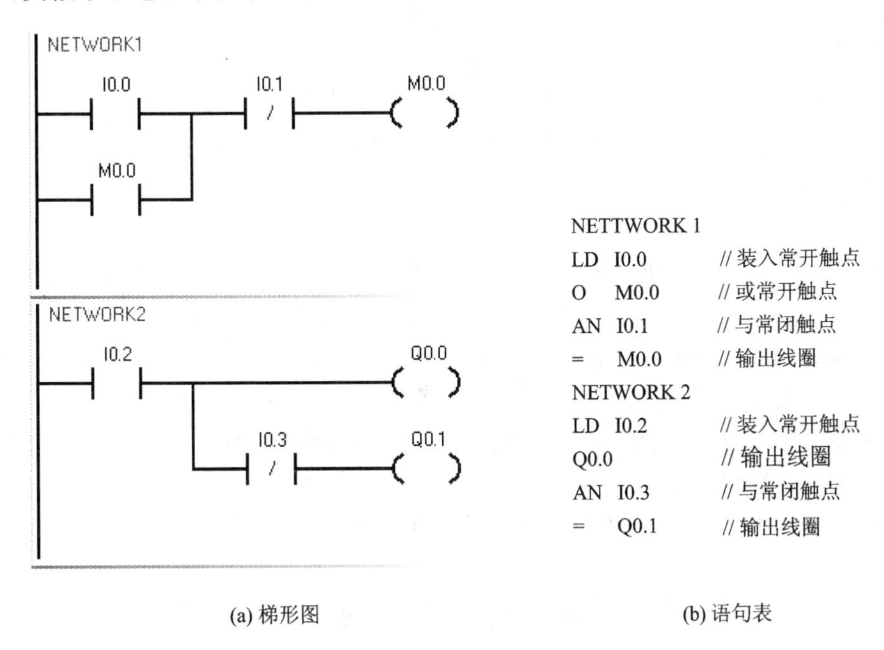

(a) 梯形图　　(b) 语句表

图 2-9　语句表编程举例

(3) 状态流程图(功能图)编程

状态流程图编程是一种较新的编程方法,用“功能图”来表达一个顺序控制过程,是一种图形化的编程方法。图中用方框表示整个控制过程中一个个“状态”,称“功能”或“步”,用线段表示方框间的关系及方框间状态转换的条件。图 2-10 所示为钻孔顺序的状态流程图,方框中的数字代表顺序步,每一步对应一个控制任务,每个顺序步执行的功能和步进条件写在方框右边。

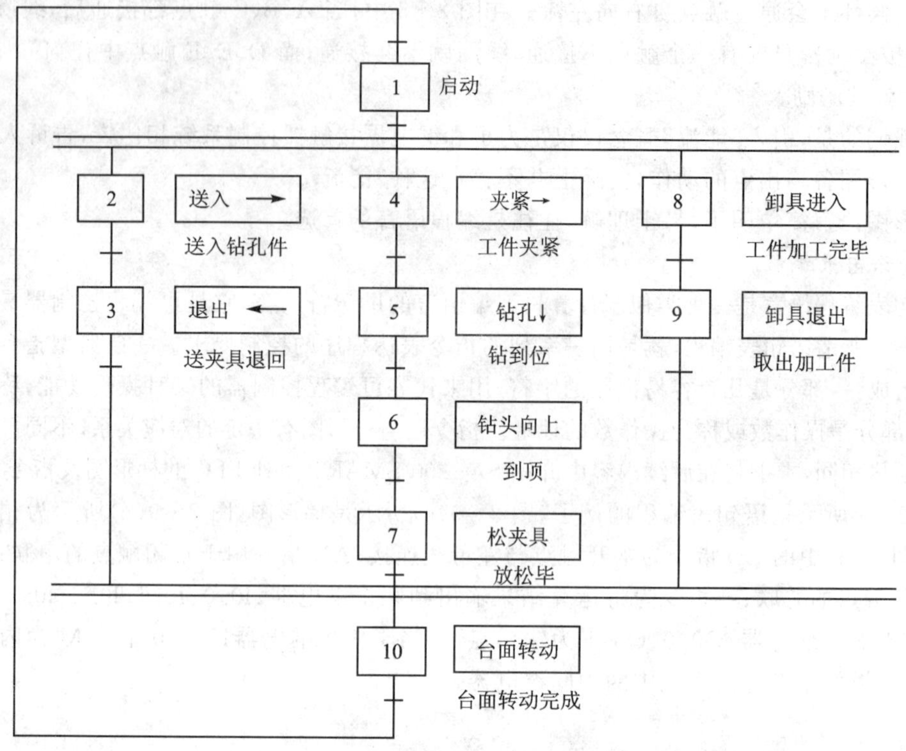

图 2-10　钻孔顺序的状态流程图

国际电工委员会于 1988 年公布了“控制系统功能图准备”标准(IEC848),我国在 1986 年颁布了功能表图的国家标准(GB 6988—1986)。目前,国际电工委员会正在实施并发展这种语言的编程标准。

状态流程图作为一种步进顺控语言,为顺序控制类程序的编制提供了很大的方便。用这种语言可以对一个控制过程进行分解,用多个相对独立的程序段来代替一个长的梯形图程序,还能使用户看到在某个给定时间机器处于什么状态。现在多数 PLC 产品都有专为使用功能图编程所设计的指令,使用起来十分方便。在中小型 PLC 程序设计时,如果采用功能图法,则应首先根据控制要求设计功能流程图,然后将其转化为梯形图程序。有些大型或中型 PLC 可直接用功能图进行编程。

以上几种编程语言中,最常用的是梯形图和语句表。

2.2　可编程控制器的工作原理

2.2.1　可编程控制器的工作过程

1. 可编程控制器的工作方式与运行框图

众所周知,继电器控制系统是一种“硬件逻辑系统”。在图 2-11(a)中,3 条支路是同时并行工作的,当按下启动按钮 SB2 时,中间继电器 KA 线圈通电并自锁,KA 的另一对常开触点闭合，使接触器KM1、KM2线圈同时通电吸合动作。所以，继电接触器控制系统采用的是并行工作方式。

可编程控制器是一种工业控制计算机，其工作原理是建立在计算机工作原理基础上的，也就是通过执行反映用户控制要求的用户程序来实现的。CPU以分时操作方式来处理各项任务，计算机在每一瞬间只能做一件事，所以程序的执行是按程序顺序依次完成相应各软继电器的动作，称为时间的串行工作。由于运算速度较高，各软继电器的动作几乎是同时完成的，但实际的输入/输出的响应是滞后的。在图2-11(b)中，方框表示PLC，方框中的梯形图表示PLC中装有的控制程序，将图2-11(a)和图2-11(b)进行比较，可知它们的功能是相同的。PLC输入接口上接有按钮SB1、SB2和电池，输出接口上接有接触器KM1、KM2。当按钮SB1没有被按下，而按钮SB2被按下时，PLC的继电器I0.0、I0.1接通，PLC内部继电器M0.0工作，并使PLC内的继电器Q0.0及Q0.1工作。但是，M0.0和Q0.0、Q0.1的接通工作不是同时的。以I0.1接通为计时起点，M0.0接通要晚3条指令执行的时间，而Q0.1接通则要晚7条指令执行的时间。所以，PLC的工作方式是一个不断循环的顺序扫描工作方式，每一次扫描所用的时间称为扫描周期或工作周期。CPU从第一条指令开始，按顺序逐条地执行用户程序直到用户程序结束，然后返回第一条指令开始新的一轮扫描。PLC就是这样周而复始地重复上述循环扫描工作的。

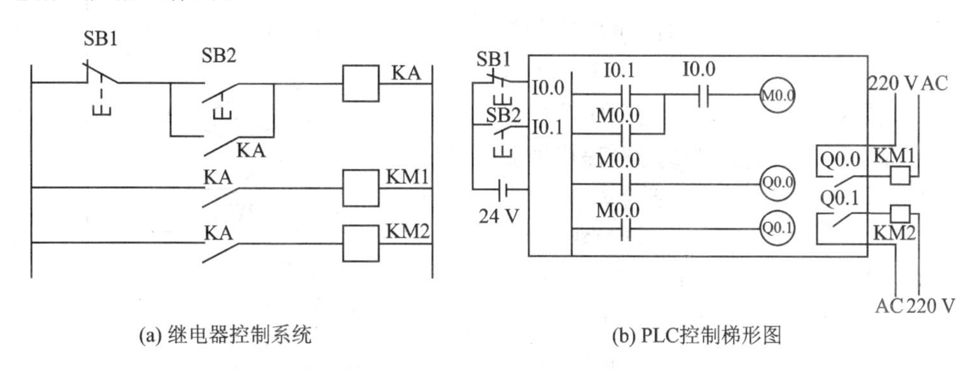

图2-11　继电器控制与PLC控制方式比较

执行用户程序时需要各种现场信息，将这些现场信息接到PLC的输入端，如图2-11中的按钮SB1及SB2。PLC采集现场信息即采集输入信号有两种方式：一种是集中采样输入方式，另一种是立即输入方式。

① 集中采样输入方式。一般在扫描周期的开始或结束时将所有输入信号(输入元件的接通/断开状态)采集并存放到输入映像寄存器中。执行用户程序所需输入状态均从输入映像寄存器中取用，而不是直接到输入端或输入模块上去取用。

② 立即输入方式。随着程序的执行，需要哪一个输入信号就直接从输入端或输入模块取出该输入状态，如立即输入指令就是这种。

同样，PLC对外部的输出控制也有集中输出和立即输出两种方式。集中输出方式在执行用户程序时不是得到一个输出结果就向外输出一个，而是把执行用户程序所得的所有输出结果，先后全部存放到输出映像寄存器(PIQ)中，执行完用户程序后，所有输出结果一次性向输出端或输出模块输出，使输出部件动作。立即输出方式是执行用户程序时将该输出结果立即向输出端或输出模块输出，如立即输出指令就是这种，此时输出映像寄存器的内容也会更新。

PLC 对输入/输出信号的传送还有其他方式,如有的 PLC 采用输入/输出刷新指令,在需要的地方设置这类指令,可对此时的全部或部分输入点读入一次,以刷新输入映像寄存器的内容,或将此时的输出结果立即向输出端或输出模块输出;又如有的 PLC 上输入/输出的禁止功能实际上是关闭了输入/输出的传送服务,此时的输入/输出信号既不读入也不输出。PLC 工作的全过程可用图 2-12 所示的运行框图来表示。整个过程可分为 3 部分:

第一部分是上电处理。机器上电后对 PLC 系统进行一次初始化,包括硬件初始化、I/O模块配置检查、停电保持范围设定及其他初始化处理等。

第二部分是扫描过程。PLC 上电处理完成后进入扫描工作过程。首先完成输入处理,其次完成与其他外设的通信处理,再次进行时钟、特殊寄存器的更新。当 CPU 处于 STOP 停止方式时,转入执行自诊断检查;当 CPU 处于 RUN 运行方式时,还要完成用户程序的执行和输出处理,再转入执行自诊断检查。

第三部分是出错处理。PLC 每扫描一次,执行一次自诊断检查,确定 PLC 自身的动作是否正常,如 CPU、电池电压、程序存储器、I/O、通信等是否正常或出错。当检查出异常时,CPU 面板上的 LED 及异常继电器会接通,在特殊寄存器中会存入出错代码;当出现致命错误时,CPU 被强制为 STOP 方式,所有的扫描停止。

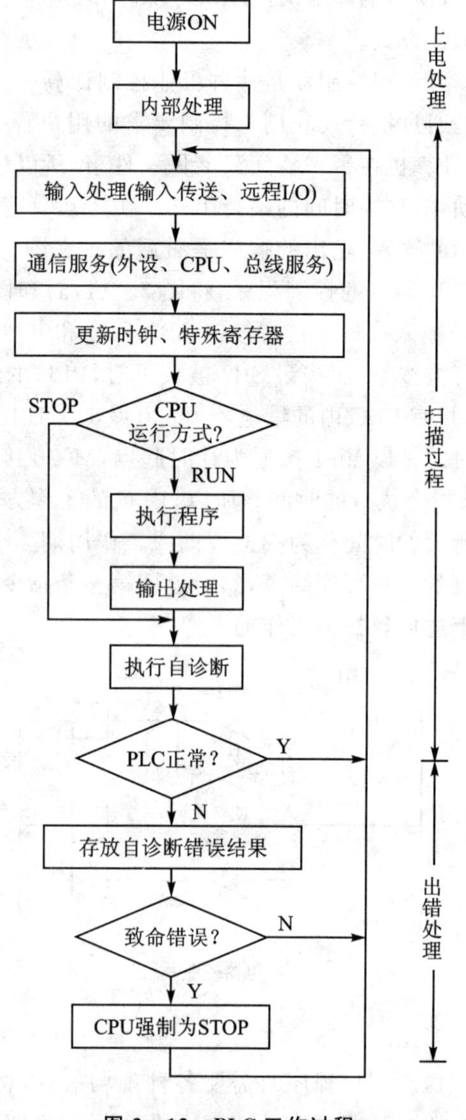

图 2-12 PLC 工作过程

顺序扫描的工作方式简单直观,便于程序设计,并为 PLC 的可靠运行提供了保障。当 PLC 扫描到的指令被执行后,其结果马上就可被后面将要扫描到的指令所利用,而且还可以通过 CPU 内部设置的监视定时器来监视每次扫描是否超过规定时间,避免由于 CPU 的内部故障而使程序执行进入死循环。

当 PLC 运行正常时,扫描周期长短与 CPU 的运算速度、I/O 点的情况、用户应用程序的长短及编程情况等均有关。通常用 PLC 执行 1 KB 指令所需时间来说明其扫描速度(一般 1~10 ms/KW)。值得注意的是,不同指令的执行时间是不同的,从零点几微秒到上百微秒不等,故选用不同指令所用的扫描时间将会不同。若用于高速系统要缩短扫描周期,则可从软硬件两方面兼顾考虑。

2. 可编程控制器的工作过程

如前所述，PLC是按图2-12所示的运行框图进行工作的，当PLC处于正常运行时，它将不断地重复图中的扫描过程，不断地循环扫描。分析上述扫描过程，如果对远程I/O特殊模块和其他通信服务暂不考虑，则扫描过程就只剩下“输入采样”“程序执行”“输出刷新”3个阶段了。下面就对这3个阶段进行详细的分析，并形象地用图2-13表示(此处I/O采用集中输入、集中输出方式)。

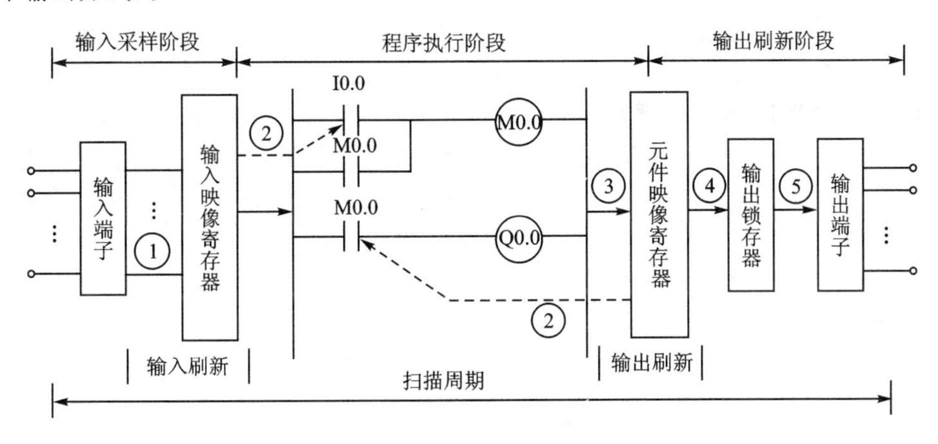

图2-13　PLC扫描工作过程

(1) 输入采样阶段

PLC在输入采样阶段首先扫描所有输入端子，并将各输入状态存入内存中各对应的输入映像寄存器中，此时，输入映像寄存器被刷新；然后进入程序执行阶段，在程序执行阶段和输出刷新阶段，输入映像寄存器与外界隔离，无论输入信号如何变化，其内容均保持不变，直到下一个扫描周期的输入采样阶段才重新写入输入端的新内容。

(2) 程序执行阶段

根据PLC梯形图程序扫描原则，PLC按先左后右、先上后下的步序逐行扫描，但遇到程序跳转指令时将根据跳转条件是否满足来决定程序的跳转地址。当指令中涉及输入/输出状态时，PLC就从输入映像寄存器“读入”对应元件(“软继电器”)的当前状态，然后进行相应的运算，运算结果再存入元件映像寄存器中。对元件映像寄存器来说，每一个元件(“软继电器”)的状态都会随着程序的执行过程而变化。

(3) 输出刷新阶段

在所有指令执行完后，输出映像寄存器中所有输出继电器的状态(接通/断开)在输出刷新阶段都转存到输出锁存器中，然后通过一定的方式输出，驱动外部负载。由上述内容可知，PLC在一个扫描周期中对输入状态的扫描只是在输入采样阶段进行，当PLC进入程序执行阶段时，输入端将被封锁，直到下一个扫描周期的输入采样阶段才对输入状态进行新的扫描，这就是所谓的集中采样输入，也就是PLC在一个扫描周期内集中对输入状态扫描。

在一个扫描周期内，只是在输出刷新阶段将输出状态从输出映像寄存器中输出，而在其他阶段，输出值一直保存在输出映像寄存器中，这就是集中输出方式。

2.2.2 可编程控制器的技术性能指标

1. 存储容量

系统程序存放在系统程序存储器中。这里所说的存储容量指的是用户程序存储器的容量,用户程序存储器的容量决定了PLC可以容纳的用户程序的长短,一般以字节为单位来计算。每1024个字节为1 KB。中、小型PLC的存储容量一般在8 KB以下,大型PLC的存储容量可达到256 KB~2 MB。也有的PLC用存放用户程序的指令条数来表示容量。

2. I/O点数

I/O点数即PLC面板上连接输入/输出信号用的端子的个数,常称为“点数”,用输入点数与输出点数的和来表示。I/O点数越多,外部可接入的器件和输出的器件就越多,控制规模就越大。因此,I/O点数是衡量PLC性能的重要指标之一。国际上流行将PLC的点数作为PLC规模分类的标准,I/O总点数在256点以下的为小型PLC,64点及64点以下的为微型PLC,总点数在256~2048之间的为中型机,总点数在2048点以上的为大型机等。

3. 扫描速度

扫描速度是指PLC执行程序的速度,是衡量PLC性能的重要指标,一般以执行1 KW所用的时间来衡量扫描速度。PLC用户手册一般给出执行各条程序所用的时间,可以通过比较各种PLC执行相同操作所用的时间来衡量扫描速度的快慢。

4. 编程指令的种类和数量

这也是衡量PLC能力强弱的主要指标。编程指令种类及条数越多,其功能就越强,即处理能力和控制能力也就越强。

5. 扩展能力

PLC的扩展能力反映在以下两个方面:

① I/O点数的扩展,如输入点数或输出点数的扩展。

② 功能模块的扩展,如模拟量输出模块或通信模块的扩展。

6. 智能单元的数量

PLC不仅能够完成开关量的逻辑控制,而且利用智能单元可以完成模拟量控制、位置和速度控制以及通信联网等功能。智能单元种类的多少和功能的强弱是衡量PLC产品水平的一个重要指标。各个生产厂家都非常重视智能单元的开发,近年来智能单元的种类日益增多,功能也越来越强。

习　题

2-1　PLC的硬件指的是哪些部件?它们的作用是什么?

2-2　为什么称PLC的继电器是软继电器?与物理继电器相比,其在使用上有何特点?

2-3　PLC的软件是指什么?其编程语言常用的有哪几种?各有何特点?

2-4　PLC的工作方式是什么?何为PLC的扫描周期?

2-5　简述PLC的工作过程。

2-6　PLC的主要性能指标有哪些?各指标的意义是什么?

第3章　S7－200 SMART 系列可编程控制器

S7－200 SMART 系列 PLC 是西门子公司生产的一种超小型系列可编程控制器，它能够满足自动化控制的需求，其优点是设计紧凑、价格低廉，并且具有良好的可扩展性及强大的指令功能。

3.1　S7－200 SMART 系列 PLC 的构成

S7－200 SMART 系列小型 PLC 系统由基本单元（主机）、扩展单元、文本/图形显示器、编程器等组成。

下面以 S7－200 SMART 系列的 SR60、ST60、CR60 等小型可编程控制器为例来介绍 S7－200 SMART 系列 PLC 的构成。ST60 系列 CPU 外形图如图 3－1 所示。

图 3－1　ST60 系列 CPU 外形图

3.1.1　S7－200 SMART 系列 PLC 的规范

S7－200 SMART 系列 PLC 具有交流和直流两种不同的供电电源，基本单元的输出电路分为晶体管 DC 输出、继电器输出两大类。基本单元的输入电路采用 24 V 直流输入。根据 PLC 供电电源和输入/输出电路的差异，每种型号规格又分为 AC 电源/DC 输入/继电器输出以及 DC 电源/DC 输入/晶体管输出两种类型。因此，下面以 SR60、ST60、CR60 为例来介绍 PLC 的技术规范，如表 3－1 所列。

表 3－1　SR60、ST60 和 CR60 技术规范

型　号	CPU SR60 AC/DC/RLY	CPU ST60 DC/DC/DC	CPU CR60 AC/DC/RLY
尺寸：$W\times H\times D$	175 mm×100 mm×81 mm		
质量/g	611.5	528.2	620
功耗/W	25	20	25
可用电流（EM 总线）/mA	最大 740		

续表 3-1

型　号	CPU SR60 AC/DC/RLY	CPU ST60 DC/DC/DC	CPU CR60 AC/DC/RLY
可用电流(DC 24 V)/mA	最大 300		
用户存储器	30 KB 程序存储器/20 KB 数据存储器/10 KB 保持性存储器		12 KB 程序存储器/8 KB 数据存储器/10 KB 保持性存储器
板载数字 I/O	36 点输入/24 点输出		
位存储器(M)	256 位		
过程映像大小	256 位输入(I)/256 位输出(O)		
模拟映像	56 个字的输入(AI)/56 个字的输出(AQ)		
临时(局部)存储器(L)	主程序中 64 B,每个子程序和中断程序中 64 B		
I/O 模块扩展	最多 6 个扩展模块		
信号板扩展	最多 1 个信号板		
高速计数器	共 4 个		
脉冲输出	3 个,100 kHz		
脉冲捕捉输入	14		
循环中断	共 2 个,分辨率为 1 ms		
沿中断	4 个上升沿和 4 个下降沿(使用可选信号板时,各 6 个)		4 个上升沿和 4 个下降沿
存储卡	Micro SDHC 卡(可选)		
实时时钟精度	+/-120 秒/月		
实时时钟保持时间	通常为 7 天,25 ℃时最少为 6 天		
布尔运算	0.15 微秒/指令		
移动字	1.2 微秒/指令		
实数数学运算	3.6 微秒/指令		
累加器	4 个		
定时器	非保持性(TON,TOF):192 个;保持性(TONR):64 个		
计数器	256 个		
端口数	1 个以太网口/1 个串口(RS-485)/1 个附加串口(可选 RS-232/485 信号板)		
HMI 设备	每个端口 4 个 :RS-485,SB CM01(RS-232/485 信号板)		
编程设备	以太网:1 个		
连接数	8 个用于 HMI; 1 个用于编程; 8 个用于 CPU; 8 个主动 GET/PUT 连接; 8 个被动 GET/PUT 连接; 串口(RS-485):每个端口 4 个供 HMI 使用的连接		

续表 3－1

型　号	CPU SR60 AC/DC/RLY	CPU ST60 DC/DC/DC	CPU CR60 AC/DC/RLY
数据传输速率	以太网：10/100 Mb/s RS－485 系统协议：9 600 b/s、19 200 b/s 和 187 500 b/s RS－485 自由端口：1 200～115 200 b/s		
隔离（外部信号与 PLC 输入侧）	以太网：变压隔离器，1 500 V AC		
电缆类型	以太网：CAT5e 屏蔽电缆； RS－485：PROFIBUS 网络电缆		
电源电压范围	85～264 V AC	20.4～28.8 V DC	85～264 V AC
电源频率范围	47～63 Hz		

3.1.2　CPU ST60 的结构

全新的 S7－200 SMART 系列带来两种不同类型的 CPU 模块——标准型和经济型，全方位满足不同行业、不同客户、不同设备的各种需求。标准型作为可扩展 CPU 模块，可满足对 I/O规模有较大需求、逻辑控制较为复杂的应用；而经济型 CPU 模块直接通过单机本体满足相对简单的控制需求。

图 3－2　信号板外形

1. 信号板

信号板直接安装在 CPU 本体正面，无须占用电控柜空间，安装、拆卸方便快捷。对于少量的 I/O 点数扩展及更多通信端口的需求，全新设计的信号板能够提供更加经济、灵活的解决方案。信号板外形如图 3－2 所示。

信号板的基本信息如表 3－2 所列。

表 3－2　信号板的基本信息

型　号	规　格	描　述
SB DT04	2DI/2DO 晶体管输出	提供额外的数字量 I/O 扩展，支持 2 路数字量输入和 2 路数字量晶体管输出
SB AQ01	1AO	提供额外的模拟量 I/O 扩展，支持 1 路模拟量输出，精度为 12 位
SB CM01	RS－232/RS－485	提供额外的 RS－232 或 RS－485 串行通信接口，在软件中简单设置即可实现转换
SB BA01	实时时钟保持	支持普通的 CR1025 纽扣电池，能保持时钟运行约 1 年

2. 以太网通信

所有 CPU 模块都配备以太网接口,支持西门子 S7-200 协议,有效支持多种终端连接:

◇ 可作为程序下载端口(使用普通网线即可);

◇ 与 Smart Line 触摸屏进行通信,最多支持 8 台设备;

◇ 通过交换机与多台以太网设备进行通信,实现数据的快速交互,包含 8 个主动 GET/PUT 连接、8 个被动 GET/PUT 连接。

3. 运动控制

S7-200 SMART 系列 PLC 的 CPU 模块本体直接提供三轴 100 kHz 高速脉冲输出,通过强大灵活的设置向导可组态为 PWM(脉宽调制)输出或运动控制输出,为步进电动机或伺服电动机的速度和位置控制提供了统一的解决方案,满足小型机械设备的精确定位需求。

(1) 基本功能

标准型晶体管输出 CPU 模块,ST30/ST40/ST60 提供三轴 100 kHz 高速脉冲输出(ST20 提供二轴 100 kHz),支持 PWM 和 PTO 脉冲输出;在 PWM 方式中,输出脉冲的周期是固定的,脉冲的宽度或占空比由程序来调节,可以调节电动机速度、阀门开度等;在 PTO 方式(运动控制)中,输出脉冲可以组态为多种工作模式,包括自动寻找原点,可实现对步进电动机或伺服电动机的控制,达到调速或定位的目的;CPU 本体上的 Q0.0、Q0.1 和 Q0.3 可组态为 PWM 输出或高速脉冲输出,均可通过向导设置完成上述功能。

(2) PWM 和运动控制向导设置

为了简化应用程序中位控功能的使用,STEP 7-Micro/WIN SMART 提供的位控向导可以帮助用户在几分钟内全部完成 PWM、PTO 的组态。该向导可以生成位控指令,用户可以用这些指令在应用程序中对速度或位置进行动态控制。

PWM 向导设置根据用户选择的 PWM 脉冲个数,生成相应的 PWMx_RUN 子程序框架用于编辑。运动控制向导最多提供三轴脉冲输出的设置,脉冲输出速度从 20 Hz 到 100 kHz 可调。

3.1.3 扫描周期及工作方式

1. 扫描周期

S7-200 SMART 系列 PLC 的 CPU 连续执行用户任务的循环序列称为扫描。可编程控制器的一个机器扫描周期是指用户程序运行一次所经过的时间。PLC 运行状态、输出刷新等周而复始地循环。

① 数字量输入信息的处理:每次扫描周期开始时,先读数字输入点的当前值,然后写到输入映像寄存器区域。在之后的用户程序执行过程中,CPU 访问输入映像寄存器区域,而并非读取输入端口的状态,输入信号的变化不会影响输入映像寄存器的状态。通常要求输入信号有足够的脉冲宽度才能被响应。

② 模拟量输入信息的处理:在处理模拟量的输入信息时,用户可以对每个模拟通道选择数字滤波器,即对模拟通道设置数字滤波功能。对变化缓慢的输入信号,可以选择数字滤波,而高速变化的信号不能选择数字滤波。

如果需选择数字滤波器,则可选用低成本的模拟值输入模块。CPU 在每个扫描周期自动刷新模拟输入,执行滤波功能,并存储滤波值(平均值)。当访问模拟输入时,读取该滤波值。

对于高速模拟信号，不能采用数字滤波器，只能选用智能模拟量输入模块。CPU在扫描过程中不能自动刷新模拟量输入值，当访问模拟量时，直接从物理模块中取模拟量。

2. 执行程序

在用户程序执行阶段，PLC按照梯形图的顺序，自左向右、自上向下地逐行扫描。在这一阶段，CPU从用户程序第一条指令开始执行，直到最后一条指令结束，程序运行结果存入输出映像寄存器区域；允许对数字量I/O指令和对不设置数字滤波的模拟量I/O指令进行处理。在扫描周期的各部分，均可对中断事件进行响应。

3. 处理通信请求

在扫描周期的信息处理阶段，CPU处理从通信端口接收的信息。

4. 执行CPU自诊断测试

在此阶段，CPU检查其硬件、用户程序存储器和所有的I/O模块状态。

5. 写输出

在每个扫描周期的结尾，CPU都把存放在输出映像寄存器中的数据输出给数字量输出端口（写入输出锁存器），更新输出状态。当CPU操作模式从RUN切换到STOP时，数字量输出可设置1，用于表示输出表中定义的值或保持当前值；模拟量输出保持最后输出的值。默认设置是关闭数字量输出（参见系统块设置）。

按照扫描周期的主要工作任务，也可以把扫描周期简化为读输入、执行用户程序和写输出3个主要阶段。

3.2　S7-200 SMART系列PLC的内部元器件

PLC是以微处理器为核心的电子设备，其指令都是针对元器件状态而言的，使用时可以将它看成是由继电器、定时器、计数器等元件构成的组合体。PLC内部设计了编程使用的各种元器件，它与继电器控制的根本区别在于PLC采用的是软器件，以程序实现各器件之间的连接。本节从元器件的寻址方式、存储空间、功能等方面叙述各种元器件的使用方法。

3.2.1　数据存储类型及寻址方式

PLC内部元器件的功能是相互独立的，在数据存储区为每一种元器件都分配了一个存储区域。每一种元器件用一组字母表示器件类型，用字母加数字表示数据的存储地址。例如，I表示输入映像寄存器（又称输入继电器），Q表示输出映像寄存器（又称输出继电器），M表示位存储器，SM表示特殊存储器，S表示顺序控制继电器（又称状态元件），V表示变量存储器，L表示局部存储器，T表示定时器，C表示计数器，AI表示模拟量输入映像寄存器，AQ表示模拟量输出映像寄存器，AC表示累加器，HC表示高速计数器等。掌握这些内部器件的定义、范围、功能和使用方法是设计PLC程序的基础。

1. 数据存储器的分配

S7-200 SMART系列PLC按内部元器件的种类将数据存储器分成若干个存储区域，每个区域的存储单元按字节编址，可以进行字节、字、双字和位操作；每个字节由8个存储位组成。当对存储单元进行位操作时，每一位都可以看成是有0、1状态的位逻辑器件。

2. 数值表示方法

(1) 数据类型及范围

S7－200 SMART 系列 PLC 在存储单元所存放的数据类型有布尔型(Bool)、整数型(Int)和实数型(Real)3 种。表 3－3 列出了不同长度的数据所能表示的数值范围。

表 3－3　不同长度的数据表示的十进制和十六进制的数值范围

数据类型	数据长度	数值范围
字节(Byte)	8 位(1 B)	0～255
字(Word)	16 位(2 B)	0～65 535
位(Bit)	1 位	0、1
整数(Int)	16 位(2 B)	0～65 535(无符号)，－32 768～32 767(有符号)
双整数(Dint)	32 位(4 B)	0～4 294 967 295(无符号)， －2 147 483 648～2 147 483 647(有符号)
双字(Dword)	32 位(4 B)	0～4 294 967 295
实数(Real)	32 位(4 B)	1.175 495E－38～3.402 823E＋38(正数)， －1.175 495E－38～－3.402 823E＋38(负数)
字符串(String)	8 位(1 B)	

二进制数的"位"只有 0 和 1 两种取值，开关量(或数字量)也只有两种不同的状态，如触点的断开和接通，线圈的失电和得电等。因此，在 S7－200 SMART 系列 PLC 的梯形图中，可用"位"描述它们，如果该位为 1，则表示对应的线圈为得电状态，触点为转换状态(常开触点闭合、常闭触点断开)；如果该位为 0，则表示对应线圈、触点的状态与前者相反。

(2) 常　数

S7－200 SMART 系列 PLC 的许多指令中使用常数，常数值的长度可以是字节、字或双字。CPU 以二进制方式存储常数，可以采用十进制、十六进制、ASCII 码或浮点数形式书写常数，例如：

◇ 十进制常数：30 047；

◇ 十六进制常数：16＃4E5；

◇ ASCII 码常数："show"；

◇ 实数或浮点格式：＋1.175 495E－38(正数)，－1.175 495E－38(负数)；

◇ 二进制格式：2＃1010 0101。

3. S7－200 SMART 系列 PLC 的寻址方式

S7－200 SMART 系列 PLC 将信息存放于不同的存储单元，每个单元都有唯一的地址，系统允许用户以字节、字、双字为单位存取信息。提供参与操作的数据地址的方法称为寻址方式。S7－200 SMART 系列 PLC 的数据寻址方式有立即数寻址、直接寻址和间接寻址三大类。

立即数寻址的数据在指令中以常数形式出现，直接寻址和间接寻址方式有位、字节、字和双字 4 种寻址格式，下面将对直接寻址和间接寻址方式加以说明。

(1) 直接寻址

直接寻址是在指令中直接使用存储器或寄存器的元件名称(区域标志)和地址编号，直接到指定的区域读取或写入数据。有按位、字节、字、双字的寻址方式，如图 3－3 所示。

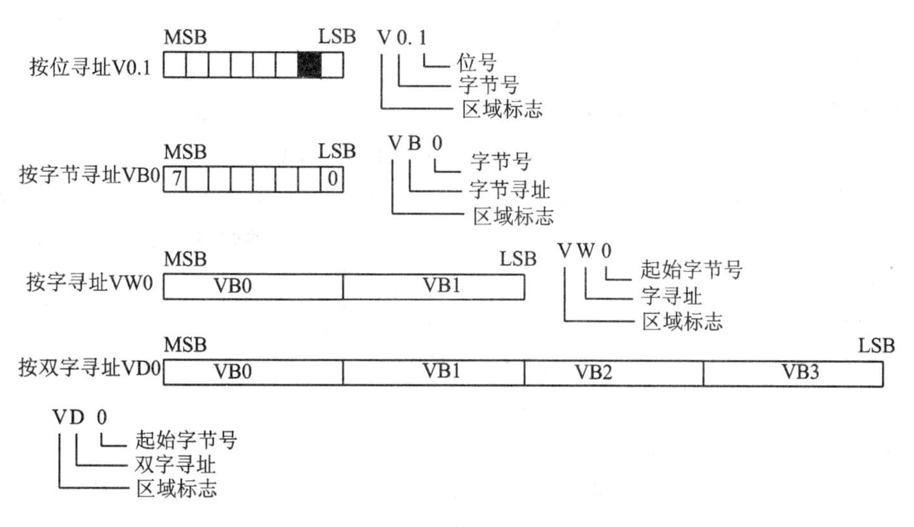

图 3－3　直接寻址方式

(2) 间接寻址

首先，使用间接寻址前，要先创建一指向该位置的指针。指针为双字(32 位)，存放的是另一存储器的地址，只能用 V、L 或累加器 AC 作指针。生成指针时，要使用双字传送指令(MOVD)将数据所在单元的内存地址送入指针，双字传送指令输入操作数的开始处加“&”符号，表示是某存储器的地址，而不是存储器内部的值。指令输出操作数是指针地址。例如：“MOVD &VB200”，AC1 指令就是将 VB200 在存储器中的地址送入累加器 AC1 中。

其次，指针建立好后，利用指针存取数据。在使用地址指针存取数据的指令中，操作数前加“＊”号表示该操作数为地址指针。例如：“MOVW ＊ AC1 AC0//MOVW 表示字传送指令”，指令将 AC1 中的内容作为起始地址的一个字长的数据(即 VB200、VB201 内部数据)送入 AC0 内，如图 3－4 所示。

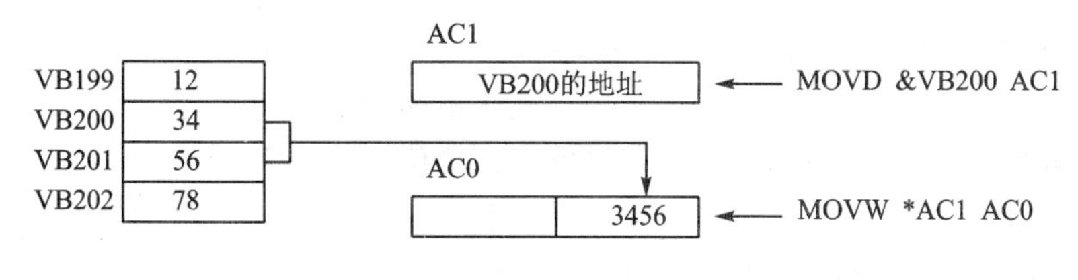

图 3－4　间接寻址方式

3.2.2　S7－200 SMART 系列 PLC 的数据存储区及元件功能

1. 数字量输入写入输入映像寄存器(I)

数字量输入映像区是 S7－200 SMART 系列 PLC 的 CPU 为输入端信号状态开辟的一个存储区。输入映像寄存器的标识符为 I，在每个扫描周期的开始，CPU 对输入点进行采样，并将采样值存于输入映像寄存器中。输入映像寄存器是 PLC 接收外部输入的开关量信号的窗口。数字量输入写入输入映像寄存器可以按位、字节、字、双字 4 种方式来存取：

① 按“位”方式：从 I0.0～I15.7，共有 128 点。

② 按“字节”方式:从 IB0～IB15,共有 16 个字节。

③ 按“字”方式:从 IW0～IW14,共有 8 个字。

④ 按“双字”方式:从 ID0～ID12,共有 4 个双字。

2. 数字量输出写入输出映像寄存器(Q)

数字量输出映像区是 S7－200 SMART 系列 PLC 的 CPU 为输出端信号状态开辟的一个存储区。输出映像寄存器的标识符为 Q(从 Q0.0～Q15.7,共有 128 点),在每个扫描周期的末尾,CPU 将输出映像寄存器的数据传输给输出模块,再由后者驱动外部负载。数字量输出写入输出映像寄存器可以按位、字节、字、双字 4 种方式来存取:

① 按“位”方式:从 Q0.0～Q15.7,共有 128 点。

② 按“字节”方式:从 QB0～QB15,共有 16 个字节。

③ 按“字”方式:从 QW0～QW14,共有 8 个字。

④ 按“双字”方式:从 QD0～QD12,共有 4 个双字。

说明:实际没有使用的输入端和输出端的映像区的存储单元可以作中间继电器用。

3. 变量存储器(V)(相当于内部辅助继电器)

在 PLC 执行程序的过程中,会存在一些控制过程的中间结果,这些中间结果也需要用存储器来保存。变量存储器就是根据这个实际要求设计的。变量存储器是 S7－200 SMART 系列 PLC 的 CPU 为保存中间变量数据而建立的一个存储区,用 V 表示,可以按位、字节、字、双字 4 种方式来存取:

① 按“位”方式:从 V0.0～V5119.7,共有 40 960 点。CPU 221、CPU 222 变量存储器只有 2 048 个字节,其变量存储区只能到 V2047.7 位。

② 按“字节”方式:从 VB0～VB5119,共有 5 120 个字节。

③ 按“字”方式:从 VW0～VW5118,共有 2 560 个字。

④ 按“双字”方式:从 VD0～VD5116,共有 1 280 个双字。

4. 位存储器(M)

在 PLC 执行程序的过程中,可能会用到一些标志位,这些标志位也需要用存储器来寄存。位存储器就是根据这个要求设计的。位存储器是 S7－200 SMART 系列 PLC 的 CPU 为保存标志位数据而建立的一个存储区,用 M 表示。该区虽然称为位存储器,但是其中的数据不仅可以是位,还可以是字节、字或双字。位存储器可以按位、字节、字、双字 4 种方式来存取:

① 按“位”方式:从 M0.0～M31.7,共有 256 点。

② 按“字节”方式:从 MB0～MB31,共有 32 个字节。

③ 按“字”方式:从 MW0～MW30,共有 16 个字。

④ 按“双字”方式:从 MD0～MD28,共有 8 个双字。

5. 顺序控制继电器区(S)

在 PLC 执行程序的过程中,可能会用到顺序控制。顺序控制继电器就是根据顺序控制的特点和要求而设计的。顺序控制继电器是 S7－200 SMART 系列 PLC 的 CPU 为顺序控制继电器的数据建立的一个存储区,用 S 表示。在顺序控制过程中,顺序控制继电器用于组织步进过程的控制,可以按位、字节、字、双字 4 种方式来存取:

① 按“位”方式:从 S0.0～S31.7,共有 256 点。

② 按“字节”方式:从 SB0～SB31,共有 32 个字节。

③ 按“字”方式：从 SW0～SW30，共有 16 个字。

④ 按“双字”方式：从 SD0～SD28，共有 8 个双字。

6. 局部存储器(L)(相当于内部辅助继电器)

S7－200 SMART 系列 PLC 有 64 B 的局部存储器，其中 60 个可以用作暂时存储器或给子程序传递参数。局部存储器和变量存储器很相似，主要区别是，变量存储器全局有效，而局部存储器局部有效。全局有效是指同一个存储器可以被任何程序存取，例如主程序、子程序或中断程序；局部有效是指存储器区和特定的程序相关联。局部存储器区是 S7－200 SMART 系列 PLC 的 CPU 为局部变量数据建立的一个存储区，用 L 表示，该区域的数据可以用位、字节、字、双字 4 种方式来存取：

① 按“位”方式：从 L0.0～L63.7，共有 512 点。

② 按“字节”方式：从 LB0～LB63，共有 64 个字节。

③ 按“字”方式：从 LW0～LW62，共有 32 个字。

④ 按“双字”方式：从 LD0～LD60，共有 16 个双字。

7. 定时器(T)

PLC 在工作中经常需要计时，定时器就是实现 PLC 具有计时功能的计时设备。定时器的编号为 T0，T1，…，T255，S7－200 SMART 系列 PLC 共有 256 个定时器。

8. 计数器(C)

PLC 在工作中有时不仅需要计时，还可能需要计数，计数器就是 PLC 具有计数功能的计数设备。计数器的编号为 C0，C1，…，C255。

9. 高速计数器(HC)

高速计数器用来累计比 CPU 扫描速率更快的事件。S7－200 SMART 系列 PLC 的各个高速计数器的计数频率高达 30 kHz，其当前值用 32 位带符号整数表示。若要存取高速计数器的值，则必须给出高速计数器的地址，即高速计数器的编号。ST－200 SMART 系列 PLC 有 4 个高速计数器，其编号为 HC0、HC1、HC2、HC3。CPU SR20、CPU SR40、CPU ST40、CPU SR60 和 CPU ST60 可以使用 4 个 60 kHz 单相高速计数器或 2 个 40 kHz 的两相高速计数器，而 CPU CR40 可以使用 4 个 30 kHz 单相高速计数器或 2 个 20 kHz 的两相高速计数器。

10. 累加器(AC)

累加器是用来暂存数据的寄存器，它可以用来存放运算数据、中间数据和结果。S7－200 SMART 系列 PLC 提供了 4 个 32 位的累加器，其地址编号为 AC0～AC3。累加器的长度为 32 位，可采用字节、字、双字的存取方式。按字节、字存取时只能是累加器的低 8 位或低16 位，双字可以存取累加器全部的 32 位，使用时只表示累加器的地址编号，如 AC0。累加器可进行读、写两种操作。具体使用如图 3－5 所示。

11. 特殊存储器(SM)

特殊存储器是 S7－200 SMART 系列 PLC 的 CPU 和用户程序之间传递信息的媒介，其可以反映 CPU 在运行中的各种状态信息，用户可以根据这些信息来判断机器的工作状态，从而确定用户程序该做什么，不该做什么。这些特殊信息也需要用存储器来寄存，特殊存储器就是根据这个要求设计的。

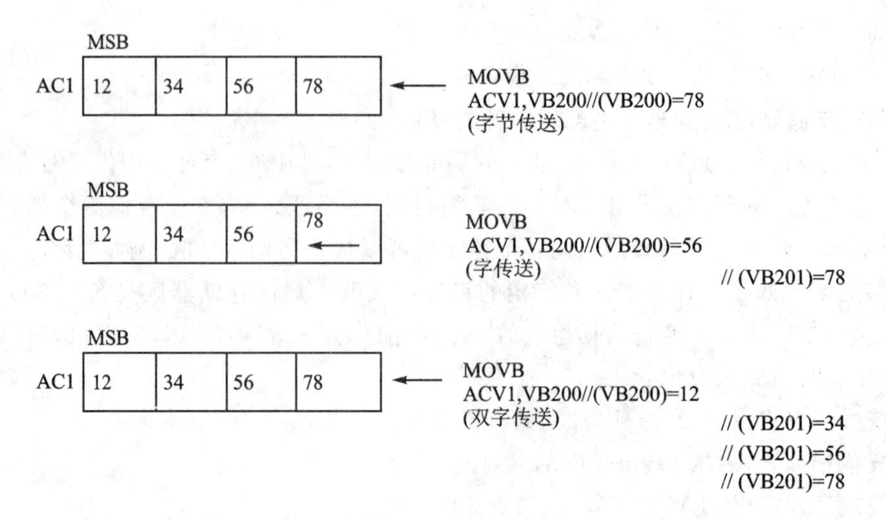

图 3-5 累加器的操作

3.2.3 S7-200 SMART 系列 PLC 的 CPU 有效编程范围

可编程控制器的硬件结构是软件编程的基础，S7-200 SMART 系列 PLC 的 60 系列 CPU 各编程元器件及操作数的有效编程范围分别如表 3-4 和表 3-5 所列。

表 3-4 S7-200 SMART 系列 PLC 的 60 系列 CPU 编程元器件特性一览表

描　述	SR60	ST60	CR60
用户程序/KW	8	6	8
用户数据/KW	5	4	6
输入映像寄存器	I0.0～I3.7		
输出映像寄存器	Q0.0～Q15.7		
模拟量输入(只读)	AIW0～AIW30		
模拟量输出(只写)	AQW0～AQW30		
变量存储器(V)	V0.0～V2047.7		
局部存储器(L)	L0.0～L63.7		
位存储器(M)	M0.0～M31.7		
特殊存储器(SM)只读	SM0.0～SM30.7		
定时器	T0～T255		
记忆延迟 1 ms	T0、T64		
记忆延迟 10 ms	T1～T4，T65～T68		
记忆延迟 100 ms	T5～T31，T69～T95		
接通延迟 1 ms	T32，T96		
接通延迟 10 ms	T33～T36，T97～T100		
接通延迟 100 ms	T37～T63，T101～T255		
计数器	C0～C255		

续表 3－4

描　述	SR60	ST60	CR60
高速计数器	HC0、HC3、HC4、HC5	HC0～HC5	
顺序控制继电器	S0.0～S31.7		
累加寄存器	AC0～AC3		
跳转/标号	0～255		
调用子程序	0～63		
中断时间	0～127		
PID 回路	0～7		
通信端口	2		

表 3－5　S7－200 SMART 系列 PLC 的 60 系列 CPU 操作数的有效编程范围

存取方式	SR60	ST60	CR60
位存取（字节、位）	V0.0～V2047.7 I0.0～I15.7 Q0.0～Q15.7 M0.0～M30.7 SM0.0～SM197.7 T0～T255 C0～C255 L0.0～L63.7	V0.0～V2047.7 I0.0～I15.7 Q0.0～Q15.7 M0.0～M30.7 SM0.0～SM197.7 T0～T255 C0～C255 L0.0～L63.7	V0.0～V2047.7 I0.0～I15.7 Q0.0～Q15.7 M0.0～M30.7 SM0.0～SM197.7 T0～T255 C0～C255 L0.0～L63.7
字节存取	VB0～VB2047 IB0～IB15 QB0～QB15 MB0～MB31 SMB0～SMB179 SB0～SB31 LB0～LB63 AC0～AC3	VB0～VB2047 IB0～IB15 QB0～QB15 MB0～MB31 SMB0～SMB179 SB0～SB31 LB0～LB63 AC0～AC3	VB0～VB2047 IB0～IB15 QB0～QB15 MB0～MB31 SMB0～SMB179 SB0～SB31 LB0～LB63 AC0～AC3
字存取	VW0～VW2046 IW0～IW14 QW0～QW14 MW0～MW30 SMW0～SMW178 SW0～SW30 T0～T255 C0～C255 LW0～LW62 AC0～AC3	VW0～VW2046 IW0～IW14 QW0～QW14 MW0～MW30 SMW0～SMW178 SW0～SW30 T0～T255 C0～C255 LW0～LW62 AC0～AC3	VW0～VW2046 IW0～IW14 QW0～QW14 MW0～MW30 SMW0～SMW178 SW0～SW30 T0～T255 C0～C255 LW0～LW62 AC0～AC3

3.3 输入/输出及扩展

S7-200 SMART 系列 PLC 的主机基本单元的最大 I/O 点数与具体型号有关,PLC 内部映像寄存器资源的最大数字量 I/O 映像区的输入点 IB0～IB15 共 16 个字节(128 点),输出点 QB0～QB15 也为 16 个字节(128 点);I/O 映像寄存器共 32 个字节或 256 位(32×8);最大模拟量 I/O 为 64 点;AIW0～AIW62 共 32 个输入点;AQW0～AQW62 共 32 个输出点(偶数递增)。S7-200 SMART 系列 PLC 最多可扩展 7 个模块。

S7-200 SMART 系列 PLC 扩展模块的规格有几十种,除了增加 I/O 点数的需要外,还增加了许多控制功能。目前可提供以下四大类扩展模块:

1. 数字(开关)量 I/O 扩展模块

数字量 I/O 扩展模块有输入模块、输出模块、混合扩展模块 3 类。单个模块最大 I/O 点数为 16 点输入/16 点输出。

2. 模拟量 I/O 扩展模块

模拟量输入扩展模块包括温度测量模块等,为 PLC 增加了温度、转速、位置、测量、显示与调节功能等。

当输入为模拟电压时,电压通常是 DC 0～10 V;当输入为模拟电流时,电流通常是 DC 0～20 mA。

当输出为模拟电压时,电压通常是 DC −10～10 V;当输出为模拟电流时,电流通常是 DC 0～20 mA。

3. 定位扩展模块(现场设备)

定位扩展模块为 PLC 增加了位置控制与调节功能。定位模块 EM253 本身带有 5 输入/6 输出的集成 I/O 点,用于定位控制信号的输入,以及定位脉冲和清除信号的输出。

4. 网络扩展模块

CPU 除了通过 RS-442/485 接口与外部设备进行通信外,还可以通过以太网进行端口通信。在使用以太网进行端口通信时,要注意通信 IP 地址的设置,详见第 4 章。

3.3.1 本机及扩展 I/O 编址

CPU 本机具有固定的 I/O 地址,可以把扩展的 I/O 模块接至主机右侧来增加 I/O 点数。扩展模块的 I/O 地址由其在 I/O 链中的位置决定。输入与输出模块的地址不会冲突,模拟量模块的地址也不会影响数字量。

3.3.2 S7-200 SMART 系列 PLC 扩展模块的外部连接

1. 数字量扩展模块

数字量(开关量)扩展模块分为数字量输入扩展模块、数字量输出扩展模块和数字量输入/输出混合扩展模块 3 种。

(1) 数字量输入扩展模块

数字量输入扩展模块有 8 点输入扩展模块和 16 点输入扩展模块两大类,8 点输入扩展模块有 DC 24 V 输入与 AC 120/230 V 输入两种规格,16 点输入扩展模块为 DC 24 V 输入。

AC 120/230 V 输入扩展模块为 8 点独立输入，无公共端。DC 24 V 电源的接线方式分为漏型输入和源型输入两种：

① 漏型输入是将 DC 24 V 电源的 0 V 端接 PLC 的公共端(1M、2M)，DC 24 V 通过输入触点连接到相应的输入端。

② 源型输入是将 DC 24 V 电源的 DC 24 V 端(正极)接 PLC 的公共端(1M、2M)，0 V 通过输入触点连接到相应的输入端。

(2) 数字量输出扩展模块

数字量输出扩展模块有 4 点输出、8 点输出和 16 点输出三大类，其中 4 点输出和 8 点输出的介绍如下：

① 4 点数字量输出扩展模块有 DC 24 V/5 A 晶体管输出与 DC 24 V/DC 12～30 V 或 AC 12～250 V/10 A 继电器输出两种规格：

◇ DC 24 V/5 A 晶体管输出扩展模块采用各输出点独立的源型输出，连接端 0L＋、1L＋、2L＋、3L＋连接输出负载电源的 DC 24 V 端，相应的输出端连接负载。

◇DC 24 V/DC 12～30 V 或 AC 12～250 V/10 A 继电器输出扩展模块同样采用输出点独立输出的方式，当连接直流负载时，原则上连接端 0L、1L、2L、3L 连接输出负载电源的 DC 24 V 端，相应的输出端连接负载。

② 8 点数字量输出扩展模块有 DC 24 V/0.75 A 晶体管输出、DC 24 V/DC 12～30 V 或 AC 12～250 V/2 A 继电器输出以及 AC 120/230 V 交流输出 3 种规格，晶体管输出和继电器输出每 4 点输出为一组(公共端 1L/2L)。

2. 模拟量输入/输出扩展模块

S7 - 200 SMART 系列 PLC 的模拟量输入/输出扩展模块共有 5 种规格可供选择。4 点模拟量输入、2 点模拟量输出、4 点模拟量输入/1 点模拟量输出混合模块和温度测量输入模块。

(1) 模拟量输入扩展模块

模拟量 4 输入模块 EM231 的输入连接端分为 A、B、C、D 四组，每组有 3 个连接端，分别为 R0、n＋、n－(n 为组别)，可以连接模拟电压与电流输入。

当输入为模拟电压时，n＋、n－用于连接电压模拟量输入的"＋"与"－"端，输入电压可以是 0～10 V 单极性或－5～5 V、－2.5～2.5 V 双极性信号，R0 端不连接；当输入为模拟电流时，R0 需要与 n＋并联，连接传感器的电流输入端，n－用于连接电流输入的"－"端，输入电流为 0～20 mA 的直流电流。

为了防止干扰输入，对于未使用的输入端，需要将 n＋、n－短接。

(2) 模拟量输出扩展模块

EM232 为模拟量 2 输出模块，模块的输出连接端分为 2 组，每组占用 3 个连接端，分别为 V0/I0/M0 与 V1/I1/M1，可以连接模拟电压与电流输出。

当输出为模拟电压时，V0/M0(V1/M1)用于连接电压模拟量输出的"＋"与"－"端，输出电压范围为－10～10 V，I0 (I1)端不连接；当输出为模拟电流时，I0/M0(V1/M1)用于连接电流模拟量输出的"＋"与"－"端，输出电流为 0～20 mA 的直流电流，V0(V1)端不连接。

模块需要外部提供 DC 24 V 直流电源，直流电流从 L＋、M 端输入。

(3) 模拟量输入/输出混合模块

EM235为模拟量4输入/1输出混合模块,模块的输入连接要求同模拟量输入模块,输出连接要求同模拟量输出模块,同样将未使用的模拟量输入的n+、n−短接。

3.3.3 扩展模块的安装

S7-200 SMART系列PLC扩展模块具有与基本单元相同的设计特点,固定方式与CPU主机相同。主机及可编程控制器I/O扩展模块有导轨安装和直接安装两种方法:导轨安装是在DIN标准导轨上的安装,I/O扩展模块装在紧靠CPU一侧的导轨上,具有安装方便、拆卸灵活等优点;直接安装是将螺钉通过安装固定螺孔将模块固定在配电盘上,具有安装可靠、防振性好的特点。当需要扩展的模块较多时,可以使用扩展连接电缆重叠排布(分行安装)。

习　题

3-1　S7-200 SMART系列PLC有哪些编址方式?

3-2　S7-200 SMART系列PLC有哪些寻址方式?

3-3　S7-200 SMART系列PLC的结构是什么?

3-4　CPU 224 PLC有哪几种工作方式?

3-5　CPU ST60 PLC有哪些元件?它们的作用是什么?

3-6　S7-200 SMART系列PLC的接口模块主要有哪些?

3-7　常见的扩展模块有哪几类?扩展模块的具体作用是什么?

3-8　S7-200 SMART系列PLC的数据类型有哪些?

3-9　S7-200 SMART系列PLC的存储器有哪些?

3-10　LAD是什么意思?

第 4 章　STEP 7 - Micro/WIN SMART 编程软件

4.1　STEP 7 - Micro/WIN SMART 编程软件概述

STEP 7 - Micro/WIN SMART 是一款功能比较强大的编程软件，主要用于 S7 - 200 SMART 系列 PLC 中的 ST/SR/CR 系列 CPU 进行软件编程，可提供程序的在线编辑、监控和调试。为配合 STEP 7 - Micro/WIN SMART V2.0 版本软件的应用，PLC CPU 采用了 ST60 型号。

4.1.1　STEP 7 - Micro/WIN SMART 编程软件的安装

1. 编程软件的解压

右击 STEP 7 - Micro/WIN SMART 编程软件的安装压缩包，在弹出的快捷菜单中选择"解压文件"，将安装压缩包进行解压。解压完成后，解压文件夹中会显示出可执行文件"SETUP.EXE"，双击该文件，软件安装将自动开始，并弹出设置语言对话框（见图 4 - 1），在下拉列表框中选择合适的语言，单击"确定"按钮；此时弹出安装向导界面（见图 4 - 2），单击"下一步"按钮；然后弹出安装许可协议界面（见图 4 - 3），选中"我接受许可证协定和有关安全的信息的所有条件。"单选按钮，表示同意许可协议，否则安装不能继续进行。

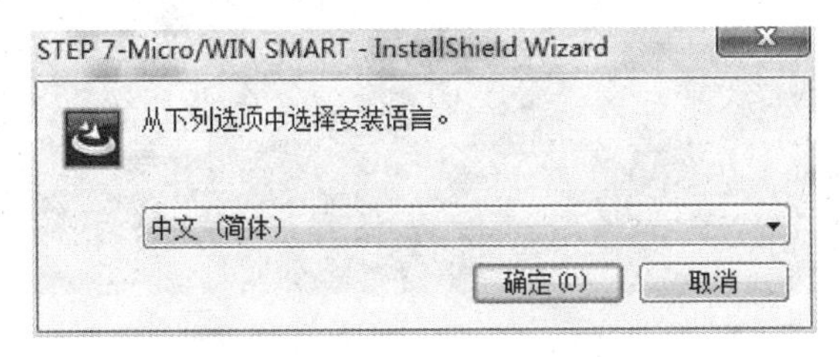

图 4 - 1　软件安装设置语言对话框

图 4 - 2　软件安装向导界面

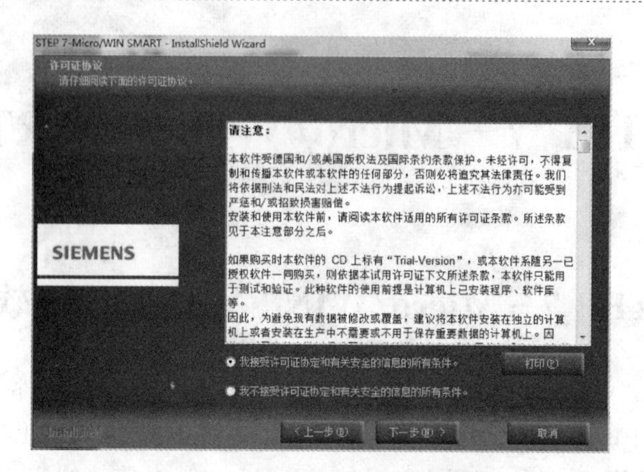

图 4-3　软件安装许可协议界面

2. 选择安装目录

如果要改变安装目录，则单击“浏览”按钮，选择安装的目录即可。默认安装路径为 C 盘，建议将其安装在 C 盘以外的其他目录下，如图 4-4 所示；然后单击“下一步”按钮，程序开始安装，软件计算计算机空间大小的界面如图 4-5 所示。

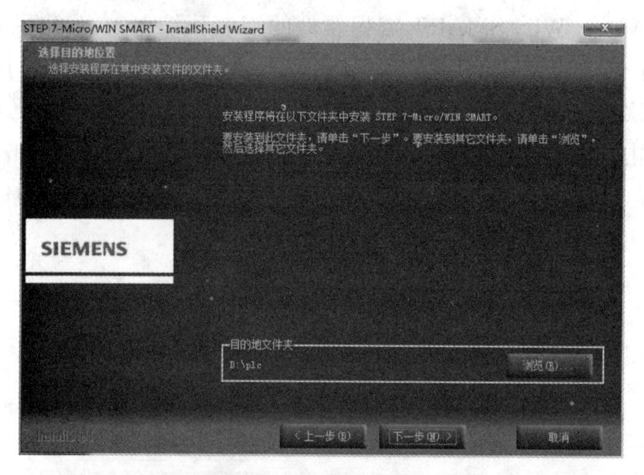

图 4-4　选择安装目录

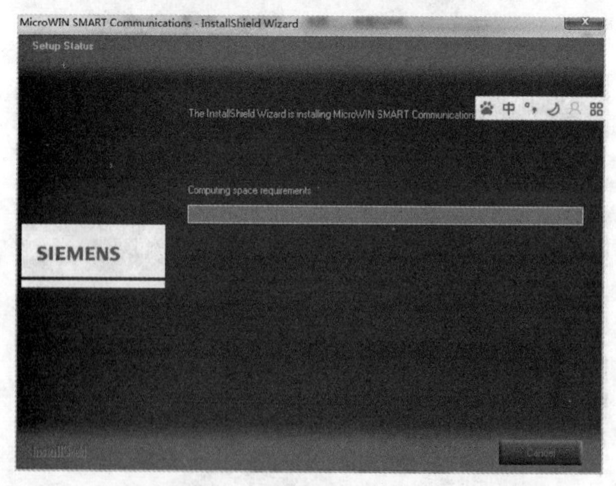

图 4-5　软件计算计算机空间大小的界面

计算机 CPU 为 i3 处理器的耗时约 1.5 min，然后出现完成界面，如图 4 - 6 所示，单击“完成”按钮即可。此时计算机桌面会出现该软件的快捷键图标，如图 4 - 7 所示。

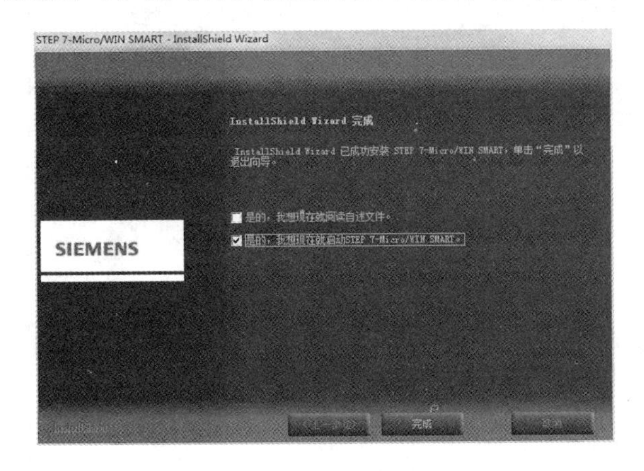

图 4 - 6　软件安装完成　　图 4 - 7　软件的快捷键图标

注意：安装 STEP 7 - Micro/WIN SMART 编程软件前，最好关闭杀毒软件和防火墙软件，如图 4 - 8 所示。

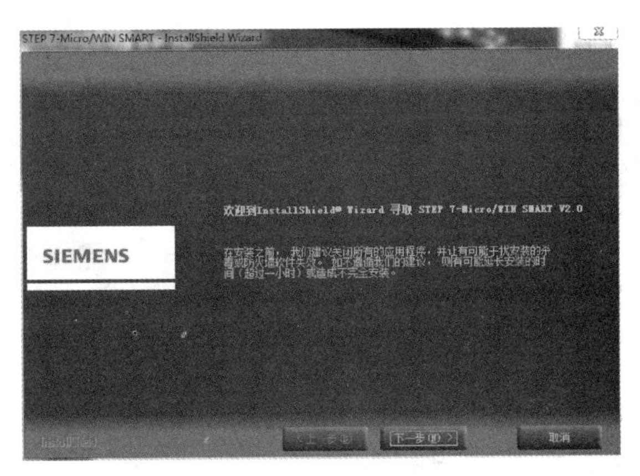

图 4 - 8　安装软件前的注意事项

4.1.2　STEP 7 - Micro/WIN SMART 窗口组件及功能

STEP 7 - Micro/WIN SMART 软件的主界面如图 4 - 9 所示，其中包括快速访问工具栏、菜单栏、项目树、导航栏、程序编辑器、输出窗口等。

下面依次介绍该界面主要的几个功能区域：

1. 快速访问工具栏

快速访问工具栏在菜单栏的正上方，包括“文件”“编辑”“视图”“PLC”“调试”“工具”“帮助”7 个菜单项，如图 4 - 10 所示。

通过快速访问文件按钮可简单快速地访问“文件”菜单的大部分功能以及最近文档，如图 4 - 11 所示。

快速访问工具栏上的其他按钮对应的文件功能为“新建”(New)、“打开”(Open)、“保存”(Save) 和“打印”(Print)。

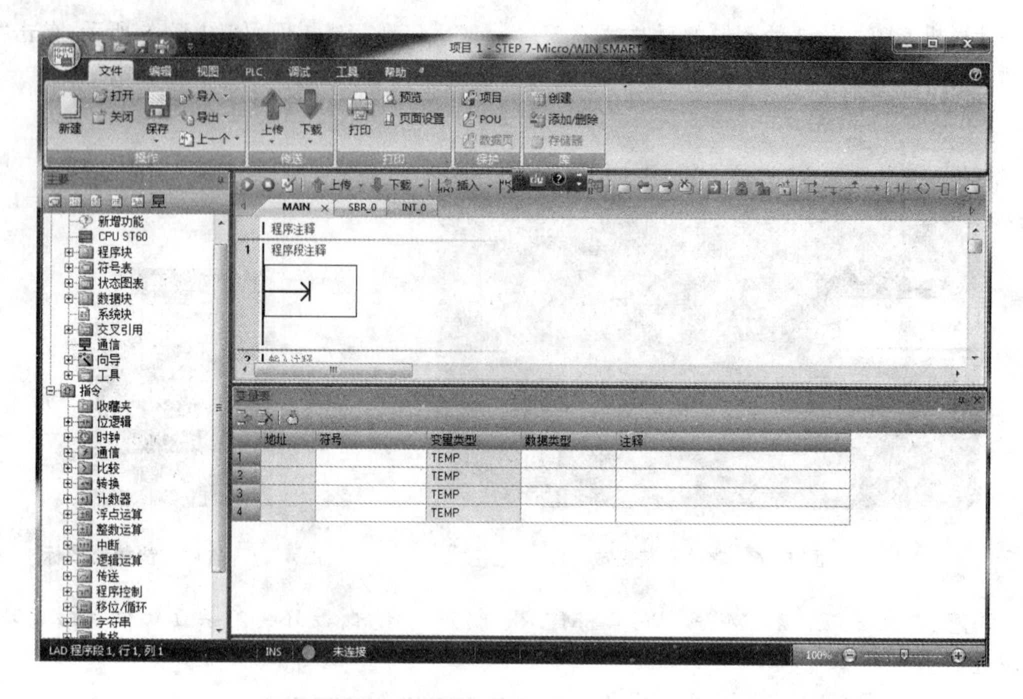

图 4-9　STEP 7-Micro/WIN SMART 软件的主界面

图 4-10　快速访问工具栏

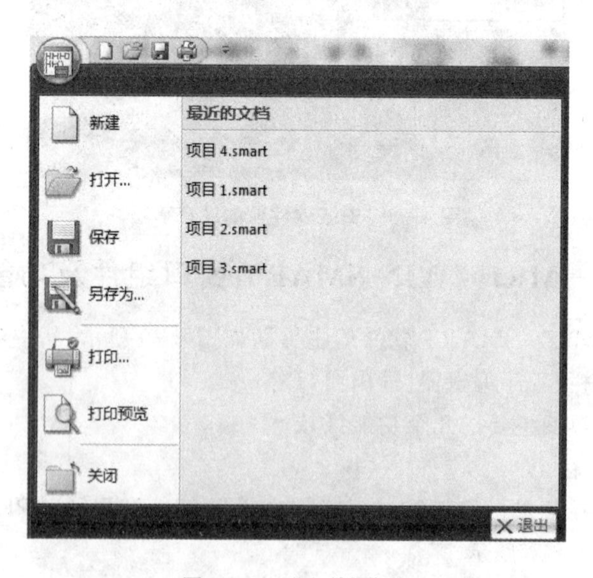

图 4-11　“文件”菜单

用户还可自定义快速访问工具栏与菜单功能区的外观和位置，以及添加其他命令。若要进行自定义，则需要单击快速访问工具栏右侧的箭头，或右击菜单栏，在弹出的快捷菜单中选择“自定义快速访问工具栏”(Customize Quick Access Toolbar)，如图 4-12 所示。

若要将其他命令添加到快速访问工具栏，则在“自定义快速访问工具栏”菜单中选择“更多命令”(More Commands)，在打开的“自定义”(Customize) 对话框(见图 4 - 13)中可添加任何菜单中的命令和组态快捷键。

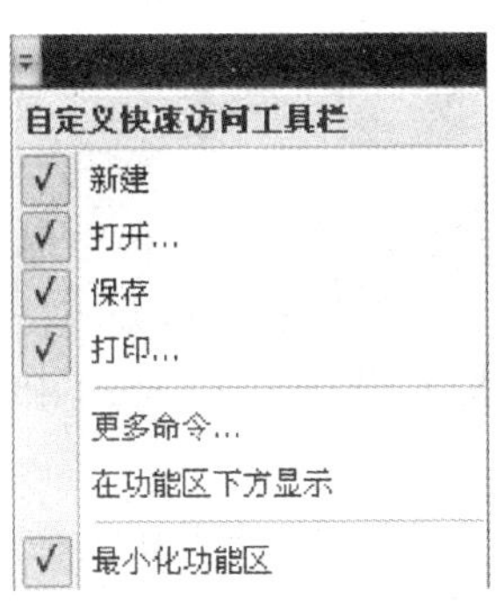
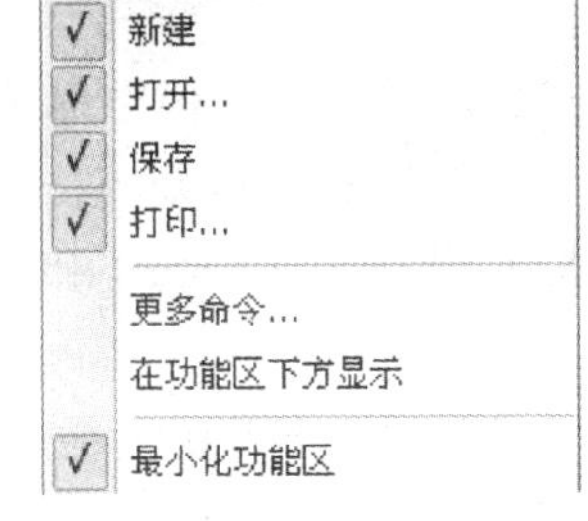

图 4 - 12　自定义快速访问工具栏

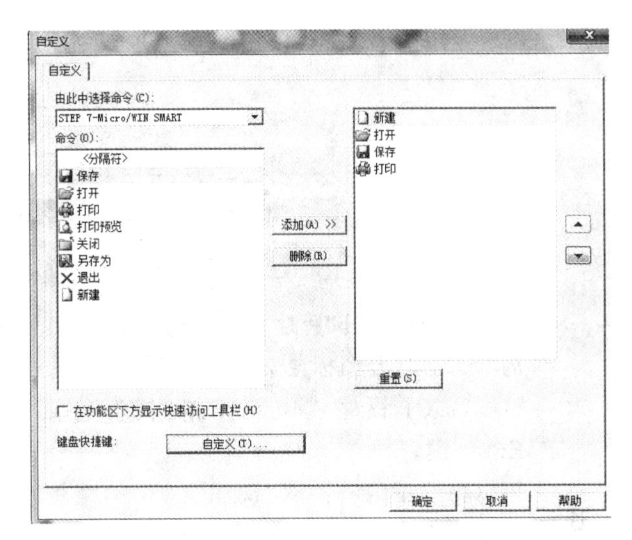

图 4 - 13　“自定义”对话框

用户也可通过右击工具栏，在弹出的快捷菜单中选择“在功能区下方显示”(Show Below the Ribbon)，这样就可以在菜单栏下方显示快速访问工具栏了。

2. 项目树和导航栏

项目树包含“新增功能”“CPU ST40”“程序块”“符号表”“状态图表”“数据块”“系统块”“交叉引用”“通信”“向导”“工具”，如图 4 - 14 所示。项目树的上方为导航栏，它是显示主要项目功能特性的按钮控制群组，是编译时常用的工具，它使得各功能的实现更加方便快捷。导航栏包括“符号表”“状态图表”“数据块”“系统块”“交叉引用”“通信工具”。

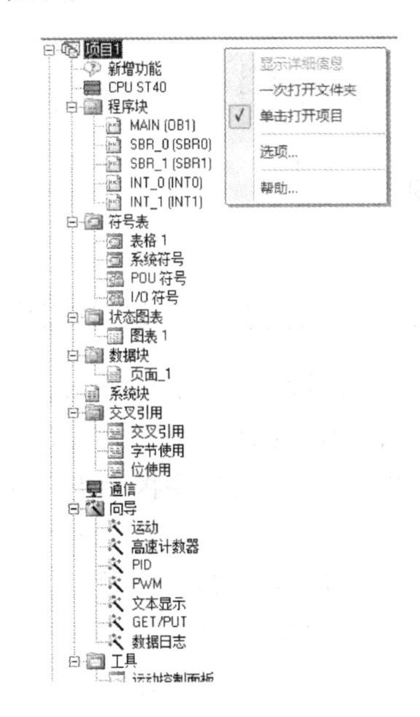

图 4 - 14　项目树

3. 输出窗口

输出窗口(见图 4 - 15)可以进行程序编辑，通常采用 LAD 编辑最为方便。编程区的上方是 PLC 运行、暂停按钮，程序的上传、下载、插入、删除按钮，以及一些常用的程序指令符号等。在编辑梯形图程序时需要注意的是，当在程序段 1 内编辑完一段语句时，要进入程序段 2 编辑下一语句，否则程序会报错。

4. 程序编辑器

使用以下方法之一可在程序编辑器中打开程序：

◇ 在“文件”(File) 菜单功能区的“操作”(Operations) 区域中单击“新建”(New)、“打开”(Open) 或“导入”(Import) 按钮，可打开 STEP 7 - Micro/WIN SMART 项目。

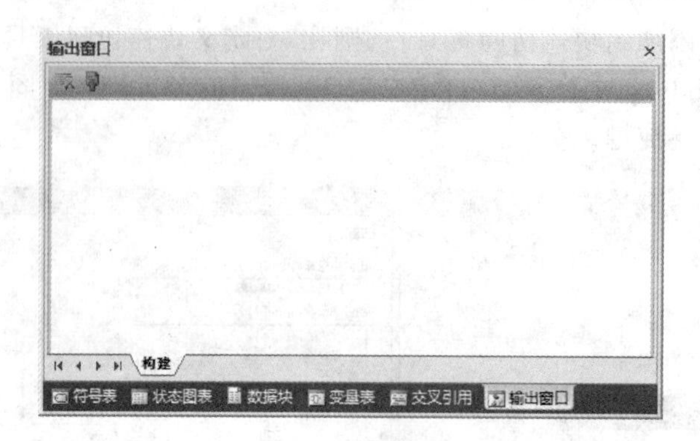

图 4－15　输出窗口

◇ 在项目树中打开“程序块”(Program Block) 文件夹，方法是，单击项目树中程序块左侧的“＋”号展开图标或双击“程序块”(Program Block)文件夹图标；然后，双击“MAIN (OB1)”、子程序或中断程序，打开所需的 POU；也可以选择相应的 POU 并按 Enter 键。

◇ 可以将程序编辑器从“视图”(View)菜单功能区中的“编辑器”(Editor) 部分更改为 LAD、FBD 或 STL，利用“工具”(Tools)菜单功能区的“设置”(Settings)区域内的“选项”(Options)按钮，可在启动时组态默认编辑器。程序编辑器如图 4－16 所示。

图 4－16　程序编辑器

4.1.3　建立 S7－200 CPU 的通信

在“系统块”对话框(见图 4－17)中选择左侧列表框中的“通信”，在打开的“通信”对话框中设置 CPU 的通信端口属性，如图 4－18 所示。以太网端口的 IP 地址设置可以采用软件中默认的 IP 地址，这时要将计算机的 IP 地址改为与其相应的地址段。例如，若 PLC CPU 的 IP 地址为 192.168.2.1，则计算机的 IP 地址可改为 192.168.2.2～192.168.2.255；也可以将 PLC CPU 中的 IP 地址改为与计算机默认的 IP 地址处于同一地址段，根据用户的意愿进行选择。

对于“已发现 CPU”(CPU 位于本地网络)，可通过“通信”对话框(Communication Dialog)与用户的 CPU 建立连接：

◇ 选择网络接口卡的 TCP/IP。

◇ 单击“查找 CPU”按钮，将显示本地以太网网络中所有的可操作 CPU(“已发现 CPU”)。所有的 CPU 都有默认 IP 地址。

◇ 高亮显示 CPU，然后单击“确定”按钮。

对于“已添加 CPU”(CPU 位于本地网络或远程网络)，可通过“通信”对话框与用户的

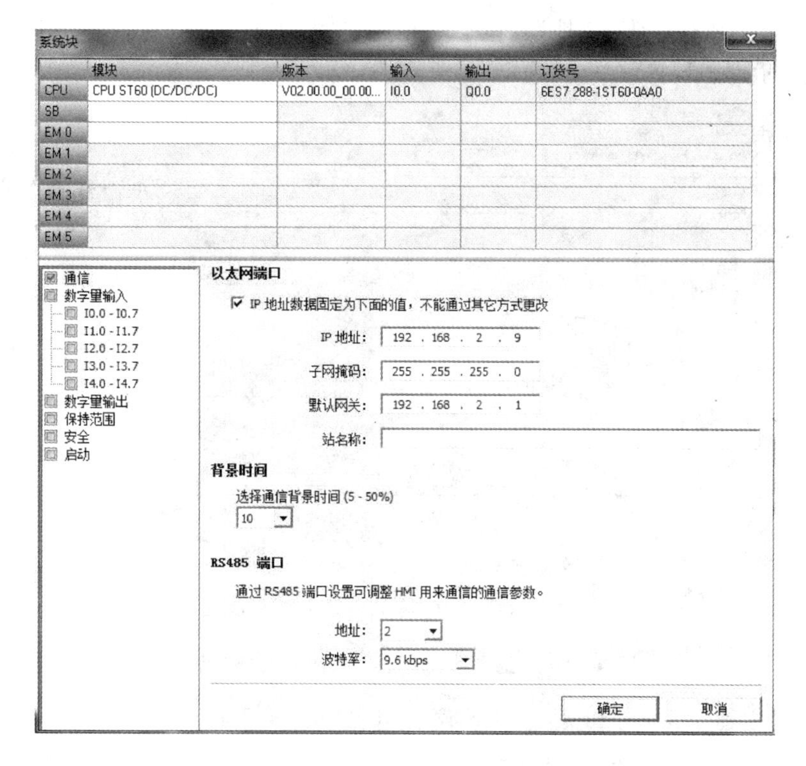

图 4-17　设置系统块

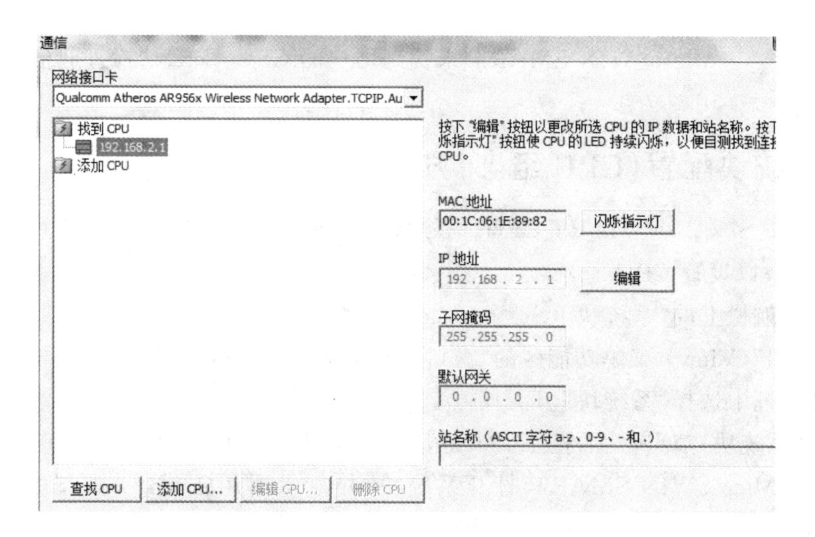

图 4-18　设置 CPU 的通信端口属性

CPU 建立连接：

◇ 选择网络接口卡的 TCP/IP。

◇ 单击“添加 CPU”按钮，在弹出的“添加 CPU”对话框（见图 4-19）中执行以下任意一项操作：

■ 输入编程设备可访问但不属于本地网络的 CPU 的 IP 地址；

■ 直接输入位于本地网络中的 CPU 的 IP 地址；

◇ 所有 CPU 都有默认 IP 地址。

◇ 高亮显示 CPU，然后单击“确定”按钮。

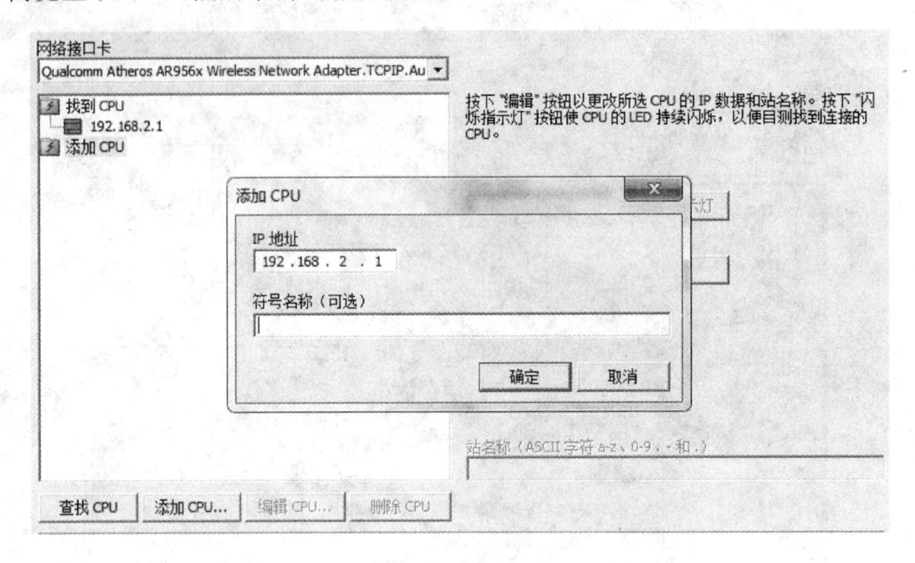

图 4-19 “通信”对话框及“添加 CPU”对话框

与 CPU 建立通信后，即可创建和下载示例程序。要下载所有项目组件，可在“文件”(File) 或 PLC 菜单功能区的“传输”(Transfer) 区域中单击“下载”(Download) 按钮 下载，也可按快捷键 Ctrl+D。

如果 STEP 7-Micro/WIN SMART 未找到用户的 CPU，那么请检查通信参数设置并重复以上步骤。

4.1.4 系统块配置(CPU 组态)方法

系统块提供 S7-200 SMART CPU、信号板和扩展模块的组态。使用以下方法之一可查看和编辑系统块以设置 CPU 选项：

◇ 单击导航栏上的“系统块”(System Block)按钮。

◇ 在“视图”(View) 菜单功能区的“窗口”(Windows) 区域中，从“组件”(Component)下拉列表框中选择“系统块”。

◇ 选择“系统块”节点，然后按 Enter 键，或双击项目树中的“系统块”节点。

STEP 7-Micro/WIN SMART 打开系统块，并显示适用于 CPU 类型的组态选项，如图 4-20 所示。

其他设备(如模拟量输入/输出、RTD 模拟量输入、热电偶 (TC) 模拟量输入、RS-485/RS-232 CM01 通信信号板、电池 BT01 信号板以及附加数字量输入/输出)的特定组态选项可在添加这些模块时从系统块进行访问。

在下载或上传系统块之前，必须在 STEP 7-Micro/WIN SMART 与 CPU 之间建立通信，然后下载一个修改的系统块，以便为 CPU 提供新系统组态，用户所输入的新属性在将修改内容下载到 CPU 时生效；也可以从 CPU 上传一个现有系统块，以使 STEP 7-Micro/WIN SMART 项目组态与 CPU 组态相匹配。

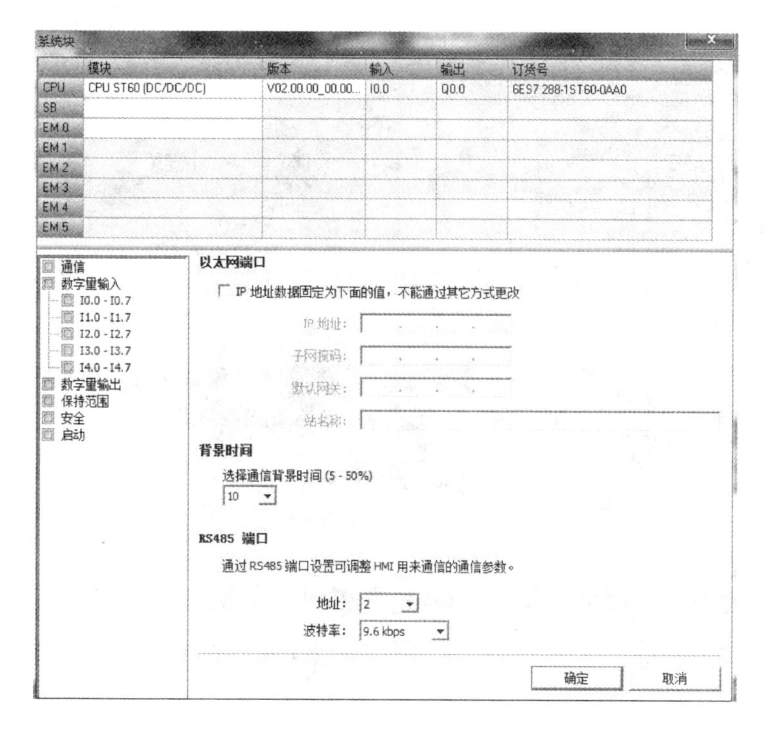

图 4-20　显示适用于 CPU 类型的组态选项

4.2　程序编制及运行

4.2.1　建立项目(用户程序)

下面以图 4-21 所示的启/停控制梯形图为例，完整地介绍一个程序的执行全过程——从输入到下载、运行和监控，说明 STEP 7-Micro/WIN SMART 软件的使用方法。

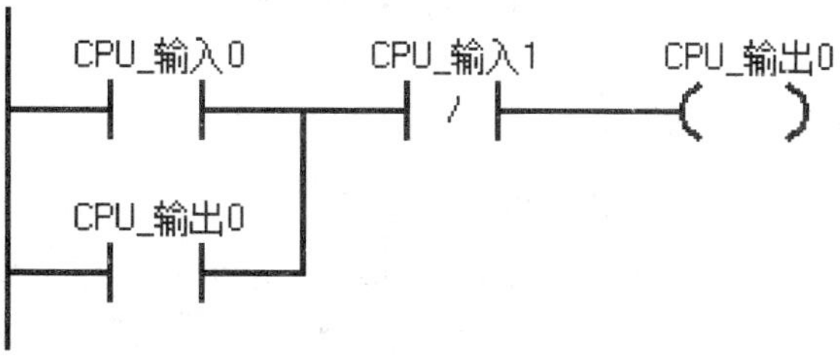

CPU_输入0　CPU_输入1　CPU_输出0

CPU_输出0

图 4-21　启/停控制梯形图

1. 启动 STEP 7-Micro/WIN SMART 软件

启动 STEP 7-Micro/WIN SMART 软件，弹出如图 4-22 所示的窗口。

2. PLC 类型选择

展开项目树中的 CPU ST××/SR××/CR××系列按钮，双击该按钮，在弹出的对话框中选择“CPU ST60”(这是本例的机型)，然后单击“确认”按钮，如图 4-23 所示。

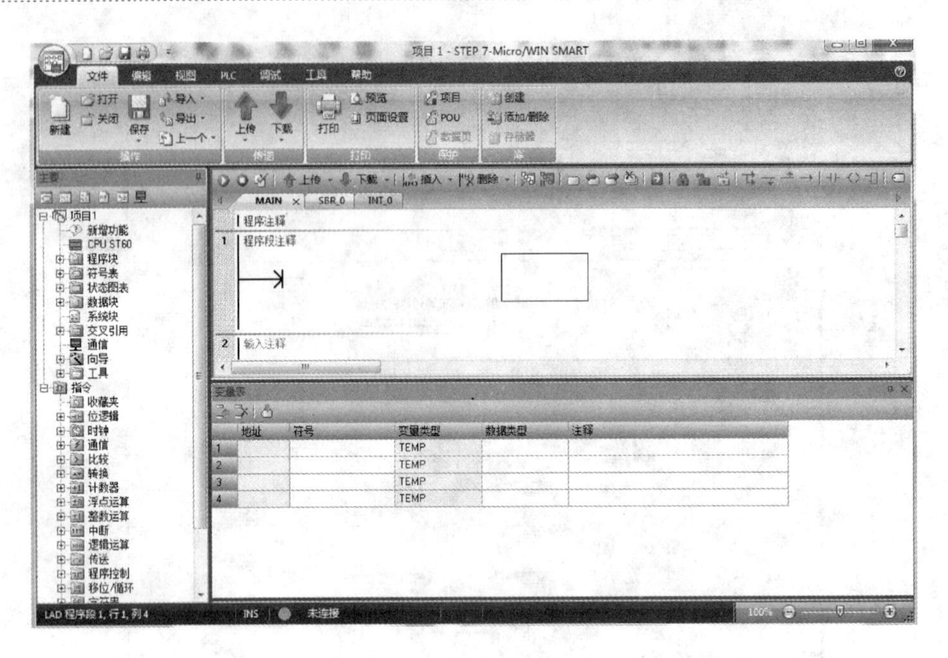

图 4 - 22　STEP 7 - Micro/WIN SMART 软件初始窗口

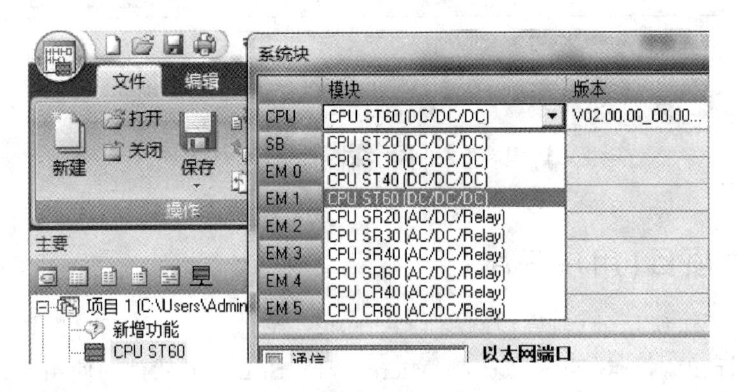

图 4 - 23　选择 PLC 类型

4.2.2　梯形图编辑器的使用

STEP 7 - Micro/WIN SMART 梯形图编辑器允许用户建立与电子线路图相似的程序。梯形图编程是很多 PLC 程序员和维护人员选用的方法，是为新程序员设计的优秀语言。基本上，梯形图程序允许 CPU 仿真来自一个动力源的电流，通过一系列逻辑输入元件，然后启用逻辑输出条件。逻辑分解为程序段，程序根据指令执行，每次执行一个程序段，顺序为从左至右，然后从顶部至底部。一旦 CPU 到达程序的结尾，又会回到程序的顶部重新开始。

展开项目树中的位逻辑指令，依次双击常开触点按钮（或者拖入程序编辑器窗口）、常闭触点按钮、输出线圈按钮，则会出现程序输入窗口；然后单击问号，输入寄存器及其地址（本例为 I0.0、I0.1、Q0.0），输入后如图 4 - 24 所示。

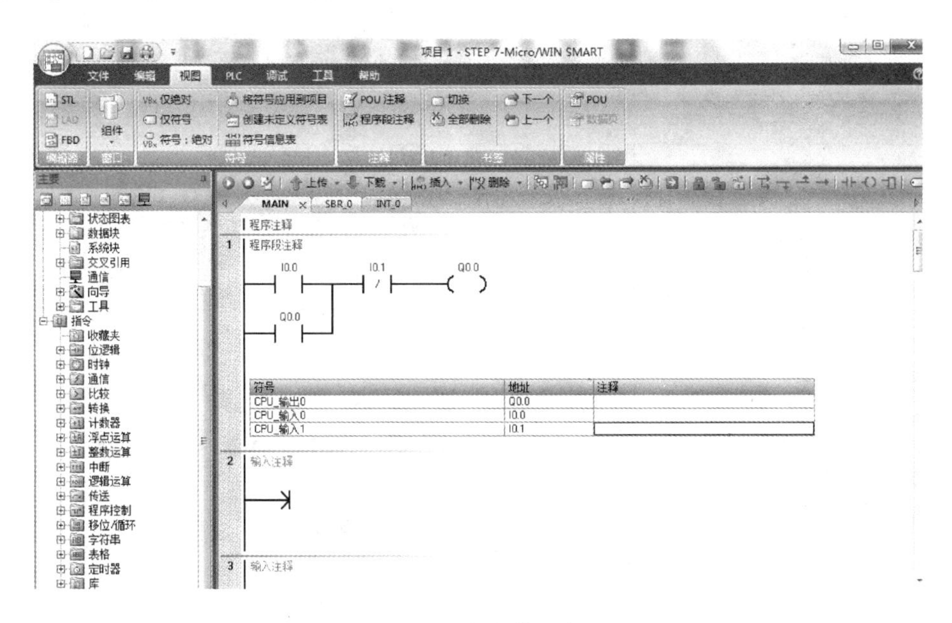

图 4 - 24　程序输入窗口

4.2.3　程序的调试、运行及监控

1. 程序调试

程序调试是工程中的一个重要步骤，因为初步编写完成的程序不一定正确，有时虽然逻辑正确，但需要修改参数，因此程序调试十分重要。STEP 7 - Micro/WIN SMART 软件为用户提供了丰富的程序调试工具，下面将逐一介绍。

(1) 状态图表

使用状态图表监控数据，各种参数(如 CPU 的 I/O 开关状态、模拟量的当前数值等)都在状态表中显示，如图 4 - 25 所示。此外，配合“强制”功能还能将相关数据写入 CPU，改变参数的状态，例如可以改变 I/O 开关状态。单击项目树中状态图表左侧的“+”号，可以展开状态图表，如图 4 - 26 所示，在其中可以设置相关参数。单击工具栏中的“图表监控”按钮可以监控数据。

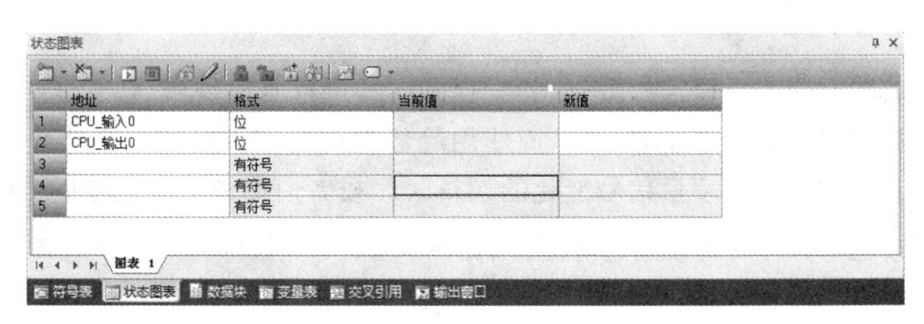

图 4 - 25　状态图表

(2) 强　制

S7 - 200 SMART 系列 PLC 提供了强制功能，以方便调试工作。在现场不具备某些外部条件的情况下模拟输入状态。用户可以对数字量(DI/DO)和模拟量(AI/AO)进行强制。强

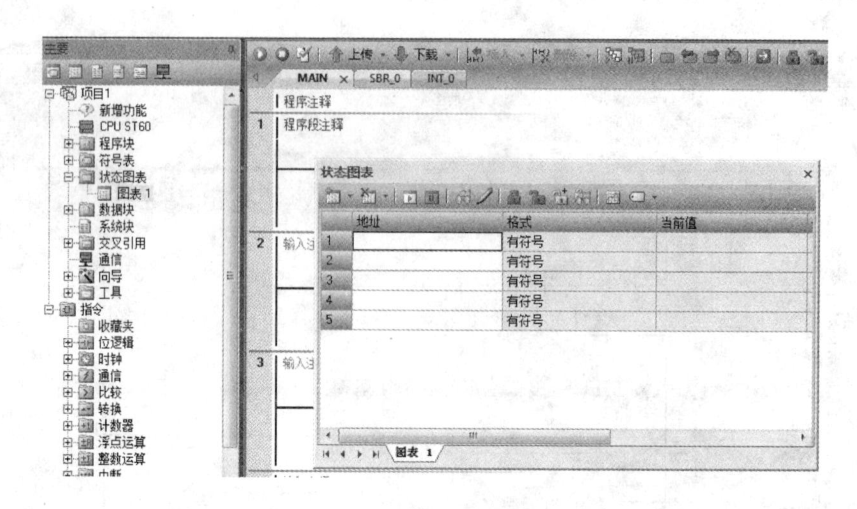

图 4-26　项目树下打开状态图表

制时,运行状态指示灯变成黄色,取消强制后指示灯变成绿色。

在没有实际的 I/O 连线时,可以利用强制功能调试程序。首先打开“状态图表”对话框并使其处于监控状态,在“新值”文本框中输入要强制的数据,然后单击工具栏中的“强制”按钮,此时,被强制的变量数值上有一个标志。

单击工具栏中的“取消全部强制”按钮可以取消全部的强制。

(3) 写入数据

S7-200 系列 PLC 提供了数据写入功能,以方便调试工作。“写入”(Write) 功能允许将一个或多个值写入程序,以模拟一种或一系列条件,然后可以运行程序,并使用状态图表和程序状态监视运行状况。当程序被执行时,使用“全部写入”(Write All) 功能修改的值可能被新值覆盖。要写入值,在“调试”(Debug) 菜单功能区的“读取/写入”(Read/Write) 区域内单击工具栏上的“写入”按钮即可。

利用写入功能可以同时输入几个数据。“写入”的作用类似于“强制”作用,但两者是有区别的:它们的优先级不同,强制功能的优先级高于写入功能;写入的数据可能改变参数状态,但当与逻辑运算的结果相抵触时,写入的数值可能不起作用。

(4) 趋势视图

前面提到的状态图表可以监控数据,趋势视图同样可以监控数据,只不过使用状态图表监控数据时的结果是以表格的形式表示的,而使用趋势视图时则以曲线的形式表示。利用趋势视图能够更加直观地观察数字量信号变化的逻辑时序或者模拟量的变化趋势。单击工具栏上的“趋势视图”按钮,可以观察到趋势图形,如图 4-27 所示。

趋势视图对变化量的反应速度取决于 STEP 7-Micro/WIN SMART 与 CPU 通信的速度以及图中的时间基准。在趋势视图中单击可以选择图形更新的速率。当停止监控时,可以冻结图形以便仔细分析。

(5) 交叉引用表

交叉引用表能显示程序中元件使用的详细信息。交叉引用表对查找程序中数据地址的使用十分有用。在项目树中可以看到“交叉引用”按钮 交叉引用,双击该按钮可以弹出如

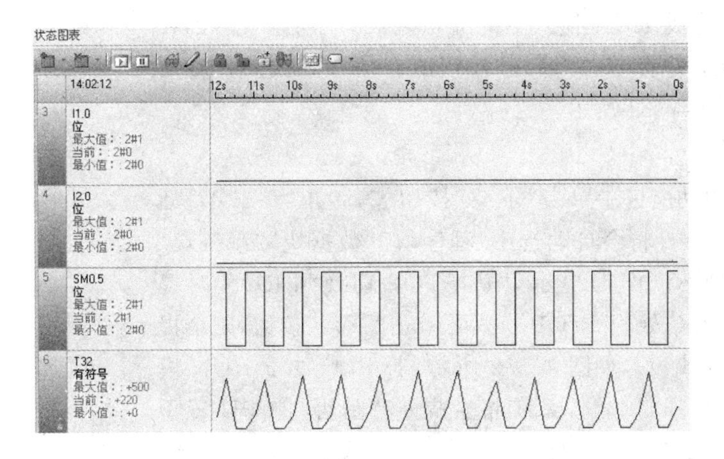

图 4－27　趋势图形

图 4－28(a)所示的界面。当双击交叉引用表中某个元素时，界面立即切换到程序编辑器中显示交叉引用对应元件的程序段，如图 4－28 所示。

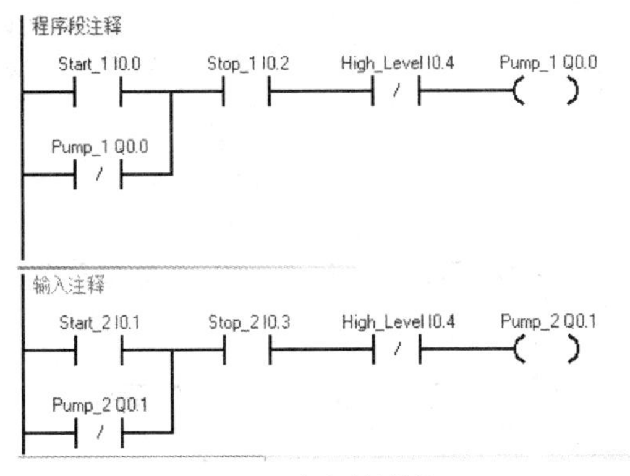

(a) 交叉引用程序

交叉引用

	元素	块	位置	上下文
1	Start_1:I0.0	MAIN (OB1)	程序段 1	-I I-
2	Start_2:I0.1	MAIN (OB1)	程序段 2	-I I-
3	Stop_1:I0.2	MAIN (OB1)	程序段 1	-I I-
4	Stop_2:I0.3	MAIN (OB1)	程序段 2	-I I-
5	High_Level:I0.4	MAIN (OB1)	程序段 1	-I/I-
6	High_Level:I0.4	MAIN (OB1)	程序段 2	-I/I-
7	Pump_1:Q0.0	MAIN (OB1)	程序段 1	-( )
8	Pump_1:Q0.0	MAIN (OB1)	程序段 1	-I/I-
9	Pump_2:Q0.1	MAIN (OB1)	程序段 2	-( )
10	Pump_2:Q0.1	MAIN (OB1)	程序段 2	-I/I-

(b) 交叉引用表

图 4－28　交叉引用程序及交叉引用表

(6) 数据块

在“视图”菜单功能区的“窗口”区域中，从“组件”下拉列表框中选择“数据块”(Data Block)，如图 4－29 所示。

在重新上电或从 STOP 模式转换为 RUN 模式之前，PLC 不会执行以首次扫描标志为条件的相关逻辑。完成 RUN 模式下的编辑之后，启动修改后的程序不会设置首次扫描标志。“编译”按钮所在位置如图 4－30 所示，编译程序如图 4－31 所示。

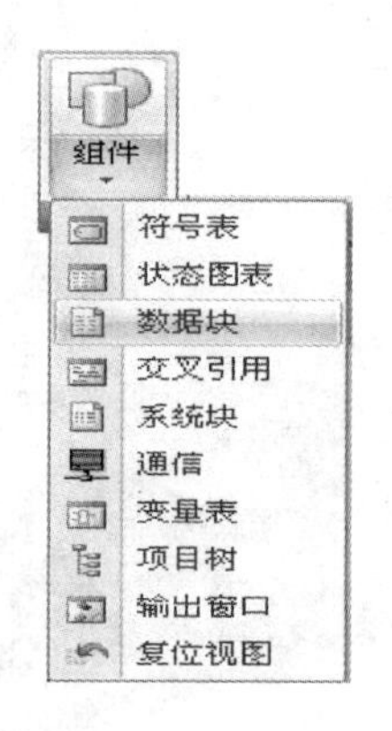

图 4－29 选择“数据块”

2. 程序运行

在 PLC 菜单功能区中单击“下载”按钮，弹出“下载”对话框(见图 4－32)，软件将会自动选中“程序块”“数据块”“系统块”“从 RUN 切换到 STOP 时提示”“从 STOP 切换到 RUN 时提示”复选框。若 PLC 处于 STOP 模式下单击“下载”按钮，则会提示“下载已成功完成！！”，如图 4－32 所示；若 PLC 处于 RUN 模式下单击“下载”按钮，则软件系统将会提示 “是否将 CPU 置于 STOP 模式?”，单击“是”按钮即可，如图 4－33 所示。

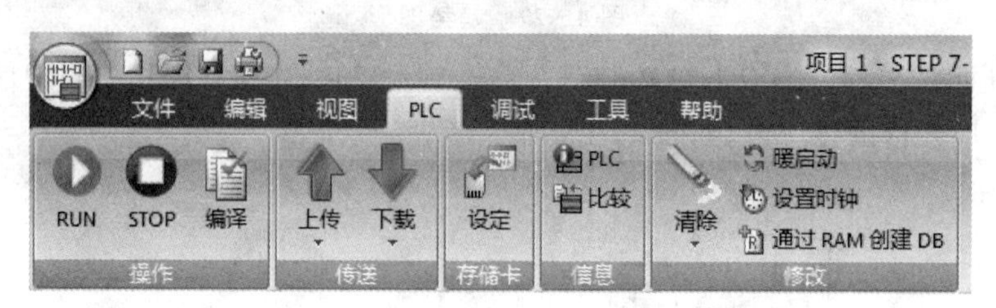

图 4－30 “编译”按钮所在位置

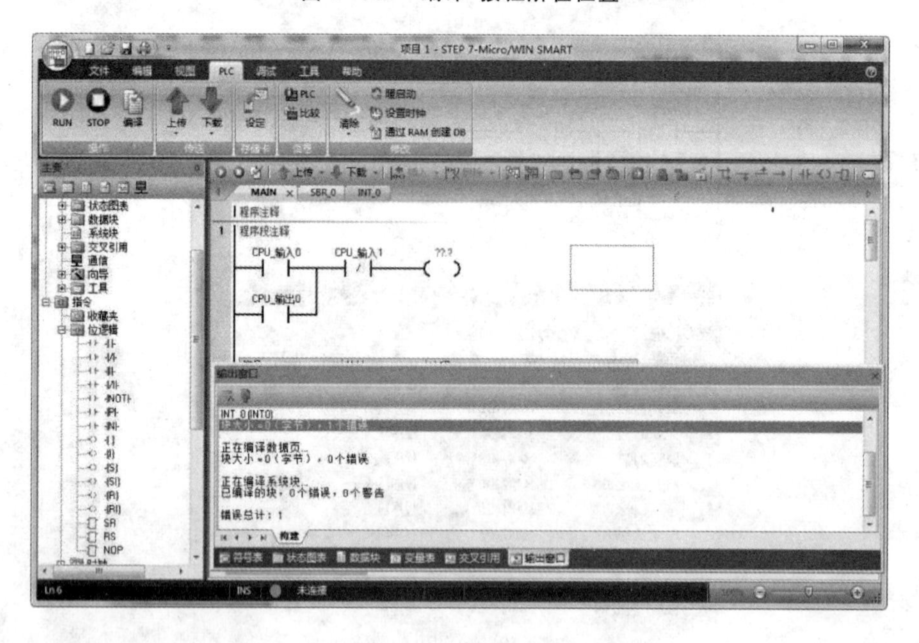

图 4－31 编译程序

单击“下载”按钮，程序将自动下载到 PLC 中。

3. 程序监控

在调试时，程序状态监控功能十分有用，当开启此功能时，闭合的接触点中有矩形，而断开的触点中没有矩形，如图 4－34 所示。要开启“程序状态监控”功能，只需要在“调试”菜单功能

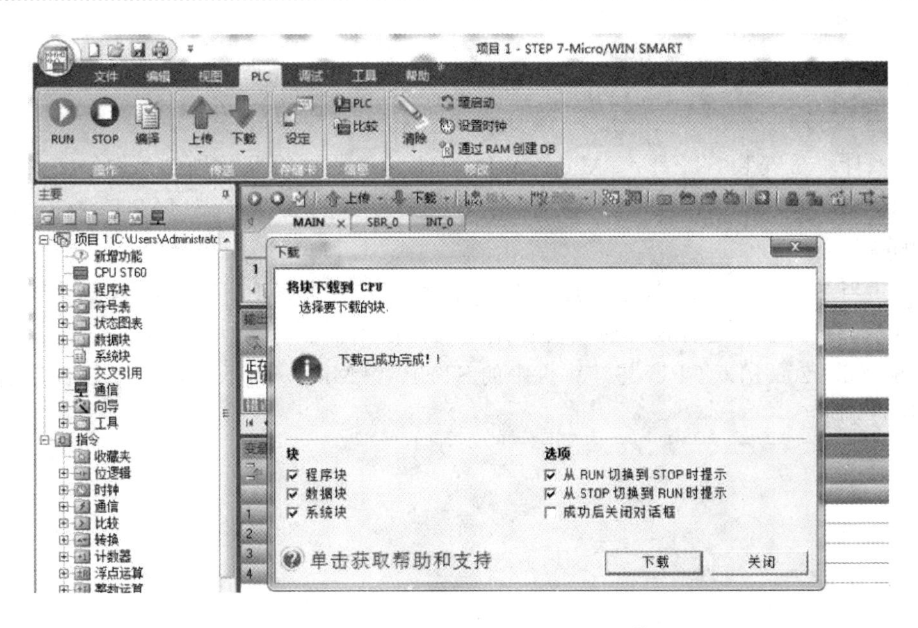

图 4-32　CPU STOP 模式下程序下载

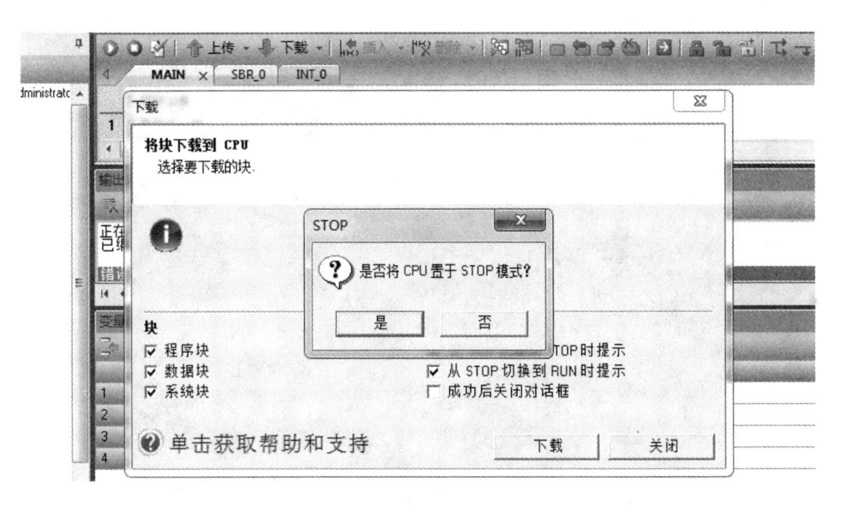

图 4-33　CPU RUN 模式下程序下载

区中单击“程序状态”按钮[程序状态]即可。

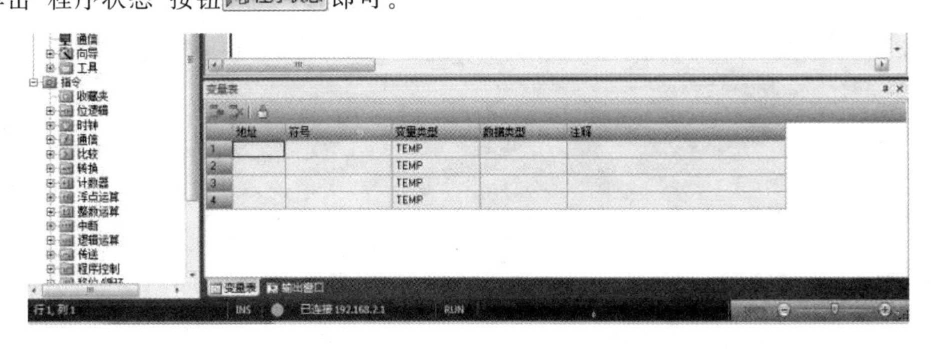

图 4-34　程序状态

习 题

4-1 计算机安装 STEP 7-Micro/WIN SMART 需要哪些软硬件条件?

4-2 S7-200 PLC CPU 与计算机中的 STEP 7-Micro/WIN SMART 软件进行通信需要进行哪些设置?

4-3 当 S7-200 PLC 处于监控状态时,能够用软件设置 PLC 为 RUN 模式吗?

4-4 状态图表和趋势视图有哪些作用?怎样使用?二者有何联系?

4-5 S7-200 PLC CPU 与计算机中的 STEP 7-Micro/WIN SMART 软件通信失败常见的原因有哪些?

第 5 章　S7－200 SMART 系列 PLC 的基本指令

5.1　基本逻辑指令

5.1.1　基本位操作指令

位操作指令是 PLC 常用的基本指令，在梯形图中可分为触点和线圈两大类，其中触点又分为常开触点和常闭触点；在语句表（STL）中有“与”、“或”及“非”等逻辑关系。位操作指令能够实现基本的位逻辑运算和控制。

1. 装载指令 LD 和 LDN

① LD(Load)：装载指令，用于常开触点与左母线连接，每一个以常开触点开始的逻辑行都要使用这一指令。另外，在电路块的操作中，LD 指令也用于以常开触点开始的电路块起始。

② LDN(Load Not)：装载指令，用于常闭触点与左母线连接，每一个以常闭触点开始的逻辑行都要使用这一指令。同样，在电路块的操作中，LDN 指令也用于以常闭触点开始的电路块起始。

二者目标元件为 I、Q、M、SM、S、T、C、V 和 L。

触点代表 CPU 对存储器的读操作，常开触点和存储器的位状态一致，常闭触点和存储器的位状态相反。用户程序中同一触点可使用无数次。

2. 输出指令＝

＝(Out)：线圈驱动指令，其目标元件为 Q、M、SM、S、T、C、V 和 L，不能对 I 使用。OUT 可以在并行输出时连续多次使用，但线圈不能串联。

线圈代表 CPU 对存储器的写操作，在用户程序中，同一操作数的线圈只能使用一次。

3. 逻辑与指令 A 和 AN

① A(And)：与操作指令，用于常开触点的串联。

② AN(And Not)：与操作指令，用于常闭触点的串联。

4. 逻辑或指令 O 和 ON

① O(Or)：或操作指令，用于常开触点的并联。

② ON(Or Not)：或操作指令，用于常闭触点的并联。

“A、AN”和“O、ON”操作的目标元件均为 I、Q、M、SM、S、T、C、V 和 L，它们进行单个触点的串联或并联连接，触点的个数没有限制。但是，由于程序编辑器等的限制，一行尽量不超过 10 个触点和 1 个线圈。基本指令的格式如表 5－1 所列，应用示例如图 5－1 所示。

表 5-1　基本指令格式

LAD	STL	功能简介
bit bit bit —| |— —|/|— —( )	LD/LDN　BIT A/AN　BIT O/ON　BIT =　BIT	装载一个常开/常闭触点 串联一个常开/常闭触点 并联一个常开/常闭触点 线圈输出

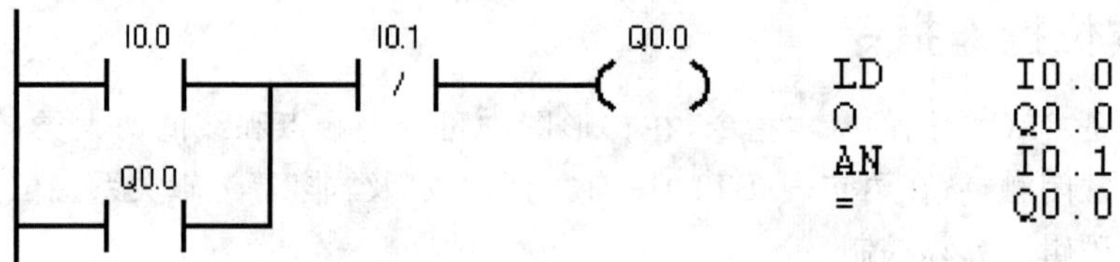

图 5-1　基本指令应用示例

5. 电路块与指令 ALD

ALD:块“与”操作指令,无操作元件,用于两个或两个以上触点并联电路的串联。并联电路块的开始用 LD 或 LDN 指令,并联电路块的语句描述结束后,使用 ALD 指令与前面的电路串联。

ALD 指令的使用如图 5-2 所示。

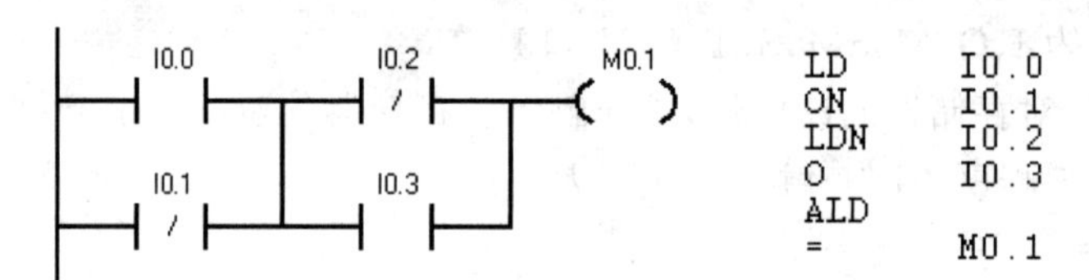

图 5-2　ALD 指令应用示例

6. 电路块或指令 OLD

OLD:块“或”操作指令,无操作元件,用于两个或两个以上触点串联电路的并联。串联电路块的开始用 LD 或 LDN 指令,串联电路块的语句描述结束后,使用 OLD 指令与前面的电路并联。

OLD 指令的使用如图 5-3 所示。

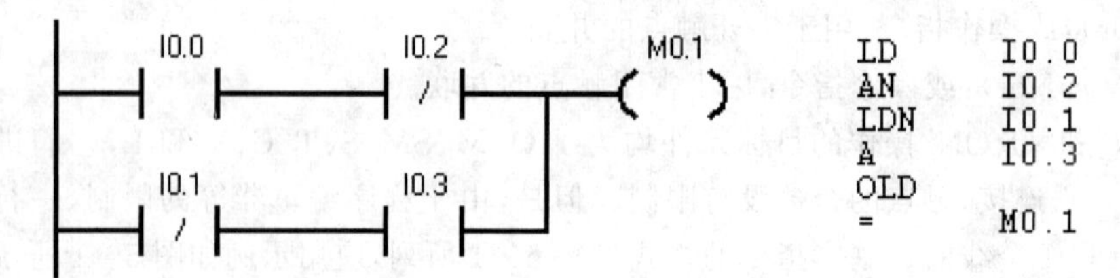

图 5-3　OLD 指令应用示例

7. 堆栈操作指令 LPS、LRD 和 LPP

① LPS:(Logic Push)逻辑入栈操作指令,用于运算结果的存储。使用一次 LPS 指令,该时刻的运算结果推入栈的第一单元,即栈顶。在使用 LPP 之前,如果再次使用 LPS 指令,则当前的运算结果推入栈顶,而先推入的数据依次向栈的下一单元推移。

② LRD:(Logic Read)逻辑读栈指令,用于读取 LPS 指令最新存储的运算结果,即栈顶数据。

③ LPP:(Logic Pop)逻辑出栈指令,用于读取并清除栈顶数据,同时栈内其他数据按顺序向上推移。

LPS、LRD 和 LPP 是独立指令,不带元件编号,其中,LPS 和 LPP 必须成对使用。堆栈操作指令可以嵌套使用,最多为 9 层。

堆栈操作指令入栈出栈的工作方式为:先进后出,后进先出。堆栈操作指令的使用如图 5－4 所示。

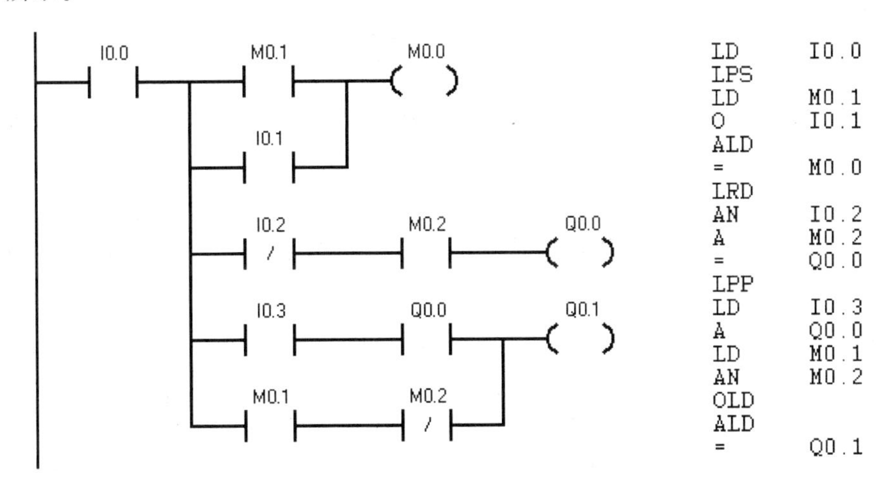

图 5－4　堆栈操作指令应用示例

8. 置位与复位指令 S 和 R

① S(Set):线圈置位指令,当输入端信号有效时,线圈通电锁存(该位置 1),可连续置位 N 位。

② R(Reset):线圈复位指令,当输入端信号有效时,线圈断电锁存(该位清零),可连续复位 N 位。

置位/复位指令的格式如表 5－2 所列,应用示例图 5－5 所示。

表 5－2　置位/复位指令格式

LAD	STL	功能简介
bit ─(S) N	S BIT, N	从起始位(BIT)开始的 N 个元件置 1
bit ─(R) N	R BIT, N	从起始位(BIT)开始的 N 个元件置 0

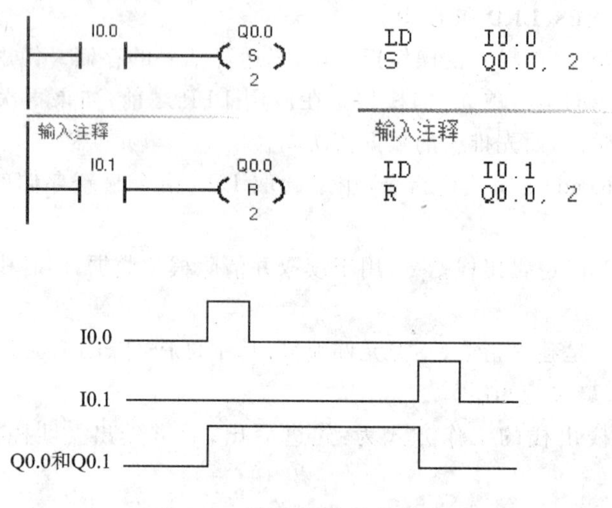

图 5-5　置位/复位指令应用示例

9. 边沿触发指令 EU 和 ED

边沿触发是指用边沿触发信号产生一个机器周期的扫描脉冲，通常用作脉冲整形。边沿触发指令分为正跳变触发(上升沿)和负跳变触发(下降沿)两类：正跳变触发是指输入脉冲上升沿使触点闭合(ON)一个扫描周期，负跳变触发是指输入脉冲的下降沿使触点闭合(ON)一个扫描周期。两个指令均无操作数。边沿触发指令格式如表 5-3 所列，应用示列如图 5-6 所示。

表 5-3　边沿触发指令格式

LAD	STL	功能简介
─┤P├─	EU	正跳变
─┤N├─	ED	负跳变

10. 取反指令 NOT 和空操作指令 NOP

① NOT：取反指令，将它左边电路的逻辑运算结果取反，运算结果若为 1 则变为 0，若为 0 则变为 1。该指令没有操作数。

② NOP(Non Processing)：空操作指令，用于增加程序容量。执行空操作指令将稍微延长扫描周期长度，不影响用户程序的执行。操作数 N 为执行空操作指令的次数，N＝0～255。取反和空操作指令格式如表 5-4 所列，应用示例如图 5-7 所示。

表 5-4　取反和空操作指令格式

LAD	STL	功能简介
─┤NOT├─	NOT	取反
N ─[NOP]	NOP　N	空操作，连续 N 次

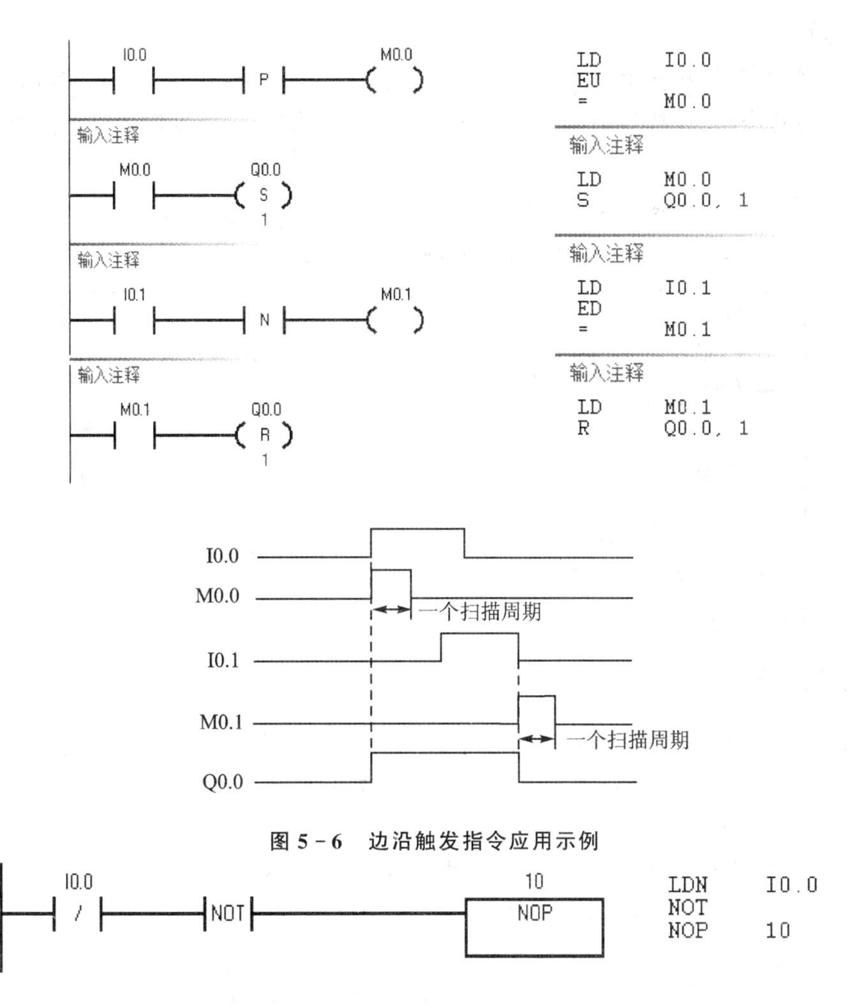

图 5 - 6　边沿触发指令应用示例

图 5 - 7　取反和空操作指令应用示例

11. 立即类指令

立即类指令允许对输入和输出点进行直接读/写操作，其分为立即触点指令和立即输出指令两种。

（1）立即触点指令

立即触点指令只能对输入继电器 I 进行操作，当用此类指令读取输入点的状态时，立即把输入点的值读到栈顶，但不刷新相应的输入映像寄存器的值。立即触点不是在 PLC 扫描周期开始时进行更新，而是在执行该指令时立即更新。

此类指令有 LDI、LDNI、AI、ANI、OI 和 ONI，共 6 条。其指令的格式和功能与标准触点指令类似，如表 5 - 5 所列。

表 5 - 5　立即触点指令格式

LAD	STL	功能简介
bit I　　bit /I	LDI/LDNI　BIT AI/ANI　BIT OI/ONI　BIT	立即装载一个常开/常闭触点 立即串联一个常开/常闭触点 立即并联一个常开/常闭触点

(2) 立即输出指令

立即输出指令只能用于输出继电器 Q，分为立即输出（=I）、立即置位（SI）和立即复位（RI）3 种。执行指令时，将栈顶值立即写入到指定的物理输出点，并同时刷新输出映像寄存器的内容。

此类指令的格式和功能与通用输出指令、置位指令、复位指令一致，如表 5-6 所列。

表 5-6　立即输出指令格式

LAD	STL	功能简介
bit —(I)	=I　BIT	立即输出
bit —(SI) N	SI　BIT，N	从起始位(BIT)开始的 N 个元件被立即置 1
bit —(RI) N	RI　BIT，N	从起始位(BIT)开始的 N 个元件被立即置 0

5.1.2　定时器指令

S7-200 SMART PLC 的定时器为增量型定时器，用于时间控制，可以按照工作方式和时间基准（简称时基）进行分类。时基也称为定时精度或分辨率。

1. 工作方式

按照工作方式，定时器可分为通电延时型（TON）、保持型（TONR，也称为有记忆通电延时型或累计型）和断电延时型（TOF）。

2. 时间基准

定时器的时基标准有 1 ms、10 ms 和 100 ms 三种类型，时基标准不同，其定时精度、定时范围和定时器的刷新方式也不同。定时器的分类及参数如表 5-7 所列。

表 5-7　定时器的分类及参数

工作方式	时基/ms	定时范围/s	定时器号	刷新方式
TON/TOF	1	0.001～32.767	T32，T96	每隔 1 ms 刷新一次
	10	0.01～327.67	T33～T36，T97～T100	每个扫描周期开始刷新
	100	0.1～3 276.7	T37～T63，T101～T255	定时器指令执行时刷新
TONR	1	0.001～32.767	T0，T64	每隔 1 ms 刷新一次
	10	0.01～327.67	T1～T4，T65～T68	每个扫描周期开始刷新
	100	0.1～3 276.7	T5～T31，T69～T95	定时器指令执行时刷新

其中，TON 与 TOF 共用同一组定时器，不能重复使用。

定时器指令格式如表 5-8 所列。

表 5-8　定时器指令格式

LAD	STL	指令说明
???? IN TON ????-PT ??? ms	TON　T××,PT	① 指令盒上方“????”为定时器号(T××)，根据定时精度和定时范围来命名，定时器号确定后，时基“??? ms”自动显示； ② IN 为使能输入端，PT 为设定值输入端，数据类型为 Int； ③ 定时时间＝时基×PT
???? IN TOF ????-PT ??? ms	TOF　T××,PT	
???? IN TONR ????-PT ??? ms	TONR　T××,PT	

3. 使用方法

(1) 通电延时型(TON)

当 IN 端输入有效(接通)时，定时器开始计时，当前值从 0 开始递增，大于或等于设定值(PT)时，定时器输出状态位置位(置 1，输出触点有效)，当前值的最大值为 32 767。当 IN 端无效(断开)时，定时器复位(当前值清零，输出状态位清零)。其应用如图 5-8 所示。

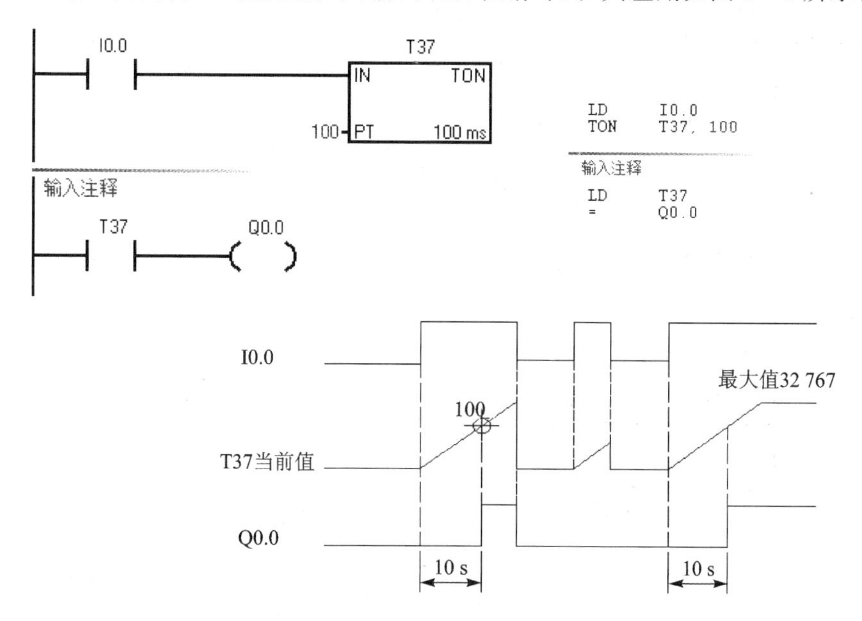

图 5-8　TON 指令应用示例

(2) 断电延时型(TOF)

当 IN 端输入有效(接通)时，定时器输出状态位立即置位(置 1)，当前值复位(清零)；当 IN 端断开时，定时器开始计时，当前值从 0 递增，当前值达到设定值时，定时器状态位复位(清零)并停止计时，当前值保持。其应用如图 5-9 所示。

(3) 保持型(TONR)

当 IN 端输入有效(接通)时，定时器开始计时，当前值递增，当前值大于或等于设定值

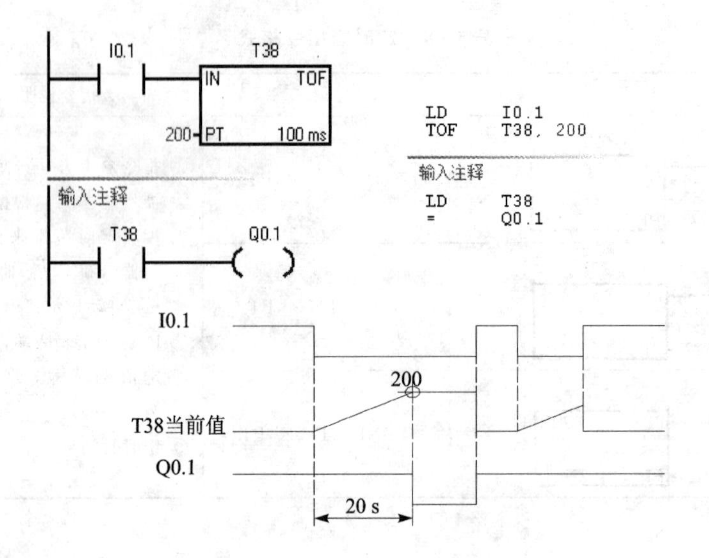

图 5-9 TOF 指令应用示例

(PT)时,输出状态位置位(置 1);当 IN 端输入无效(断开)时,当前值保持(记忆);当 IN 端再次接通有效时,在原记忆值的基础上递增计时。记忆通电延时型(TONR)定时器采用线圈的复位指令(R)进行复位操作,当复位线圈有效时,定时器当前值复位(清零),输出状态位复位(清零)。其应用如图 5-10 所示。

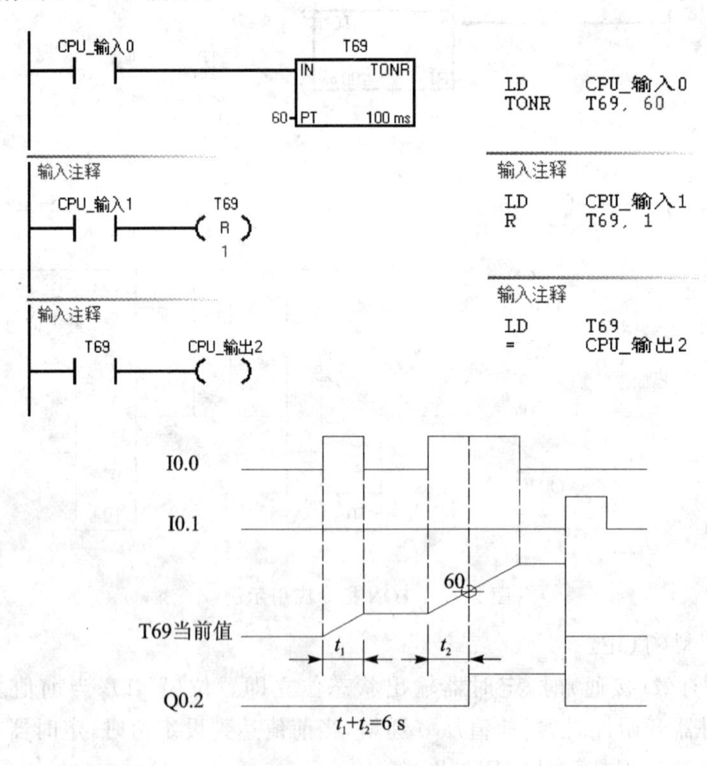

图 5-10 TONR 指令应用示例

5.1.3　计数器指令

S7 - 200 SMART 系列 PLC 有加计数器(CTU)、减计数器(CTD)、加/减计数器(CTUD)3 种计数指令。计数器的使用方法和基本结构与定时器大体相同,区别在于,计数器是对脉冲信号进行计数。

计数器指令格式如表 5 - 9 所列。

表 5 - 9　计数器指令格式

<table>
<tr><th>LAD</th><th>STL</th><th>指令说明</th></tr>
<tr><td>????
CU　CTU
R
????-PV</td><td>CTU　C××,PV</td><td rowspan="3">① 指令盒上方“????”为计数器号(C××);
② CU 为增 1 计数脉冲输入端;
③ CD 为减 1 计数脉冲输入端;
④ R 为复位脉冲输入端;
⑤ LD 为减计数器的复位脉冲输入端;
⑥ 编程范围为 C0～C255;
⑦ PV 设定值最大为 32 767;
⑧ PV 的数据类型为 Int,操作数为 IW、QW、VW、MW、SMW、SW、LW、T、C、AC、AIW 和常数</td></tr>
<tr><td>????
CD　CTD
LD
????-PV</td><td>CTD　C××,PV</td></tr>
<tr><td>????
CU　CTUD
CD
R
????-PV</td><td>CTUD　C××,PV</td></tr>
</table>

1. 加计数器

当加计数器在 CU 端输入脉冲上升沿时,计数器的当前值增 1 计数。当前值大于或等于设定值(PV)时,计数器状态位置位(置 1)。当前值累加的最大值为 32 767。当复位输入(R)有效时,计数器状态位复位(清零),当前计数值复位(清零)。

当同时满足下列条件时,加计数器的当前值加 1,直至计数最大值为 32 767。

① 复位输入端 R 断开。

② 加计数脉冲输入端 CU 由断开变为接通(即 CU 的上升沿)。

③ 当前值小于 32 767。

当当前值大于或等于设定值(PV)时,计数器位置位(置 1),反之为 0。当复位输入端 R 为 ON 或对计数器执行复位(R)指令时,计数器状态位复位(清零),当前值被清零。在首次扫描时,所有的计数器位被复位(清零)。

加计数器的应用如图 5 - 11 所示。

2. 减计数器

当复位输入(LD)有效时,计数器把预置值(PV)装入当前值存储器,计数器状态位复位(清零)。CD 端每输入一个脉冲上升沿,减计数器的当前值就从预置值开始递减计数,当当前

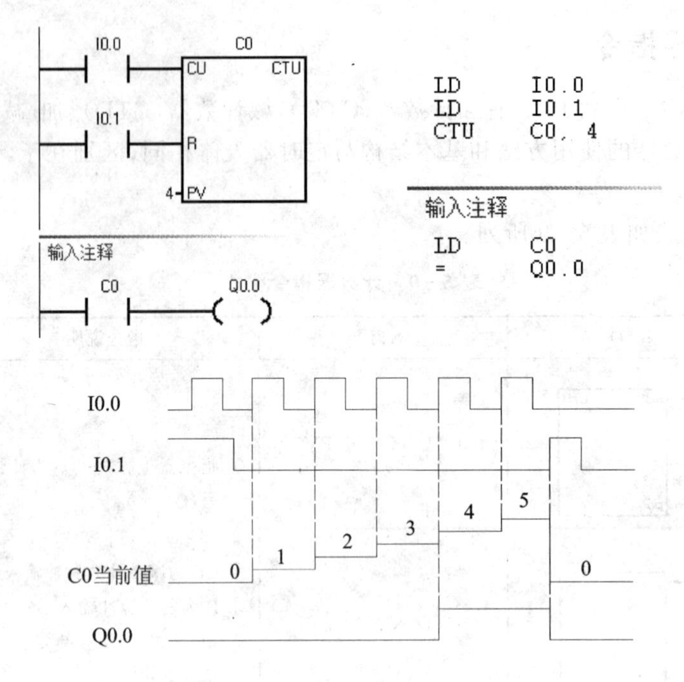

图 5－11　CTU 指令应用示例

值等于 0 时，计数器状态位置位（置 1）并停止计数。

减计数器的应用如图 5－12 所示。

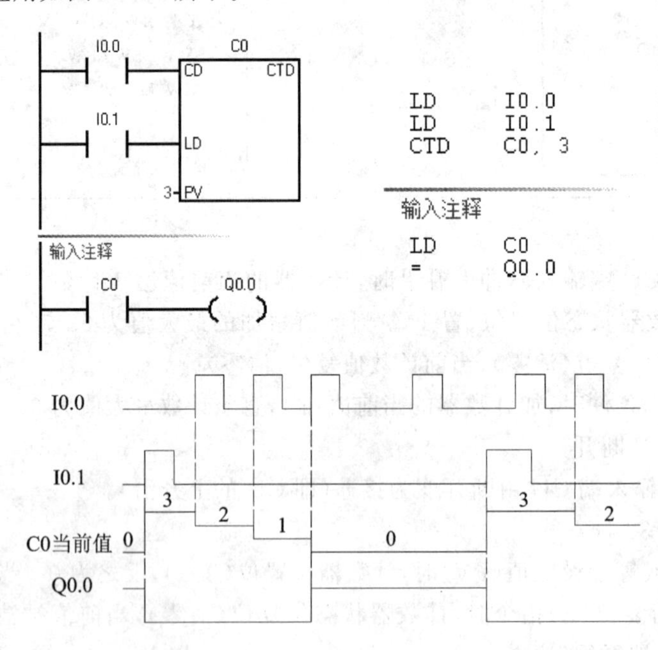

图 5－12　CTD 指令应用示例

3. 加/减计数器

加/减计数器有两个脉冲输入端，其中 CU 端用于加计数，CD 端用于减计数。执行加/减计数时，在 CU/CD 端的计数脉冲上升沿加 1/减 1 计数。当当前值大于或等于计数器设定值

(PV)时，计数器状态位置位。当复位输入(R)有效或执行复位指令时，计数器状态位复位，当前值清零。

加/减计数器的应用如图 5－13 所示。

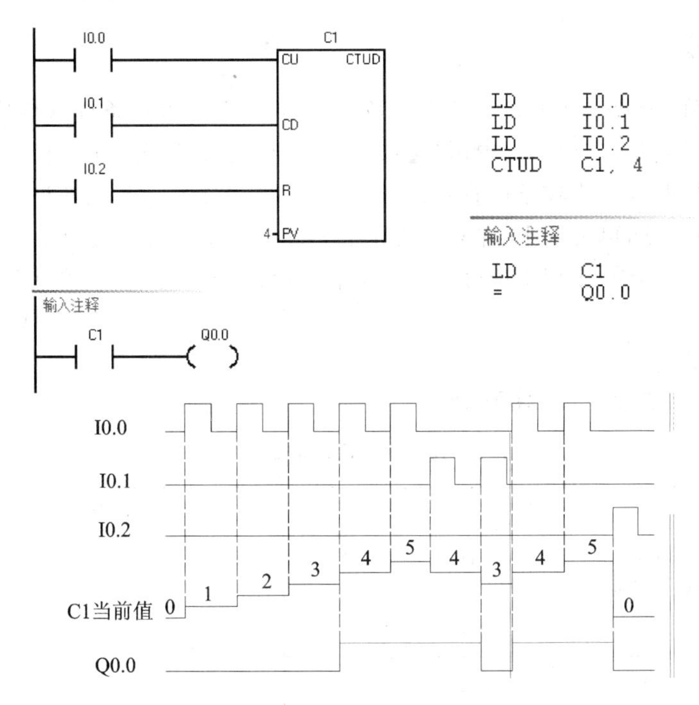

图 5－13　CTUD 指令应用示例

例 5－1　用计数器设计长延时电路。

S7－200 SMART 的定时器最长的定时时间为 3 276.7 s，若需要更长时间的定时，则可以用图 5－14 中的计数器 C0 来实现。SM0.4 是周期为 60 s 的时钟脉冲，计数 1 000 次，可得定时时间 60 000 s。

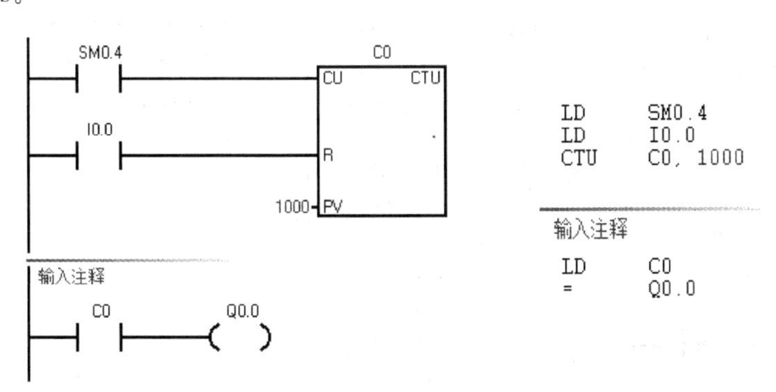

图 5－14　用计数器设计长延时电路

5.2 数据处理指令

5.2.1 比较指令

比较指令是将两个数据类型相同的操作数 IN1 和 IN2 按指定条件进行比较。操作数可以是整数，也可以是实数，在梯形图中用带参数和运算符的触点表示比较指令，比较条件成立时触点就闭合，否则断开。比较条件有＜、＜＝、＞、＞＝、＝和＜＞，共 6 种。

比较触点可以装载，也可以串、并联。比较指令为上、下限控制提供了极大的方便。

根据数据类型的不同，比较指令可以分为字节比较、整数比较、双整数比较、实数比较以及字符串比较。

1. 字节比较指令

字节比较指令格式如表 5－10 所列。

表 5－10 字节比较指令格式

<table>
<tr><th>LAD</th><th>STL</th><th>指令说明</th></tr>
<tr><td>IN1
─┤<B├─
IN2</td><td>LDB＜ IN1，IN2
AB＜ IN1，IN2
OB＜ IN1，IN2</td><td rowspan="6">① B 表示无符号字节数；
② LD 表示装载一个比较触点；
③ A 表示串联一个比较触点；
④ O 表示并联一个比较触点；
⑤ 当 IN1 和 IN2 的大小满足比较条件时，触点接通</td></tr>
<tr><td>IN1
─┤<=B├─
IN2</td><td>LDB＜＝ IN1，IN2
AB＜＝ IN1，IN2
OB＜＝ IN1，IN2</td></tr>
<tr><td>IN1
─┤>B├─
IN2</td><td>LDB＞ IN1，IN2
AB＞ IN1，IN2
OB＞ IN1，IN2</td></tr>
<tr><td>IN1
─┤>=B├─
IN2</td><td>LDB＞＝ IN1，IN2
AB＞＝ IN1，IN2
OB＞＝ IN1，IN2</td></tr>
<tr><td>IN1
─┤==B├─
IN2</td><td>LDB＝ IN1，IN2
AB＝ IN1，IN2
OB＝ IN1，IN2</td></tr>
<tr><td>IN1
─┤<>B├─
IN2</td><td>LDB＜＞ IN1，IN2
AB＜＞ IN1，IN2
OB＜＞ IN1，IN2</td></tr>
</table>

2. 整数比较指令

整数比较指令格式如表 5－11 所列。

表 5－11　整数比较指令格式

LAD	STL	指令说明
IN1 <I IN2	LDW<　IN1，IN2 AW<　IN1，IN2 OB<　IN1，IN2	① 梯形图中的 I(语句表中是 W)表示有符号整数，IN1 和 IN2 的最高位为符号位； ② LD 表示装载一个比较触点； ③ A 表示串联一个比较触点； ④ O 表示并联一个比较触点； ⑤ 当 IN1 和 IN2 的大小满足比较条件时，触点接通
IN1 <=I IN2	LDW<=　IN1，IN2 AW<=　IN1，IN2 OW<=　IN1，IN2	
IN1 >I IN2	LDW>　IN1，IN2 AW>　IN1，IN2 OW>　IN1，IN2	
IN1 >=I IN2	LDW>=　IN1，IN2 AW>=　IN1，IN2 OW>=　IN1，IN2	
IN1 ==I IN2	LDW=　IN1，IN2 AW=　IN1，IN2 OW=　IN1，IN2	
IN1 <>I IN2	LDW<>　IN1，IN2 AW<>　IN1，IN2 OW<>　IN1，IN2	

3. 双整数比较指令

双整数比较指令格式如表 5－12 所列。

表 5－12　双整数比较指令格式

LAD	STL	指令说明
IN1 <D IN2	LDD<　IN1，IN2 AD<　IN1，IN2 OD<　IN1，IN2	① D 表示有符号双整数； ② LD 表示装载一个比较触点； ③ A 表示串联一个比较触点； ④ O 表示并联一个比较触点； ⑤ 当 IN1 和 IN2 的大小满足比较条件时，触点接通
IN1 <=D IN2	LDD<=　IN1，IN2 AD<=　IN1，IN2 OD<=　IN1，IN2	
IN1 >D IN2	LDD>　IN1，IN2 AD>　IN1，IN2 OD>　IN1，IN2	
IN1 >=D IN2	LDD>=　IN1，IN2 AD>=　IN1，IN2 OD>=　IN1，IN2	

续表 5-12

LAD	STL	指令说明
IN1 ==D IN2	LDD=　IN1，IN2 AD=　IN1，IN2 OD=　IN1，IN2	① D 表示有符号双整数； ② LD 表示装载一个比较触点； ③ A 表示串联一个比较触点； ④ O 表示并联一个比较触点； ⑤ 当 IN1 和 IN2 的大小满足比较条件时，触点接通
IN1 <>D IN2	LDD< >　IN1，IN2 AD< >　IN1，IN2 OD< >　IN1，IN2	

4. 实数比较指令

实数比较指令格式如表 5-13 所列。

表 5-13　实数比较指令格式

LAD	STL	指令说明
IN1 <R IN2	LDR<　IN1，IN2 AR<　IN1，IN2 OR<　IN1，IN2	① R 表示有符号实数； ② LD 表示装载一个比较触点； ③ A 表示串联一个比较触点； ④ O 表示并联一个比较触点； ⑤ 当 IN1 和 IN2 的大小满足比较条件时，触点接通
IN1 <=R IN2	LDR<=　IN1，IN2 AR<=　IN1，IN2 OR<=　IN1，IN2	
IN1 >R IN2	LDR>　IN1，IN2 AR>　IN1，IN2 OR>　IN1，IN2	
IN1 >=R IN2	LDR>=　IN1，IN2 AR>=　IN1，IN2 OR>=　IN1，IN2	
IN1 ==R IN2	LDR=　IN1，IN2 AR=　IN1，IN2 OR=　IN1，IN2	
IN1 <>R IN2	LDR< >　IN1，IN2 AR< >　IN1，IN2 OR< >　IN1，IN2	

5. 字符串比较指令

字符串比较指令用于比较两个 String 数据类型的 ASCII 码字符串相等或不相等，比较条件只有“=”和“< >”。可以在两个字符串之间进行比较，也可以在一个常数字符串和一个字符串变量之间进行比较，但常数字符串必须是 IN1。

常数字符串参数赋值必须以英语的双引号表示字符串的开始和结束，如“a2e”。常数字符串最大长度为 126 个字符，字符串变量最大长度为 254 个字符，每个字符占用一个字节。

字符串比较指令格式如表 5-14 所列。

表 5－14　字符串比较指令格式

LAD	STL	指令说明
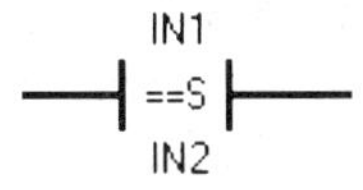 IN1 ==S IN2	LDS=　IN1，IN2 AS=　IN1，IN2 OS=　IN1，IN2	① S 表示字符串； ② LD 表示装载一个比较触点； ③ A 表示串联一个比较触点； ④ O 表示并联一个比较触点； ⑤ 当 IN1 和 IN2 的大小满足比较条件时，触点接通
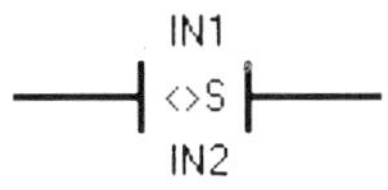 IN1 <>S IN2	LDS< >　IN1，IN2 AS< >　IN1，IN2 OS< >　IN1，IN2	

例 5－2　调整模拟电位器 0，改变 SMB28 字节数值，当 SMB28 数值小于或等于 50 时，Q0.0 输出，其状态指示灯打开；当 SMB28 数值大于或等于 150 时，Q0.1 输出，状态指示灯打开。梯形图程序和语句表程序如图 5－15 所示。

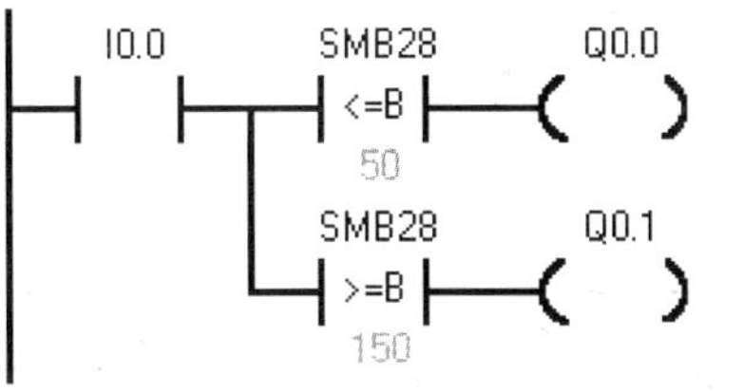

```
LD    I0.0
LPS
AB<=  SMB28, 50
=     Q0.0
LPP
AB>=  SMB28, 150
=     Q0.1
```

图 5－15　字节比较指令应用实例

5.2.2　传送指令

传送指令将源数据 IN 传送到输出参数 OUT 指定的目标地址，传送过程不改变源数据。

1. 字节传送指令 MOVB、字传送指令 MOVW、双字传送指令 MOVD 和实数传送指令 MOVR

字节传送指令、字传送指令、双字传送指令和实数传送指令格式如表 5－15 所列。

表 5－15　字节传送指令、字传送指令、双字传送指令和实数传送指令格式

LAD	STL	指令说明
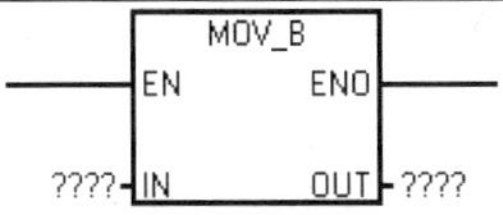 MOV_B EN　ENO ????-IN　OUT-????	MOVB　IN，OUT	① MOVW 的操作数类型可以是 Word 和 Int； ② MOVD 的操作数类型可以是 Dword 和 Dint
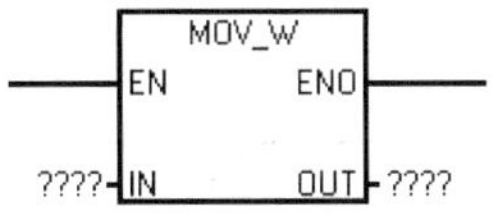 MOV_W EN　ENO ????-IN　OUT-????	MOVW　IN，OUT	
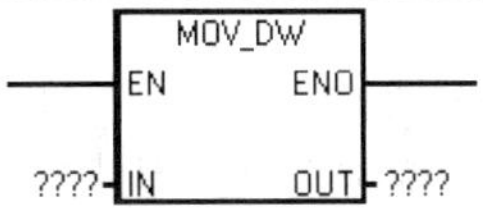 MOV_DW EN　ENO ????-IN　OUT-????	MOVD　IN，OUT	
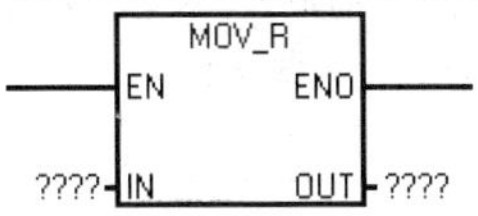 MOV_R EN　ENO ????-IN　OUT-????	MOVR　IN，OUT	

2. 字节块传送指令 BMB、字块传送指令 BMW 和双字块传送指令 BMD

字节块传送指令、字块传送指令和双字块传送指令格式如表 5－16 所列。

表 5－16 字节块传送指令、字块传送指令和双字块传送指令格式

LAD	STL	指令说明
BLKMOV_B EN ENO ????-IN OUT-???? ????-N	BMB IN, OUT, N	① 将以 IN 为起始地址的 N 个连续存储单元中的数据传送到以 OUT 为起始地址的 N 个连续的存储单元； ② N=1～255
BLKMOV_W EN ENO ????-IN OUT-???? ????-N	BMW IN, OUT, N	
BLKMOV_D EN ENO ????-IN OUT-???? ????-N	BMD IN, OUT, N	

例 5－3 将变量存储器 VB20 开始的 4 个字节(VB20～VB23)中的数据移至 VB100 开始的 4 个字节中(VB100～VB103)。梯形图程序和语句表程序如图 5－16 所示。

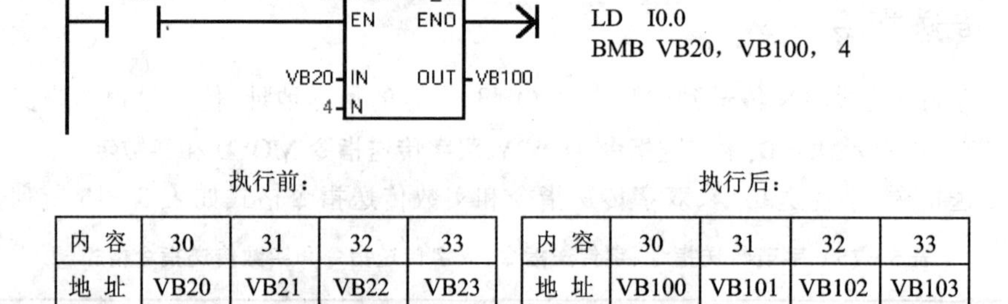

执行前：

内 容	30	31	32	33
地 址	VB20	VB21	VB22	VB23

执行后：

内 容	30	31	32	33
地 址	VB100	VB101	VB102	VB103

图 5－16 字节块传送指令应用实例

3. 字节立即读、写指令

字节立即读、写指令格式如表 5－17 所列。

表 5－17 字节立即读、写指令格式

LAD	STL	指令说明
MOV_BIR EN ENO ????-IN OUT-????	BIR IN, OUT	读取 IN 指定的一个字节的物理输入(输入寄存器 I)，并将结果写入 OUT 指定的地址，不更新对应的过程映像输入寄存器

续表 5－17

LAD	STL	指令说明
MOV_BIW EN ENO ????-IN OUT-????	BIW　IN, OUT	将 IN 指定的一个字节的数值写入 OUT 指定的物理输出（输出寄存器 Q），同时更新对应的过程映像输出寄存器

4. 字节交换指令 SWAP

字节交换指令格式如表 5－18 所列。

表 5－18　字节交换指令格式

LAD	STL	指令说明
SWAP EN ENO ????-IN	SWAP　IN	① 交换 IN 指定的一个字的高字节与低字节； ② 指令采用脉冲执行方式； ③ IN 的数据类型为 Word

例 5－4　字节交换指令应用举例，梯形图程序和语句表程序如图 5－17 所示。

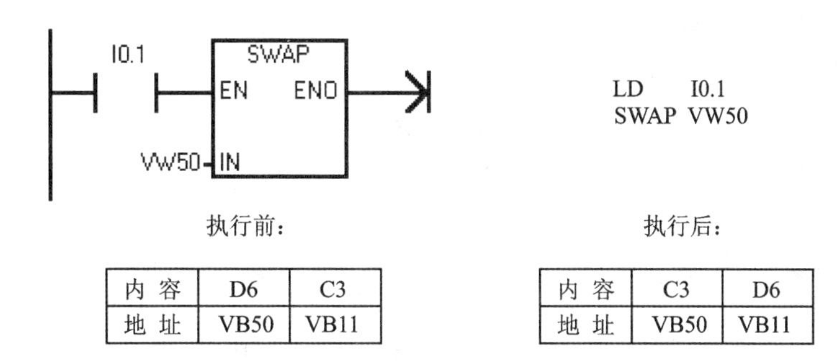

图 5－17　字节交换指令应用实例

5.2.3　移位与循环移位指令

移位指令将输入 IN 的数据逐位向右或向左移动 N 位后，送给输出 OUT 指定的地址。如果移动位数大于允许值，则实际移动的位数为 N 的最大允许值。移位指令对移出位自动补 0，有符号的字和双字的符号位也被移位。如果移位次数非 0，则“溢出”标志位 SM1.1 保存最后一次被移出的位的值；如果移位操作结果为 0，则 SM1.0（零标志位）被置 1。

循环移位指令将输入 IN 的数据逐位向右或向左循环移动 N 位后，送给输出 OUT 指定的地址。移位是环形的，被移出来的位将返回到另一端空出来的位置，同时存放在溢出标志位 SM1.1。如果循环移位指令移动的位数 N 大于最大允许值，则执行循环移位前先对 N 进行求模运算。例如字循环移位时，将 N 除以 16 后取余数，得到的有效移位次数为 0～15，如果为 0 则不移位。符号位也被移位。

如果 IN 和 OUT 相同,则应采用脉冲方式执行移位和循环移位指令。

1. 右移指令 SRB、SRW 和 SRD

右移指令格式如表 5-19 所列。

表 5-19　右移指令格式

LAD	STL	指令说明
SHR_B EN ENO ????-IN OUT-???? ????-N	MOVB　IN,OUT SRB　OUT,N	① N≤8,字节操作无符号; ② 如果 IN 和 OUT 为同一个地址,则不执行传送指令
SHR_W EN ENO ????-IN OUT-???? ????-N	MOVW　IN,OUT SRW　OUT,N	① N≤16,符号位也被移位; ② 如果 IN 和 OUT 为同一个地址,则不执行传送指令
SHR_DW EN ENO ????-IN OUT-???? ????-N	MOVD　IN,OUT SRD　OUT,N	① N≤32,符号位也被移位; ② 如果 IN 和 OUT 为同一个地址,则不执行传送指令

2. 左移指令 SLB、SLW 和 SLD

左移指令格式如表 5-20 所列。

表 5-20　左移指令格式

LAD	STL	指令说明
SHL_B EN ENO ????-IN OUT-???? ????-N	MOVB　IN,OUT SLB　OUT,N	① N≤8,字节操作无符号; ② 如果 IN 和 OUT 为同一个地址,则不执行传送指令
SHL_W EN ENO ????-IN OUT-???? ????-N	MOVW　IN,OUT SLW　OUT,N	① N≤16,符号位也被移位; ② 如果 IN 和 OUT 为同一个地址,则不执行传送指令
SHL_DW EN ENO ????-IN OUT-???? ????-N	MOVD　IN,OUT SLD　OUT,N	① N≤32,符号位也被移位; ② 如果 IN 和 OUT 为同一个地址,则不执行传送指令

3. 循环右移指令 RRB、RRW 和 RRD

循环右移指令格式如表 5-21 所列。

表 5 - 21　循环右移指令格式

LAD	STL	指令说明
ROR_B EN ENO ????-IN OUT-???? ????-N	MOVB　IN,OUT RRB　OUT,N	① N≤8,字节操作无符号; ② 如果 IN 和 OUT 为同一个地址,则不执行传送指令
ROR_W EN ENO ????-IN OUT-???? ????-N	MOVW　IN,OUT RRW　OUT,N	① N≤16,符号位也被移位; ② 如果 IN 和 OUT 为同一个地址,则不执行传送指令
ROR_B EN ENO ????-IN OUT-???? ????-N	MOVD　IN,OUT RRD　OUT,N	① N≤32,符号位也被移位; ② 如果 IN 和 OUT 为同一个地址,则不执行传送指令

4. 循环左移指令 RLB、RLW 和 RLD

循环左移指令格式如表 5 - 22 所列。

表 5 - 22　循环左移指令格式

LAD	STL	指令说明
ROL_B EN ENO ????-IN OUT-???? ????-N	MOVB　IN,OUT RLB　OUT,N	① N≤8,字节操作无符号; ② 如果 IN 和 OUT 为同一个地址,则不执行传送指令
ROL_W EN ENO ????-IN OUT-???? ????-N	MOVW　IN,OUT RLW　OUT,N	① N≤16,符号位也被移位; ② 如果 IN 和 OUT 为同一个地址,则不执行传送指令
ROL_DW EN ENO ????-IN OUT-???? ????-N	MOVD　IN,OUT RLD　OUT,N	① N≤32,符号位也被移位; ② 如果 IN 和 OUT 为同一个地址,则不执行传送指令

例 5 - 5　将 AC0 中的字循环右移 2 位,将 VW200 中的字左移 3 位,梯形图程序和语句表程序如图 5 - 18 所示。

例 5 - 6　用 I0.0 控制接在 Q0.0～Q0.7 上的 8 个彩灯从右到左以 0.5 s 的时间间隔循环点亮,保持任意时刻只有一个指示灯亮,到达最左端后,再从右到左依次点亮。梯形图程序和语句表程序如图 5 - 19 所示。

5. 移位寄存器指令 SHRB

移位寄存器指令 SHRB 将 DATA 端输入的数值(位数据)移入移位寄存器。当使能输入

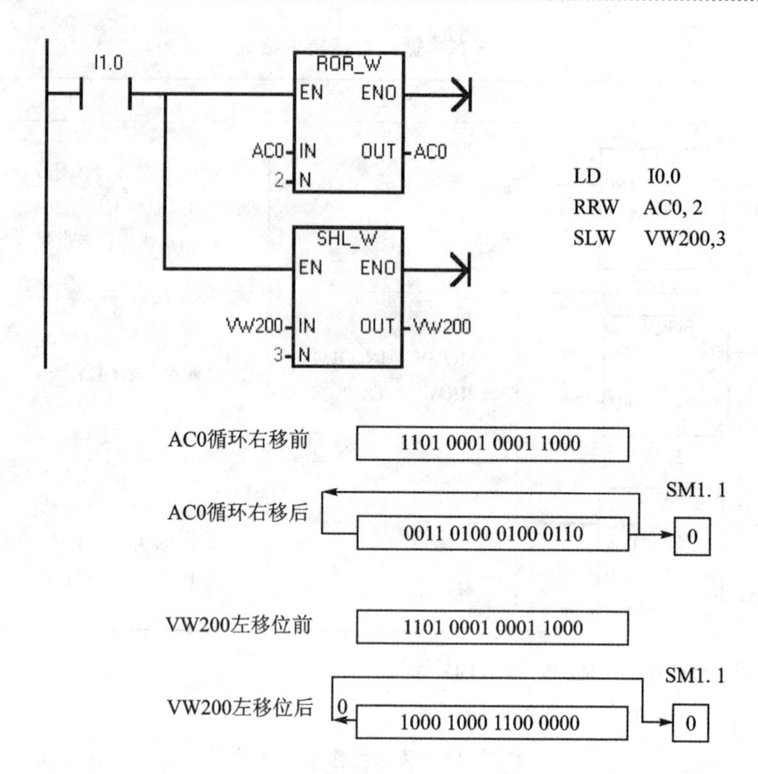

图 5-18　移位和循环移位指令应用实例(1)

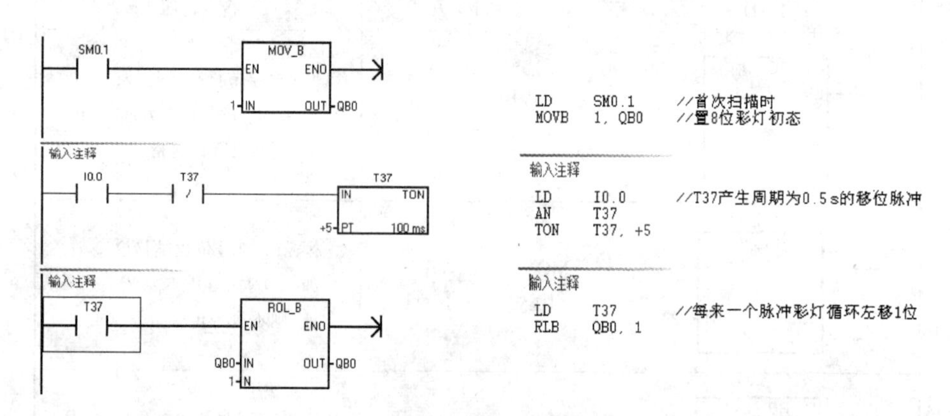

图 5-19　移位和循环移位指令应用实例(2)

端 EN 有效时,移位寄存器移动 1 位。移位寄存器指令格式如表 5-23 所列。

表 5-23　移位寄存器指令格式

LAD	STL	指令说明
SHRB EN　ENO ??.?-DATA ??.?-S_BIT ????-N	SHRB　DATA,S_BIT,N	① S_BIT 指移位寄存器的最低位地址; ② N 指定移位寄存器长度(最长 64 位)和移位方向,N 为正时左移,反之右移; ③ 移出位存入 SM1.1

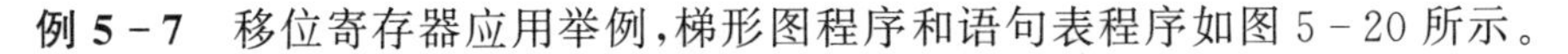

例 5 - 7　移位寄存器应用举例，梯形图程序和语句表程序如图 5 - 20 所示。

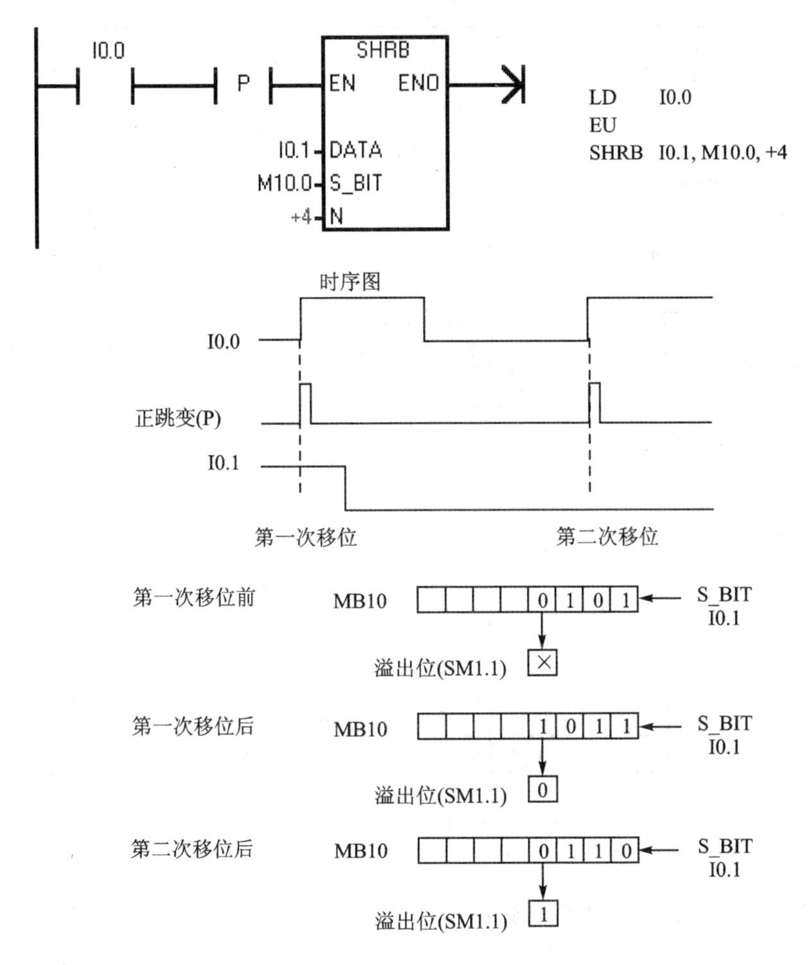

图 5 - 20　移位寄存器指令应用实例

5.3　算术与逻辑运算指令

5.3.1　算术运算指令

1. 加法指令

加法指令分整数加法＋I、双整数加法＋D 和实数加法＋R，其运算结果分别为整数、双整数和实数，指令格式如表 5 - 24 所列。

例 5 - 8　求两个数的和，被加数存放在 VW200 中，加数存放在 VW202 中，结果放入 AC0 中。梯形图程序和语句表程序如图 5 - 21 所示。

表 5-24 加法指令格式

LAD	STL	指令说明
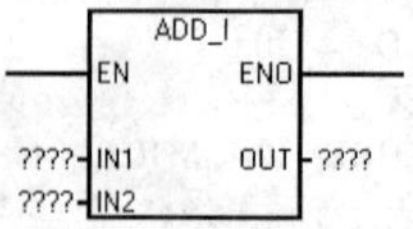 ADD_I EN ENO ????-IN1 OUT-???? ????-IN2	MOVW IN1,OUT +I IN2,OUT	① IN1+IN2=OUT； ② 指令影响 SM1.0(运算结果为0)、SM1.1(结果溢出或数值非法)、SM1.2(运算结果为负)； ③ 如果指定 IN1=OUT，则不执行传送指令，语句表指令为“+I/+D/+R IN2，OUT”；如果指定 IN2=OUT，则不执行传送指令，语句表指令为“+I/+D/+R IN1，OUT”
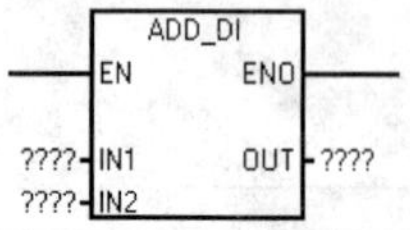 ADD_DI EN ENO ????-IN1 OUT-???? ????-IN2	MOVD IN1,OUT +D IN2,OUT	
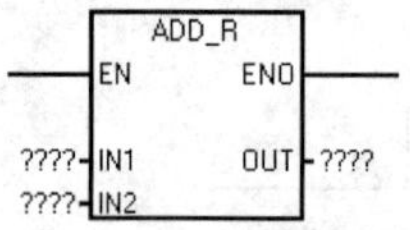 ADD_R EN ENO ????-IN1 OUT-???? ????-IN2	MOVR IN1,OUT +R IN2,OUT	

I0.0
ADD_I
EN ENO
VW202-IN1 OUT-AC0
VW200-IN2

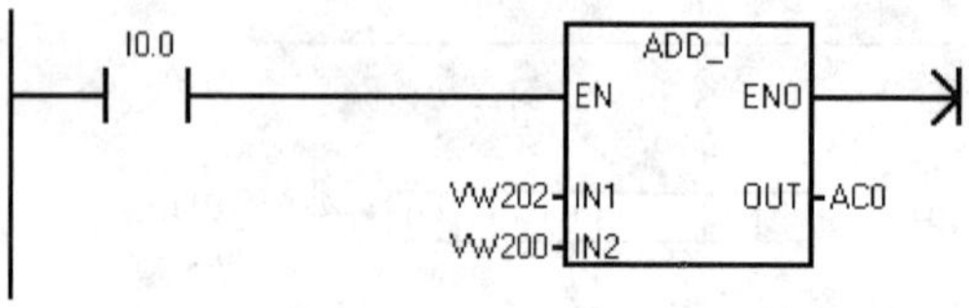

```
LD    I0.0
MOVW  VW202, AC0
+I    VW200, AC0
```

执行前：

内 容	3000	120	47
地 址	VW200	VW202	AC0

执行后：

内 容	3000	120	3120
地 址	VW200	VW202	AC0

图 5-21 加法指令应用实例

2. 减法指令

减法指令分整数减法－I、双整数减法－D 和实数减法－R，其运算结果分别为整数、双整数和实数，指令格式如表 5-25 所列。

表 5-25 减法指令格式

LAD	STL	指令说明
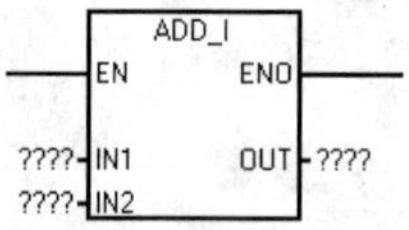 ADD_I EN ENO ????-IN1 OUT-???? ????-IN2	MOVW IN1,OUT －I IN2,OUT	① IN1－IN2=OUT； ② 指令影响 SM1.0(运算结果为0)、SM1.1(结果溢出或数值非法)、SM1.2(运算结果为负)
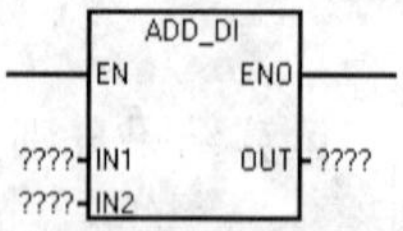 ADD_DI EN ENO ????-IN1 OUT-???? ????-IN2	MOVD IN1,OUT －D IN2,OUT	
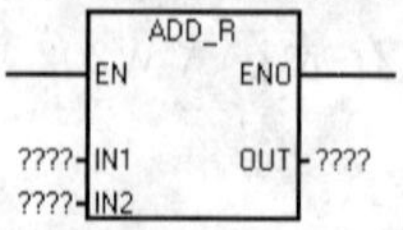 ADD_R EN ENO ????-IN1 OUT-???? ????-IN2	MOVR IN1,OUT －R IN2,OUT	

3. 乘法指令

乘法指令分整数乘法 *I、双整数乘法 *D、实数乘法 *R 和整数乘法产生双整数 MUL。前 3 种乘法指令的运算结果分别为整数、双整数和实数；MUL 指令将两个 16 位整数相乘，产生一个 32 位的乘积。乘法指令格式如表 5 - 26 所列。

表 5 - 26　乘法指令格式

LAD	STL	指令说明
MUL_I EN ENO ????-IN1 OUT-???? ????-IN2	MOVW　IN1,OUT *I　IN2,OUT	① IN1 * IN2=OUT; ② 指令影响 SM1.0(运算结果为0)、SM1.1(结果溢出或数值非法)、SM1.2(运算结果为负); ③ 在 MUL(整数乘法产生双整数)的 STL 指令中,IN1 被赋值于 32 位 OUT 的低 16 位
MUL_DI EN ENO ????-IN1 OUT-???? ????-IN2	MOVD　IN1,OUT *D　IN2,OUT	
MUL_R EN ENO ????-IN1 OUT-???? ????-IN2	MOVR　IN1,OUT *R　IN2,OUT	
MUL EN ENO ????-IN1 OUT-???? ????-IN2	MOVW　IN1,OUT MUL　IN2,OUT	

4. 除法指令

除法指令分整数除法/I、双整数除法/D、实数除法/R 和带余数的整数除法 DIV。前 3 种除法指令的运算结果分别为整数、双整数和实数,不保留余数;DIV 指令将两个 16 位整数相除,产生一个 32 位的结果,其中,高 16 位为余数,低 16 位为商。除法指令格式如表 5 - 27 所列。

表 5 - 27　除法指令格式

LAD	STL	指令说明
DIV_I EN ENO ????-IN1 OUT-???? ????-IN2	MOVW　IN1,OUT /I　IN2,OUT	① IN1/ IN2=OUT; ② 指令影响 SM1.0(运算结果为0)、SM1.1(结果溢出或数值非法)、SM1.2(运算结果为负)和 SM1.3(除数为 0) ③ 在 DIV(带余数的整数除法)的 STL 指令中,IN1 被赋值于 32 位 OUT 的低 16 位
DIV_DI EN ENO ????-IN1 OUT-???? ????-IN2	MOVD　IN1,OUT /D　IN2,OUT	
DIV_R EN ENO ????-IN1 OUT-???? ????-IN2	MOVR　IN1,OUT /R　IN2,OUT	
DIV EN ENO ????-IN1 OUT-???? ????-IN2	MOVW　IN1,OUT DIV　IN2,OUT	

5. 递增指令

递增(Increment)指令分为字节递增 INCB、字递增 INCW 和双字递增 INCD,其中,INCB 操作是无符号的,其余两个操作是有符号的。递增指令格式如表 5－28 所列。

表 5－28　递增指令格式

LAD	STL	指令说明
INC_B EN　ENO ????-IN　OUT-????	INCB　OUT	① 梯形图中执行“IN1＋1=>OUT”,STL 语句中执行“OUT+1=>OUT”; ② 指令影响 SM1.0(运算结果为 0)、SM1.1(结果溢出或数值非法)、SM1.2(运算结果为负)
INC_W EN　ENO ????-IN　OUT-????	INCW　OUT	
INC_DW EN　ENO VD0-IN　OUT-VD0	INCD　OUT	

6. 递减指令

递减(Decrement)指令分为字节递减 DECB、字递减 DECW 和双字递减 DECD,其中,DECB 操作是无符号的,其余两个操作是有符号的。递减指令格式如表 5－29 所列。

表 5－29　递减指令格式

LAD	STL	指令说明
DEC_B EN　ENO ????-IN　OUT-????	DECB　OUT	① 梯形图中执行“IN1－1=>OUT”,STL 语句中执行“OUT－1=>OUT”; ② 指令影响 SM1.0(运算结果为 0)、SM1.1(结果溢出或数值非法)、SM1.2(运算结果为负)
DEC_W EN　ENO ????-IN　OUT-????	DECW　OUT	
DEC_DW EN　ENO ????-IN　OUT-????	DECD　OUT	

7. 数学函数运算指令

数学函数运算指令有三角函数指令(SIN、COS、TAN)、自然对数与自然指数指令(LN、EXP)、平方根指令(SQRT)3 类。指令的输入参数 IN 与输出参数 OUT 均为实数(即浮点数)。指令影响 SM1.0(运算结果为 0)、SM1.1(结果溢出或数值非法)、SM1.2(运算结果为负)。数学函数运算指令格式如表 5－30 所列。

表 5－30　数学函数运算指令格式

LAD	STL	指令说明
SIN EN ENO IN OUT	SIN IN,OUT	三角函数指令:将一个实数的弧度值 IN 分别求 SIN、COS、TAN,得到实数运算结果,从 OUT 指定的存储单元输出
COS EN ENO IN OUT	COS IN,OUT	
TAN EN ENO IN OUT	TAN IN,OUT	
LN EN ENO IN OUT	LN IN,OUT	LN(IN)＝OUT
EXP EN ENO IN OUT	EXP IN,OUT	EXP 与 LN 配合可实现任意实数为底、任意实数为指数的运算
SQRT EN ENO IN OUT	SQRT IN,OUT	$\sqrt{IN}$＝OUT

例 5－9　求 45°正弦值。由于 SIN 指令输入的是弧度值,因此需要先将 45°转换为弧度——45×3.141 59/180,再求正弦值。梯形图程序和语句表程序如图 5－22 所示。

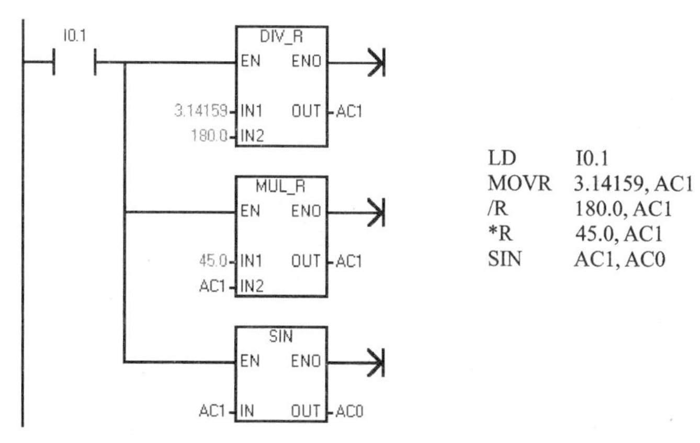

图 5－22　数学函数指令应用实例

5.3.2　逻辑运算指令

1. 逻辑与指令

根据数据类型,逻辑与指令分为字节与 ANDB、字与 ANDW 和双字与 ANDD。如果两个操作数的同一位均为 1,则运算结果的对应位为 1,否则为 0。逻辑与指令格式如表 5－31

所列。

表 5 - 31　逻辑与指令格式

LAD	STL	指令说明
WAND_B EN ENO ????-IN1 OUT-???? ????-IN2	MOVB　IN1,OUT ANDB　IN2,OUT	① IN1^IN2=>OUT; ② 指令影响 SM1.0(运算结果为 0)
WAND_W EN ENO ????-IN1 OUT-???? ????-IN2	MOVW　IN1,OUT ANDW　IN2,OUT	
WAND_DW EN ENO ????-IN1 OUT-???? ????-IN2	MOVD　IN1,OUT ANDD　IN2,OUT	

2. 逻辑或指令

根据数据类型,逻辑或指令分为字节或 ORB、字或 ORW 和双字或 ORD。如果两个操作数的同一位均为 0,则运算结果的对应位为 0,否则为 1。逻辑或指令格式如表 5 - 32 所列。

表 5 - 32　逻辑或指令格式

LAD	STL	指令说明
WOR_B EN ENO ????-IN1 OUT-???? ????-IN2	MOVB　IN1,OUT ORB　IN2,OUT	① IN1+IN2=>OUT; ② 指令影响 SM1.0(运算结果为 0)
WOR_W EN ENO ????-IN1 OUT-???? ????-IN2	MOVW　IN1,OUT ORW　IN2,OUT	
WOR_DW EN ENO ????-IN1 OUT-???? ????-IN2	MOVD　IN1,OUT ORD　IN2,OUT	

3. 逻辑异或指令

根据数据类型,逻辑异或指令分为字节异或 XORB、字异或 XORW 和双字异或 XORD。如果两个操作数的同一位值相同,则运算结果的对应位为 0,否则为 1。逻辑异或指令格式如表 5 - 33 所列。

表 5 - 33　逻辑异或指令格式

LAD	STL	指令说明
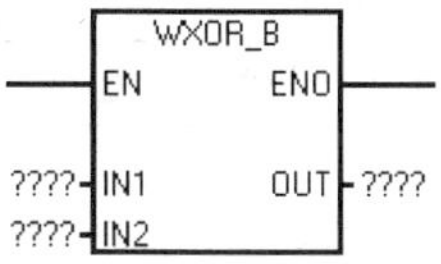 WXOR_B: EN, ENO; ????-IN1, OUT-????; ????-IN2	MOVB　IN1,OUT XORB　IN2,OUT	① IN1⊕IN2=>OUT； ② 指令影响 SM1.0(运算结果为 0)
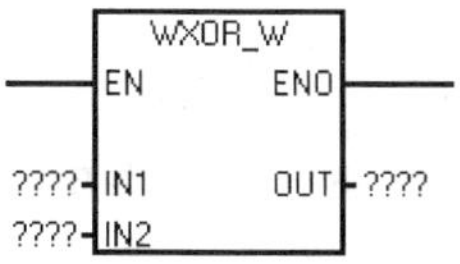 WXOR_W: EN, ENO; ????-IN1, OUT-????; ????-IN2	MOVW　IN1,OUT XORW　IN2,OUT	
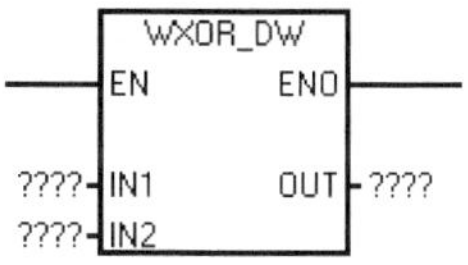 WXOR_DW: EN, ENO; ????-IN1, OUT-????; ????-IN2	MOVD　IN1,OUT XORD　IN2,OUT	

4. 取反指令

根据数据类型，逻辑取反指令分为字节取反 INVB、字取反 INVW 和双字取反 INVD。取反指令格式如表 5 - 34 所列。

表 5 - 34　取反指令格式

LAD	STL	指令说明
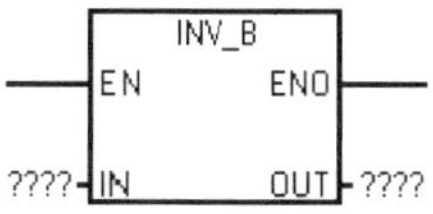 INV_B: EN, ENO; ????-IN, OUT-????	MOVB　IN,OUT INVB　OUT	① 将 IN 中输入的二进制数按位取反，并将结果存入 OUT 指定的地址中； ② 如果 IN 和 OUT 为同一个地址，则不执行传送指令； ③ 指令影响 SM1.0(运算结果为 0)
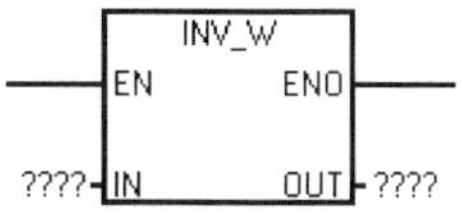 INV_W: EN, ENO; ????-IN, OUT-????	MOVW　IN,OUT INVW　OUT	
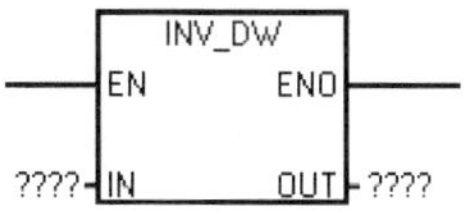 INV_DW: EN, ENO; ????-IN, OUT-????	MOVD　IN,OUT INVD　OUT	

5.4　程序控制指令

5.4.1　跳转指令与标号指令

当使能输入有效时，跳转指令 JMP(Jump)使程序流程跳转到对应的标号处。标号指令 LBL (Label)用来指示跳转的目的位置。JMP 与 LBL 的操作数 N 为常数(0～255)。JMP 和对应的

LBL必须在同一个程序中。多条JMP可以跳到同一个标号处。若需要无条件跳转,则可用SM0.0(始终接通)的常开触点驱动JMP。跳转指令格式与标号指令格式如表5-35所列。

表5-35 跳转指令格式与标号指令格式

LAD	STL	指令说明
N —(JMP)	JMP N	① N=0~255; ② JMP及LBL必须在同一主程序内、同一子程序内或同一中断服务程序内,不可由主程序跳转到中断服务程序或子程序,也不可由中断服务程序或子程序跳转到主程序
N LBL	LBL N	

例5-10 跳转指令与标号指令应用实例,梯形图程序和语句表程序如图5-23所示。

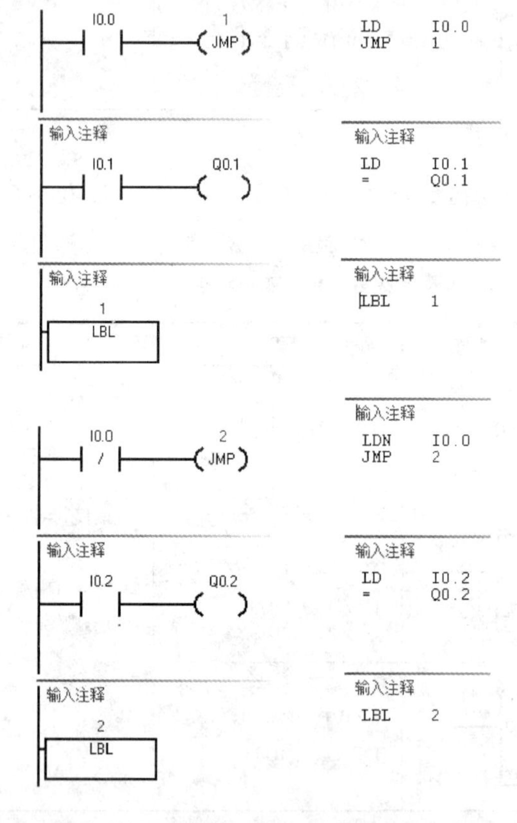

图5-23 跳转指令与标号指令应用实例

在图5-23中,当I0.0接通时,I0.0的常开触点接通,即JMP1条件满足,程序跳转执行LBL1以后的指令,而在JMP1和LBL1之间的指令均不执行,在这个过程中,即使I0.1接通Q0.1也不会有输出;此时I0.0的常闭触点断开,不执行JMP2,若I0.2接通,则Q0.2有输出。当I0.0断开时,I0.0的常开触点断开,其常闭触点接通,若I0.1接通,则Q0.1有输出,此时不执行JMP1,而执行JMP2,即使I0.2接通,Q0.2也没有输出。

5.4.2　循环指令

在控制系统中经常遇到需要重复执行若干次相同任务的情况，这时可以使用循环指令。

程序循环结构用于描述一段程序的重复循环执行。由 FOR 和 NEXT 指令构成程序的循环体，FOR 指令标记循环的开始，NEXT 指令为循环体的结束指令。循环指令格式如表 5-36 所列。

表 5-36　循环指令格式

LAD	STL	指令说明
FOR EN ENO ????-INDX ????-INIT ????-FINAL 输入注释 (NEXT)	FOR　INDX,INIT,FINAL ⋮ NEXT	① INDX 为当前值计数器； ② INIT 为循环次数初始值； ③ FINAL 为循环计数终止值； ④ FOR/NEXT 指令必须成对使用，循环可以嵌套，最多为 8 层

例 5-11　用循环程序在 I0.5 的上升沿求 VB130～VB133 中 4 个字节的异或值，运算结果用 VB134 保存。当 VB130～VB133 同一位中 1 的个数为奇数时，VB134 对应位的值为 1，反之为 0。梯形图程序和语句表程序如图 5-24 所示。

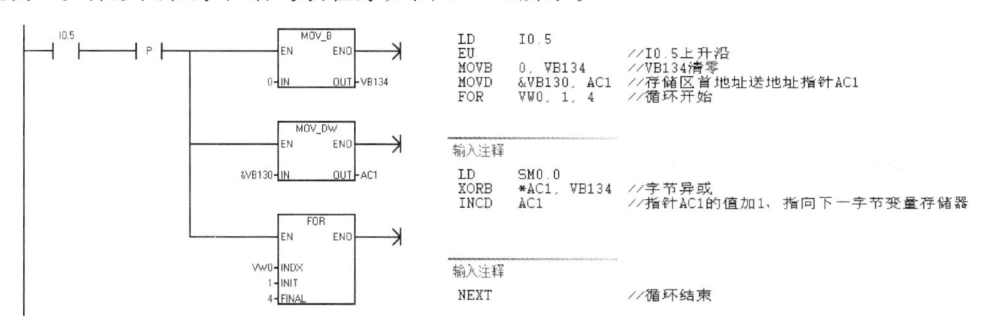

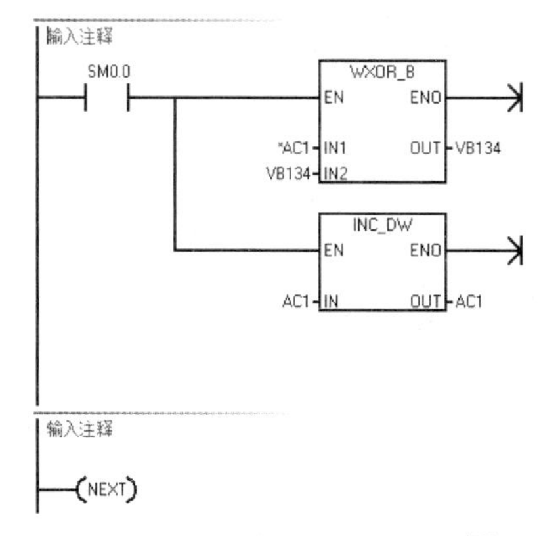

图 5-24　循环指令应用实例

5.4.3 条件结束与停止指令

1. 条件结束指令 END

当条件结束指令 END 的逻辑条件满足时终止当前的扫描周期，返回主程序的第一条指令。在梯形图中，该指令不能直接连在左侧母线。

2. 条件停止指令 STOP

条件停止指令 STOP 使 CPU 从 RUN 模式切换到 STOP 模式。

如果在中断程序中执行 STOP 指令，则该中断程序立即终止，并且忽略所有待执行的中断，继续扫描程序的剩余部分，完成当前周期的剩余动作，包括主程序的执行，并在当前扫描结束时，完成从 RUN 模式到 STOP 模式的转变。

条件结束指令和条件停止指令格式如表 5-37 所列。

表 5-37 条件结束指令与条件停止指令格式

LAD	STL	指令说明
??.? —| |—(END)	END	程序有条件结束
??.? —| |—(END)	STOP	切换到 STOP 模式

习 题

5-1 根据下列语句表程序，画出梯形图。

```
LD    I0.1
A     I0.0
LD    M0.0
AN    I0.2
O     M0.1
AN    I0.3
OLD
LPS
A     M0.2
=     Q0.0
LPP
A     I0.4
=     Q0.1
A     I0.5
=     Q0.2
```

5-2 编写程序，在 I0.0 的上升沿将 VW100～VW110 清零。

5－3 编写程序，在 I0.1 的下降沿将 VB20 的高 4 位清零，其余位保持不变。

5－4 用浮点数运算指令计算圆的周长值，圆半径（整数值）存放在 VW40 中，π 取 3.14，运算结果四舍五入后转换为整数，结果存放在 VD42 中。

5－5 使用置位复位指令，分别编写两台电动机的控制程序，控制要求如下：

① 启动时，电动机 M1 先启动，然后电动机 M2 才能启动；停止时，两台电动机同时停止。

② 启动时，电动机 M1、M2 同时启动；停止时，M2 先停止，然后 M1 才能停止。

5－6 编写程序，在 I0.0 的上升沿，求 VW120～VW138 中最大的整数，结果存放在 VW140 中。

第 6 章　S7－200 SMART 系列 PLC 的功能指令

功能指令是指一些功能不同的特殊指令，这些复杂指令的应用研究是 PLC 应用系统不可缺少的，合理、正确地应用这些复杂指令，对于优化程序结构、增强应用系统的功能、简化复杂的问题有着重要的作用。本章的功能指令包括：表功能指令、转换指令、中断指令、高速处理器指令、时钟指令、通信指令、PID 指令等，本章将重点介绍这些功能指令的格式和梯形图编程方法。

6.1　表功能指令

表功能指令主要用于建立和存取字型的数据表。数据表由 3 部分组成：表地址，由表的首地址指明；表定义，由表地址和第 2 个字地址所对应的单元分别存放的两个参数来定义——最大填表个数(表的长度值用 TL 表示)和实际填表个数(数据长度值用 EC 表示)；存储数据，从第 3 个字地址开始存放数据。一个表最多能存储 100 个数据。

表中数据的存储格式如表 6－1 所列。

表 6－1　表中数据的存储格式

单元地址	单元内容	功能说明
VW300	0006	TL＝6，最多可填 6 个数，VW300 为表首地址
VW302	0004	EC＝4，实际在表中存有 4 个数
VW304	1234	DATA0
VW306	5678	DATA1
VW308	9012	DATA2
VW310	3456	DATA3
VW312	****	无效数据
VW314	****	无效数据

6.1.1　填表指令

填表指令(ATT)用于将指定的字型数据添加到表格中，指令格式如表 6－2 所列。

表 6－2　填表指令格式

LAD	STL	指令说明
AD_T_TBL EN　ENO ????-DATA ????-TBL	ATT DATA，TBL	当输入使能端 EN 有效时，将 DATA 指定的数据添加到以 TBL 为首地址的表格的最后一个数据的后面，EC 的值自动加 1

说明：

① 本条指令在梯形图中有两个数据输入端口：DATA 为数据输入，指出被填表的字型数据或其地址；TBL 为该表格的首地址，指定被填表格的位置。

② DATA、TBL 为字型数据，操作数寻址范围见附表 1。

③ 当往表中存数时，新填入的数据紧跟表中最后一个数据，实际填表数量 EC 的值自动加 1。

④ 填表指令会影响特殊存储器标志位 SM1.4（表中数据超限时该位置 1）。

⑤ 使能流输出 ENO＝0 的出错条件：SM4.3（运行时间）、0006（间接寻址错误）、0091（操作数超界）。

例 6－1 将数据（VW200）5188 填入表 6－1 中，表的首地址为 VW300，程序如图 6－1 所示。

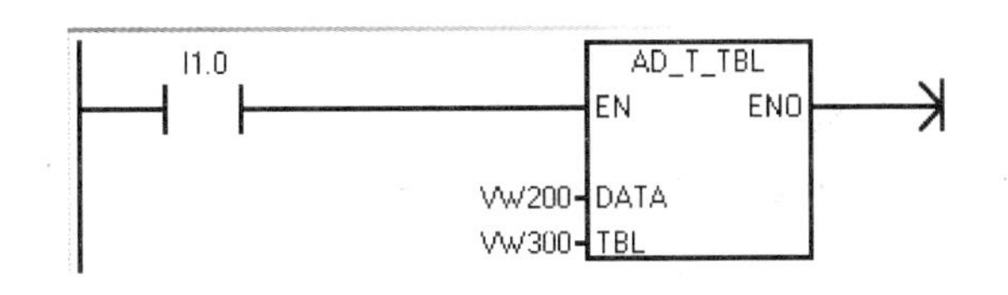

图 6－1 例 6－1 的梯形图

STL 语句如下：

```
LD    I1.0
ATT   VW200, VW300
```

指令执行后的数据结果如表 6－3 所列。

表 6－3 ATT 执行的结果

操作数	单元地址	填表前内容	填表后内容	说　明
DATA	VW200	5188	5188	待填表数据
TBL	VW300	0006	0006	最大填表数 TL
	VW302	0004	0005	实际填表数 EC
	VW304	1234	1234	数据 0
	VW306	5678	5678	数据 1
	VW308	9012	9012	数据 2
	VW310	3456	3456	数据 3
	VW312	****	5188	将 VW200 的内容填入表中
	VW314	****	****	无效数据

6.1.2 表取数指令

从表中取一个数据有先进先出（FIFO）和后进先出（LIFO）两种方式。一个数据从表中取出之后，表的实际填表数 EC 自动减 1。两种表取数指令格式如表 6－4 所列。

表 6-4　表取数指令格式

LAD	STL	指令说明
FIFO EN ENO ????-TBL DATA-????	FIFO TBL,DATA	当输入使能端 EN 有效时，从以 TBL 为首地址的表中移出第一个字型数据，并将其输出到 DATA 单元，剩余数据依次上移一个位置
LIFO EN ENO ????-TBL DATA-????	LIFO TBL,DATA	当输入使能端 EN 有效时，从以 TBL 为首地址的表中移出最后一个字型数据，并将其输出到 DATA 单元，剩余数据位置不变

说明：

① 表取数指令的两种方法在梯形图中都有两个数据端：输入端 TBL 是表格的首地址，指示表格位置；输出端 DATA 指明取出数据后要存放的目标位置。

② DATA、TBL 均为字型数据，操作数寻址范围见附表 1。

③ 表取数指令的两种方法从 TBL 为首地址的表中取数的位置不同，表内剩余数据变化的方式也不同。但指令执行后，表中实际填表数 EC 的变化是一样的，均自动减 1。

④ 表取数指令的两种方法都会影响特殊存储器标志位 SM1.5 的内容。

⑤ 使能流输出 ENO 断开的出错条件：SM4.3(运行时间)、0006(间接寻址)、0091(操作数超界)。

例 6-2　运用 FIFO、LIFO 指令从表 6-1 中取数，并将数据分别输出到 VW400 和 VW500，梯形图如图 6-2 所示。

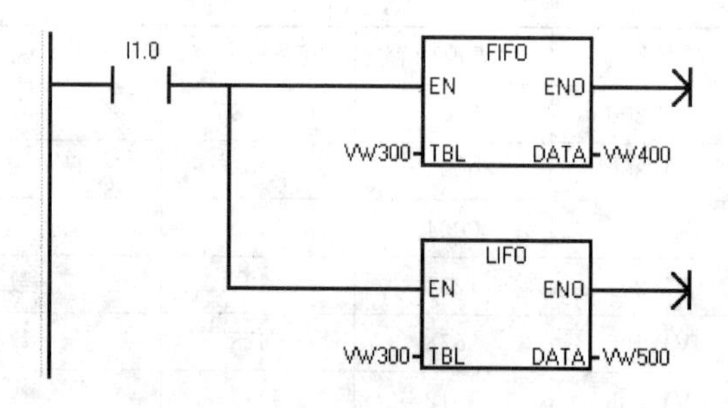

图 6-2　例 6-2 的梯形图

STL 语句如下：

```
LD      I1.0
FIFO    VW300,VW400
LIFO    VW300,VW500
```

指令执行后的结果如表 6-5 所列。

表 6－5　FIFO、LIFO 指令执行后的结果

操作数	单元地址	执行前内容	FIFO 执行后内容	LIFO 执行后内容	注　释
DATA	VW400	空	1234	1234	FIFO 输出的数据
	VW500	空	空	3456	LIFO 输出的数据
TBL	VW300	0006	0006	0006	TL 填表极限不变
	VW302	0004	0003	0002	EC=4−>3−>2
	VW304	1234	5678	5678	数据 0
	VW306	5678	9012	9012	数据 1
	VW308	9012	3456	****	—
	VW310	3456	****	****	—
	VW312	****	****	****	—
	VW314	****	****	****	—

6.1.3　表查找指令

表查找指令是从字型数据表中找出所需数据在表中的实际位置，位置编号为 0 ～ 99。表查找指令格式如表 6－6 所列。

表 6－6　表查找指令格式

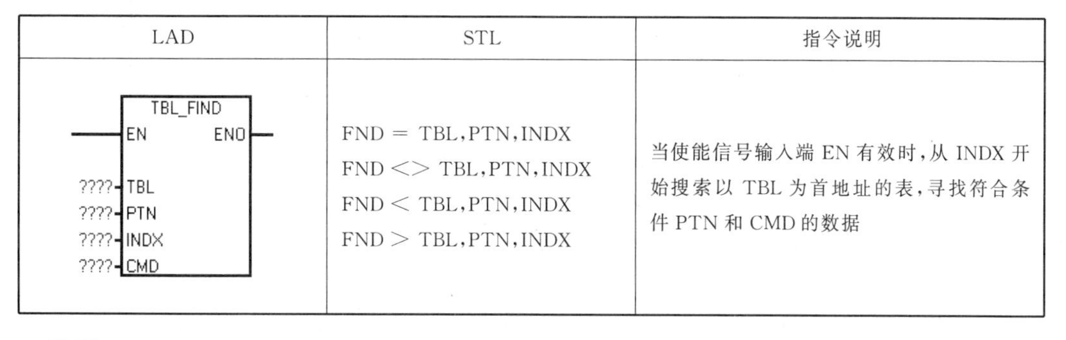

LAD	STL	指令说明
TBL_FIND EN　ENO ????-TBL ????-PTN ????-INDX ????-CMD	FND = TBL,PTN,INDX FND <> TBL,PTN,INDX FND < TBL,PTN,INDX FND > TBL,PTN,INDX	当使能信号输入端 EN 有效时，从 INDX 开始搜索以 TBL 为首地址的表，寻找符合条件 PTN 和 CMD 的数据

说明：

① 梯形图中有 4 个数据输入端：TBL 为表格首地址，指示被访表格；PTN 表示查表所用数据；CMD 是比较运算数字指令，范围是从 1～4 的整数，分别代表运算符=、<>、<、>（"="表示等于，"<>"表示不等于，"<"表示小于，">"表示大于）；INDX 用来指定从表中查找到的符合条件的数据所在的位置。

② TBL、PTN 和 INDX 为字型数据，CMD 为字节型数据，操作数寻址范围见附表 1。

③ 执行表查找指令前，要先清零 INDX。当使能输入信号有效时，从数据表的第 0 个数据开始查找符合条件的数据，若没有发现符合条件的数据，则 INDX 的值等于 EC；若找到一个符合条件的数据，则将该数据在表中的地址装入 INDX 中；若找到一个符合条件的数据后还想继续向下查找，则必须先对 INDX 加 1，然后重新激活表查找指令，从表中符合条件数据的下一个数据开始查找。

④ 使能流输出 ENO 断开的出错条件：SM4.3（运行时间）、0006（间接寻址错误）、0091（操作数超界）。

例 6-3 运用表查找指令从表 6-1 中找出内容等于 3456 的数据在表中的位置。梯形图如图 6-3 所示。

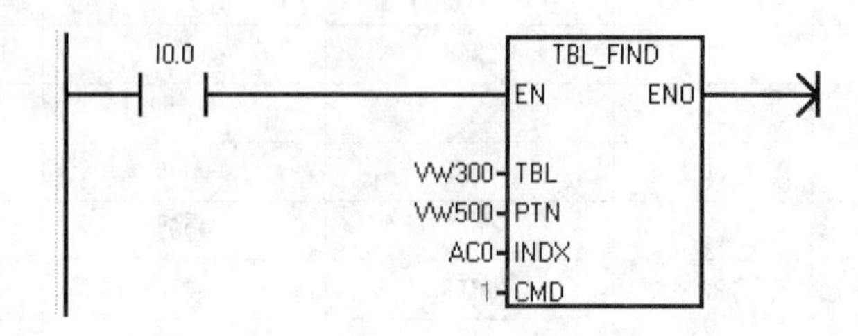

图 6-3 例 6-3 的梯形图

STL 语句如下：

```
LD      I0.0
FND=    VW300, VW500, AC0
```

指令执行后的结果如表 6-7 所列。

表 6-7 表查找指令执行后的结果

操作数	单元地址	执行前内容	执行后内容	注 释
PTN	VW500	3456	3456	用来比较的数据
INDX	AC0	0	3	符合查找条件的数据
CMD	无	1	1	1 表示与查找数据相等
TBL	VW300	0006	0006	TL=6
	VW302	0004	0004	EC=4
	VW304	1234	1234	DATA0
	VW306	5678	5678	DATA1
	VW308	9012	9012	DATA2
	VW310	3456	3456	DATA3
	VW312	****	****	无效数据
	VW314	****	****	无效数据

6.2 转换指令

转换指令能够实现对操作数的类型进行转换的功能，并且将结果输出到指定的目标地址。转换指令包括数据的类型转换、数据编码、数据译码及字符串转换指令。

6.2.1 数据的类型转换指令

数据类型有字节整数、字整数、双字整数和实数。西门子公司的 PLC 对 BCD 码和 ASCII 字符型数据的处理能力较强，不同的功能指令对具体操作数的要求也不同。类型转换指令可将一个固定数据类型用到不同需求的指令中，而无须对数据进行具体类型的重复录入。

1. BCD 码与字整数之间的转换

BCD 码与字整数之间可以进行类型转换。BCD 码与字整数类型转换的指令格式如表 6－8 所列。

表 6－8　BCD 码与字整数类型转换的指令格式

LAD	STL	指令说明
BCD_I EN　ENO ????-IN　OUT-????	MOVW　IN,OUT BCDI　OUT	当使能输入端 EN 有效时，将 IN 端输入的 BCD 码转换成字整数，其结果从 OUT 端输出
I_BCD EN　ENO ????-IN　OUT-????	MOVW　IN,OUT IBCD　OUT	当使能输入端 EN 有效时，将 IN 端输入的字整数转换成 BCD 码，其结果从 OUT 端输出

说明：

① IN、OUT 为字整数，操作数寻址范围见附表 1。

② 在梯形图中，IN 和 OUT 可指定为同一存储单元，从而节省存储空间。若 IN 和 OUT 操作数地址指的是同一存储单元，则在执行转换指令时一步完成：

```
BCDI OUT
```

③ 若 IN 指定的源数据格式不正确，则 SM1.6 置 1。数据 IN 的范围是 0～9 999。

2. 字节整数与字整数之间的转换

若字节整数为无符号数，则字节整数与字整数之间转换的指令格式如表 6－9 所列。

表 6－9　字节整数与字整数类型转换的指令格式

LAD	STL	指令说明
B_I EN　ENO ????-IN　OUT-????	BTI　IN,OUT	当输入使能端有效时，将 IN 端输入的字节整数转换成字整数，其结果送 OUT 端输出
I_B EN　ENO ????-IN　OUT-????	ITB　IN,OUT	当输入使能端有效时，将 IN 端输入的字整数转换成字节整数，其结果送 OUT 端输出

说明：

① 指令 ITB 将字整数转换成字节整数，输入数据的大小为 0～255，若超出这个范围，则会造成溢出，使 SM1.1 置 1。

② 使能流输出 ENO 出错断开的条件：SM4.3(运行时间)、0006(间接寻址错误)。

③ IN、OUT 的数据类型一个为字整数，另一个为字节整数，操作数寻址范围见附表 1。

3. 字整数与双字整数之间的转换

字整数(16 位)与双字整数(32 位)的类型转换指令格式如表 6-10 所列。

表 6-10　字整数与双字整数的类型转换指令格式

LAD	STL	指令说明
DI_I EN　ENO ????-IN　OUT-????	DTI　IN,OUT	当输入使能端有效时,将 IN 端输入的双字整数转换成字整数,其结果送 OUT 端输出
I_DI EN　ENO ????-IN　OUT-????	ITD　IN,OUT	当输入使能端有效时,将 IN 端输入的字整数转换成双字整数,其结果送 OUT 端输出

说明:

① 当双字整数转换为字整数时,输入数据超出范围则产生溢出。

② 使能流输出 ENO 出错断开的条件:SM4.3(运行时间)、0006(间接寻址错误)。

③ IN、OUT 的数据类型一个为双字整数,另一个为字整数,操作数寻址范围见附表 1。

4. 双字整数与实数之间的转换

双字整数与实数的类型转换指令格式如表 6-11 所列。

表 6-11　双字整数与实数的类型转换指令格式

LAD	STL	指令说明
ROUND EN　ENO ????-IN　OUT-????	ROUND　IN,OUT	当输入使能端有效时,将 IN 端输入的实数转换成双字整数,其结果送 OUT 端输出
TRUNC EN　ENO ????-IN　OUT-????	TRUNC　IN,OUT	当输入使能端有效时,将 IN 端输入的实数转换成带符号双字整数,其结果送 OUT 端输出
DI_R EN　ENO ????-IN　OUT-????	DTR　IN,OUT	当输入使能端有效时,将 IN 端输入的双字整数转换成实数,其结果送 OUT 端输出

说明:

① ROUND 和 TRUNC 能将实数转换成双字整数,但 ROUND 能将小数部分四舍五入后转换为整数,而 TRUNC 只能取整。

② 将实数转换成双字整数时会出现溢出现象。

③ IN、OUT 的数据类型均为双字整数、实数,操作数寻址范围见附表 1。

④ 使能流输出 ENO 出错断开的条件：SM1.1(溢出)、SM4.3(运行时间)、0006(间接寻址错误)。

例 6-4　要求将质量转换为重力，已知 $g=9.8$ N/kg，C2 的值为当前质量(单位为 kg)，梯形图如图 6-4 所示。

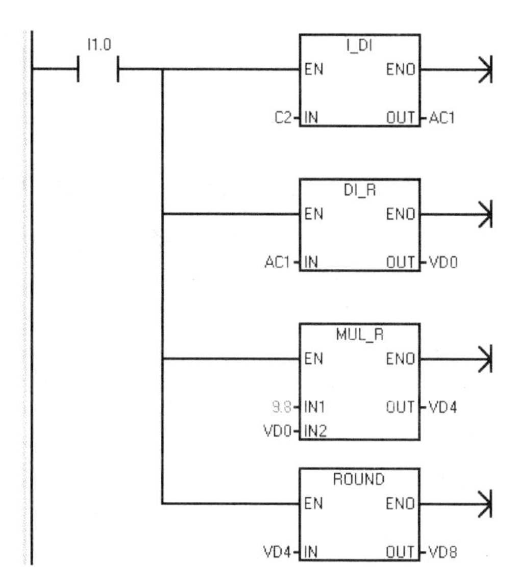

图 6-4　例 6-4 的梯形图

STL 语句如下：

```
LD      I1.0
ITD     C2, AC1
DTR     AC1, VD0
MOVR    9.8, VD4
 *R     VD0, VD4
ROUND   VD4, VD8
```

6.2.2　数据的编码和译码指令

在可编程控制器中，字型数据可以表示为 4 位十六进制数，也可表示为 16 位二进制数，编码就是把字整数中最低有效位的位号进行编码。数据译码指令包括常规译码、七段显示译码，其中，常规译码是将执行数据的低 4 位所表示的位号对所指定单元的字整数的对应位置 1(例如 0000 0011B 译码为 0000 1000B)；七段显示译码是指对数码管相应位置 1，使数码管显示执行数据所表示的数字或字母。

1. 编码指令

编码指令格式如表 6-12 所列。

表 6-12 编码指令格式

LAD	STL	指令说明
ENCO EN ENO ????-IN OUT-????	ENCO IN,OUT	当输入使能端有效时，将 IN 端输入的字型数据的最低有效位的位号输入到 OUT 所指定的字节单元中

说明：

① IN、OUT 的数据类型分别为 Word、Byte，操作数寻址范围见附表 1。

② 由于 IN 是字整数，位编号从 0 ～ 15，所以只用到 OUT 字节的低 4 位。

③ 使能流输出 ENO 出错断开的条件：SM4.3(运行时间)、0006(间接寻址错误)。

2. 常规译码指令

常规译码指令格式如表 6-13 所列。

表 6-13 常规译码指令格式

LAD	STL	指令说明
DECO EN ENO ????-IN OUT-????	DECO IN,OUT	当输入使能端有效时，将 IN 端输入的字节整数的低 4 位所表示的位号对 OUT 所指定的字单元相应位置 1(前有译码示例)，其余位清零

说明：

① IN、OUT 的数据类型分别为 Byte、Word，操作数寻址范围见附表 1。

② 使能流输出 ENO 出错断开的条件：SM4.3(运行时间)、0006(间接寻址错误)。

3. 七段显示译码指令

七段显示译码指令格式如表 6-14 所列。

表 6-14 七段显示译码指令格式

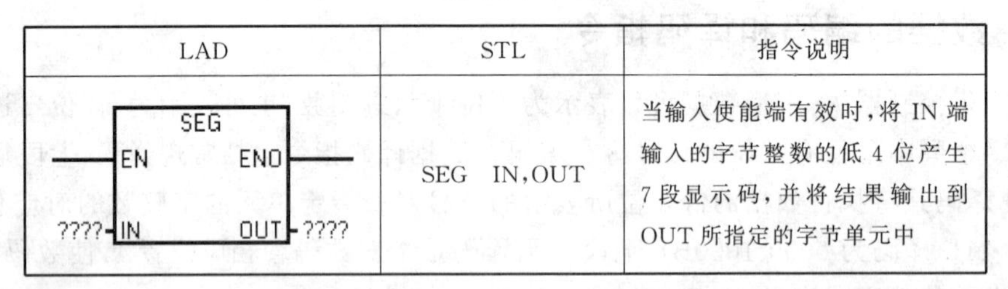

LAD	STL	指令说明
SEG EN ENO ????-IN OUT-????	SEG IN,OUT	当输入使能端有效时，将 IN 端输入的字节整数的低 4 位产生 7 段显示码，并将结果输出到 OUT 所指定的字节单元中

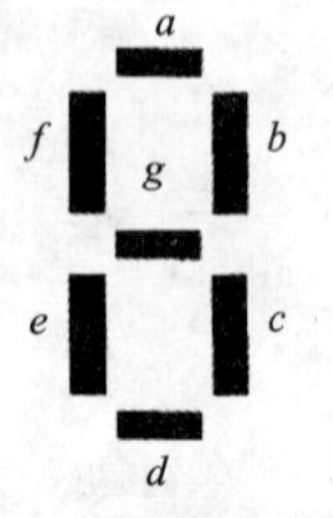

图 6-5 七段显示数码管

说明：

① 七段显示数码管有共阴极接法和共阳极接法，下面介绍的七段显示数码管采用的是共阴极接法，g、f、e、d、c、b、a 的位置关系和数字 0 ～ 9、字母 A ～ F 与七段显示码的对应关系如图 6-5 所示。每段置 1 时亮，置 0 时灭。与其对应的 8 位编码(最高位补 0)称为七段显示码。例如：要显示数据“0”时，七段显示数码管明暗规则依次为 0 111 1111(g 数码管暗，其余各数码管亮)，将高位补 0 后为 00 111111，将

其转为十六进制就是 3F，即“0”译码为“3F”。

② IN、OUT 的数据类型为 Byte，操作数寻址范围见附表 1。

③ 使能流输出 ENO 出错断开的条件：SM4.3（运行时间）、0006（间接寻址错误）。

七段显示码及对应代码如表 6－15 所列。

表 6－15　七段显示码及对应代码

IN(LSD)	OUT	IN(LSD)	OUT	IN(LSD)	OUT	IN(LSD)	OUT
0	3F	4	66	8	7F	C	39
1	06	5	6D	9	6F	D	5E
2	5B	6	7D	A	77	E	79
3	4F	7	07	B	7C	F	71

例 6－5　编写求解七段显示数码管显示数字“8”的段代码程序。求解段代码梯形图如图 6－6 所示。

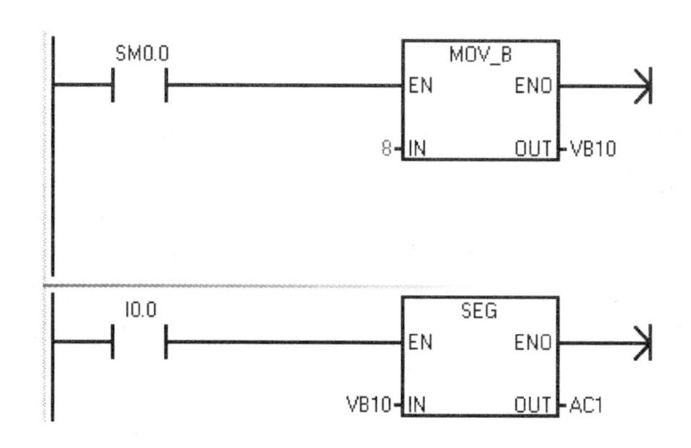

图 6－6　例 6－5 的梯形图

STL 语句如下：

```
LD      SM0.0
MOVB    8, VB10
LD      I0.0
SEG     VB10, AC1
```

程序运行结果为(AC1)＝7F。用户也可直接将常数 8 送到指令盒 SEG 的输入端 IN。

6.2.3　字符串转换指令

字符串转换是指标准字符编码 ASCII 码字符串与十六进制数、整数、双字整数及实数之间进行转换。字符串转换指令格式如表 6－16 所列。

表 6-16 字符串转换指令格式

LAD	STL	指令说明
ATH EN ENO ????-IN OUT-???? ????-LEN	ATH IN,OUT,LEN	当输入使能端有效时，将从 IN 开始，长度为 LEN 的 ASCII 码字符串转换成从 OUT 开始的十六进制数
HTA EN ENO ????-IN OUT-???? ????-LEN	HTA IN,OUT,LEN	当输入使能端有效时，将从 IN 开始，长度为 LEN 的十六进制数转换成从 OUT 开始的 ASCII 码字符串
DTA EN ENO ????-IN OUT-???? ????-FMT	DTA IN,OUT,FMT	双字整数转换为 ASCII 码，可将双字整数 IN 转换为 ASCII 码字符串。格式参数 FMT 指定小数点右侧的转换精度。得出的转换结果将存入以 OUT 开头的 12 个连续字节中
ITA EN ENO ????-IN OUT-???? ????-FMT	ITA IN,OUT,FMT	字整数转换为 ASCII 指令，可以将字整数 IN 转换为 ASCII 码字符串。格式参数 FMT 将指定小数点右侧的转换精度，并指定小数点显示为逗号还是句点。得出的转换结果将存入以 OUT 开始的 8 个连续字节中
RTA EN ENO ????-IN OUT-???? ????-FMT	RTA IN,OUT,FMT	实数转换为 ASCII 码，可将实数 IN 转换成 ASCII 码字符串。格式参数 FMT 会指定小数点右侧的转换精度、小数点显示为逗号还是句点、输出缓冲区的大小。得出的转换结果会存入以 OUT 开始的连续字节中

说明：

① 可进行转换的 ASCII 码为 0 ～ 9 及 A ～ F 的编码。

② 操作数寻址范围见附表 1。

③ 0006：间接寻址错误。

④ 0091：操作数超界。

例 6-6 编程将 VB50 中存储的 ASCII 码转换成十六进制数。已知(VB50)=39，(VB51)=31，(VB52)=44，(VB53)=46。

程序设计如图 6-7 所示。

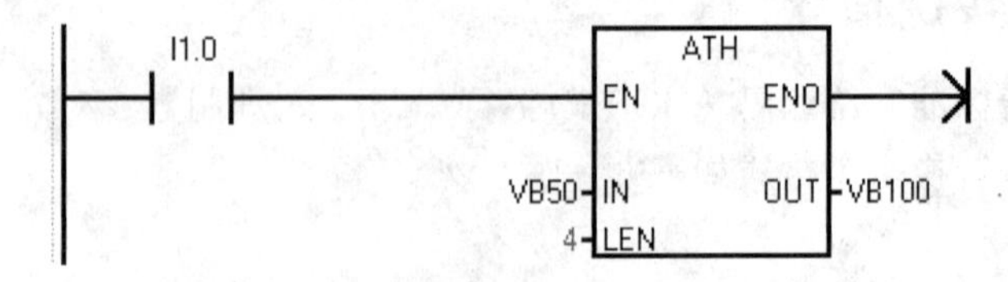

图 6-7 例 6-6 的梯形图

STL 语句如下：

```
LD      I1.0
ATH     VB50, VB100, 4
```

程序运行情况：

执行前：(VB50)＝39，(VB51)＝31，(VB52)＝44，(VB53)＝46；

执行后：(VB100)＝91，(VB101)＝DF。

6.3　中断指令

中断是计算机在实时处理和实时控制中不可缺少的一项技术。所谓中断，是当控制系统执行正常程序时，系统中出现了某些急需处理的异常情况或特殊请求。这时系统暂时中断现行程序，转去对随机发生的更紧迫事件进行处理（执行中断服务程序），当该事件处理完毕后，系统自动回到原来被中断的程序继续执行。

中断事件的发生具有随机性，中断在 PLC 应用系统中的人机联系、实时处理、通信处理和网络中非常重要。与中断相关的操作有中断服务和中断控制。

6.3.1　中断源

1. 中断源的分类

中断源是能够向 PLC 发出中断请求的中断事件。S7－200 SMART CPU 最多有 34 个中断源，每个中断源都分配一个编号用于识别，称为中断事件号。这些中断源大致分为三大类：通信中断、输入/输出(I/O)中断和时间中断。

(1) 通信中断

在可编程控制器的自由通信模式下，通信口的状态可由程序来控制。用户可以通过编程来设置通信协议、波特率和奇偶校验。

(2) I/O 中断

I/O 中断包括外部输入中断、高速计数器中断和脉冲串输出中断。外部输入中断是系统利用 I0.0～I0.3 的上升沿或下降沿产生中断，这些输入点可被用作连接某些一旦发生就必须引起注意的外部事件；高速计数器中断可以响应当前值等于预设值、计数方向的改变、计数器外部复位等事件所引起的中断；脉冲串输出中断可以用来响应给定数量的脉冲输出完成所引起的中断。

(3) 时间中断

时间中断包括定时中断和定时器中断。定时中断可用来支持一个周期性的活动，周期时间以 1 ms 为单位，周期设定时间为 5～255 ms。对于定时中断 0，把周期时间值写入 SMB34；对于定时中断 1，把周期时间值写入 SMB35。每当到达定时时间值时，相关定时器溢出，执行中断处理程序。定时中断可以用来以固定的时间间隔作为采样周期，对模拟量输入进行采样，也可以用来执行一个 PID 控制回路。

定时器中断，就是利用定时器对一个指定的时间段产生中断。这类中断只能使用 1 ms 通电和断电延时定时器 T32 和 T96 。当所用的当前值等于预设值时，在主机正常的定时刷新中执行中断程序。

2. 中断优先级

在 PLC 应用系统中通常有多个中断源，当多个中断源同时向 CPU 申请中断时，要求

CPU能将全部中断源按中断性质和处理的轻重缓急进行排队，并给予优先权。给中断源指定处理的次序就是给中断源确定中断优先级。

西门子CPU规定的中断优先级由高到低依次是：通信中断、输入/输出中断、定时中断，每类中断的不同中断事件又有不同的优先权。详细内容请查阅西门子公司的有关技术规定。

中断事件的优先级排序如表6-17所列。

表6-17 中断事件的优先级排序

序 号	中断事件号	中件事件描述	优先级分类	按组排列的优先级
1	8	通信端口0接收字符	通信（最高）	0
2	9	通信端口0发送完成		0
3	23	通信端口0接收信息完成		0
4	24	通信端口1接收信息完成		1
5	25	通信端口1接收字符		1
6	26	通信端口1发送完成		1
7	19	PT00脉冲输出完成	I/O（中等）	0
8	20	PT01脉冲输出完成		1
9	0	I0.0的上升沿		2
10	2	I0.1的上升沿		3
11	4	I0.2的上升沿		4
12	6	I0.3的上升沿		5
13	1	I0.0的下降沿		6
14	3	I0.1的下降沿		7
15	5	I0.2的下降沿		8
16	7	I0.3的下降沿		9
17	12	HSC0 CV=PV（当前值=设定值）		10
18	27	HSC0输入方向改变		11
19	28	HSC0外部复位		12
20	13	HSC1 CV=PV（当前值=设定值）		13
21	14	HSC1输入方向改变		14
22	15	HSC1外部复位		15
23	16	HSC2 CV=PV（当前值=设定值）		16
24	17	HSC2输入方向改变		17
25	18	HSC2外部复位		18
26	32	HSC3 CV=PV（当前值=设定值）		19
27	29	HSC4 CV=PV（当前值=设定值）		20
28	30	HSC4输入方向改变		21
29	31	HSC4外部复位		22
30	33	HSC5 CV=PV（当前值=设定值）		23
31	10	定时中断0	定时（最低）	0
32	11	定时中断1		1
33	21	T32 CT=PT（当前值=设定值）		2
34	22	T96 CT=PT（当前值=设定值）		3

3. CPU 响应中断的顺序

在 PLC 中，CPU 响应中断的顺序可以分以下 3 种情况：

① 当不同优先级的中断源同时申请中断时，CPU 响应中断请求的顺序为从优先级高的中断源到优先级低的中断源。

② 当相同优先级的中断源申请中断时，CPU 按先来先服务的原则响应中断请求。

③ 当 CPU 正在处理某中断，又有中断源提出中断请求时，新出现的中断请求按优先级排队等候处理，当前中断服务程序不会被其他甚至更高优先级的中断程序打断。任何时刻 CPU 只执行一个中断程序。

6.3.2 中断控制

经过中断判优后，将优先级最高的中断请求送给 CPU，CPU 响应中断后自动保存逻辑堆栈、累加器和某些特殊标志寄存器位，即保护现场。中断处理完成后，又自动恢复这些单元保存起来的数据，即恢复现场。中断控制指令有 4 条，其指令格式如表 6－18 所列。

表 6－18 中断控制指令格式

LAD	STL	指令说明
—(ENI)	ENI	打开中断指令，当使能输入有效时，全局允许所有中断事件响应
—(DISI)	DISI	关闭中断指令，当使能输入有效时，全局关闭所有连接的中断事件
ATCH EN ENO ????-INT ????-EVNT	ATCH INT,EVNT	中断连接指令，当使能输入有效时，将一个中断事件 EVNT 和一个中断程序 INT 联系起来，并允许该中断事件
DTCH EN ENO ????-EVNT	DTCH EVNT	中断断开指令，当使能输入有效时，断开一个中断事件 EVNT 和所有中断程序的联系，并禁止该中断事件响应

说明：

① 当进入正常运行 RUN 模式时，CPU 将禁止所有中断，但可以在 RUN 模式下执行中断允许指令 ENI，允许所有中断。

② 多个中断事件可以调用一个中断程序，但一个中断事件不能同时连接调用多个中断程序。

③ 中断分离指令 DTCH 禁止中断事件和中断程序之间的联系，它仅禁止某中断事件；而全局中断禁止指令 DISI 禁止所有中断。

④ 操作数：

◇ INT 中断程序号： 0～127(为常数)；

◇ EVNT 中断事件号： 0～33(为常数)。

例 6-7 编写一段中断事件 2 的初始化程序。中断事件 2 是 I0.2 上升沿产生的中断事件。当 PLC 系统初始化时,SM0.1 接通一个扫描周期,打开中断,系统可以对中断事件 2 进行响应,执行中断服务程序 INT_0。

初始化程序设计如图 6-8 所示。

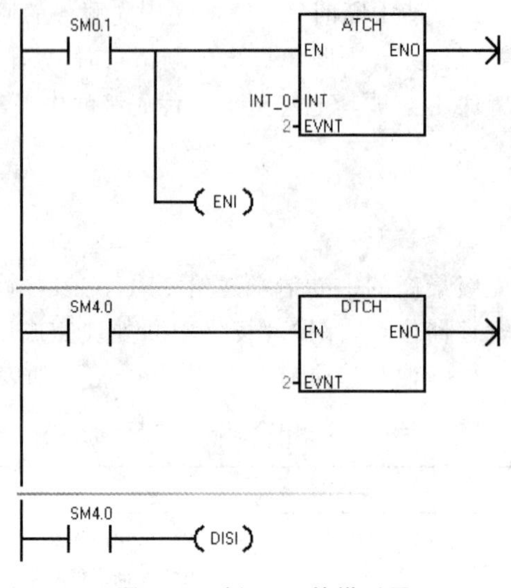

图 6-8 例 6-7 的梯形图

STL 语句如下：

```
LD      SM0.1
ATCH    INT_0, 2
ENI
LD      SM4.0
DTCH    2
LD      SM4.0
DISI
```

6.3.3 中断程序

中断程序(也称中断服务程序)是用户为处理中断事件而事先编写的程序,编程时可以用中断程序入口处的中断程序号来识别每一个中断程序。中断服务程序由中断程序号开始,以无条件返回指令结束。在中断程序中,用户也可以根据前面的逻辑条件使用条件返回指令返回主程序。PLC 系统中的中断指令与微机原理中的中断不同,它不允许嵌套。

中断服务程序中禁止使用以下指令:DISI、ENI、CALL、HDEF、FOR/NEXT、LSCR、SCRE、SCRT 和 END。

6.4 高速处理器指令

高速计数器可对标准计数器无法控制的高速事件进行计数。标准计数器以受 PLC 扫描时间限制的较低速率运行。用户可以使用 HDEF 和 HSC 指令创建自己的 HSC 例程,也可以使用高速计数器向导简化编程任务。

高速处理器指令有两种，即高速计数指令和高速脉冲输出。

6.4.1　高速计数指令

高速计数器(High Speed Counter，HSC)在现代自动控制的精确定位控制领域中具有重要的应用价值。高速计数器用来累计比可编程控制器的扫描频率高得多的脉冲输入(30 kHz)，利用产生的中断事件来完成预定的操作。

1. S7 - 200 SMART 系列的高速计数器地址编号

不同型号的 PLC 主机，高速计数器的数量也不同，使用时每个高速计数器都有地址编号(HCn 或 HSCn)。HC(或 HSC)表示该编程元件是高速计数器，n 为地址编号。每个高速计数器都包含两方面的信息：计数器位和计数器当前值。高速计数器的当前值为双字长的符号整数，且为只读值。

S7 - 200 SMART 系列中 CPU ST××的高速计数器的数量与地址编号如表 6 - 19 所列。

表 6 - 19　CPU ST××的高速计数器的数量与地址编号

主　机	ST20	ST30	ST40	ST60
可用 HSC 数量	4			
HSC 地址	HSC0、HSC1、HSC2、HSC3			

2. 中断事件类型

高速计数器的计数和动作可采用中断方式进行控制。各种型号的 CPU 采用高速计数器的中断事件大致分为 3 种方式：当前值等于预设值中断、输入方向改变中断和外部复位中断。所有高速计数器都支持当前值等于预设值中断，但并不是所有的高速计数器都支持这 3 种中断方式。高速计数器产生的中断事件有 14 个。中断源优先级等详细情况见表 6 - 17。

3. 高速计数指令

高速计数指令有两条——HDEF(定义指令)和 HSC(激活指令)，其指令格式如表 6 - 20 所列。

表 6 - 20　高速计数指令格式

LAD	STL	指令说明
HDEF EN　ENO ????-HSC ????-MODE	HDEF HSC，MODE	高速计数器定义指令（HDEF）选择特定高速计数器（HSC0～3）的工作模式；模式选择定义高速计数器的时钟、方向和复位功能；必须为多达 4 个激活的高速计数器各使用一条高速计数器定义指令
HSC EN　ENO ????-N	HSC N	高速计数器指令(HSC)根据 HSC 特殊存储器位的状态组态控制高速计数器；参数 N 指定高速计数器编号；高速计数器最多可组态为 8 种不同的工作模式；每个计数器都有专用于时钟、方向控制、复位的输入，这些功能均受支持；在 AB 正交相时，可以选择一倍（1×）或四倍（4×）的最高计数速率；所有计数器均以最高速率运行，互不干扰

说明：

① 操作数类型：

◇ HSC：高速计数器编号，字节型 0 ～ 5 的常数；

◇ MODE：工作模式，字节型 0 ～ 11 的常数；

◇ N：高速计数器编号，字型 0 ～ 5 的常数。

② 使能流输出 ENO 出错断开的条件：SM4.3（运行时间）、0003（输入冲突）、0004（中断中的非法指令）、000A（HSC 重复定义）、0001（在 HDEF 之前使用 HSC）、0005（同时操作 HSC/PLS）。

③ 每个高速计数器都有固定的特殊功能存储器与之配合，完成计数功能。这些特殊功能存储器包括状态字节、控制字节、当前值双字、预设值双字。

④ 高速计数器编程：可以使用指令向导来配置计数器。向导程序使用下列信息：计数器的类型和模式、计数器的预置值、计数器的初始值和计数的初始方向。要启动 HSC 指令向导，可以在命令菜单窗口中选择 Tools→InstructionWizard，然后在向导窗口中选择 HSC 指令。

对高速计数器编程，必须完成下列基本操作：

① 定义计数器和模式；

② 设置控制字节；

③ 设置初始值；

④ 设置预置值；

⑤ 指定并使能中断服务程序。

4. 操作模式和输入端点

（1）操作模式

每种高速计数器都有多种功能不相同的操作模式，其操作模式与中断事件密切相关。使用一个高速计数器之前，首先要定义高速计数器的操作模式，可用 HDEF 指令来进行设置。

高速计数器最多有 8 种工作模式，不同的高速计数器适用于不同的工作模式。

工作模式 0、1 为具有内部方向控制的单向计数器，工作模式 3、4 为具有外部方向控制的单向计数器，工作模式 6、7 为具有增/减计数时钟的双向计数器，工作模式 9、10 为 A/B 正交相计数器。

高速计数器 HSC0 和 HSC2 有工作模式 0、1、3、4、6、7、9 和 10；高速计数器 HSC1 和 HSC3 仅支持 1 种工作模式，即模式 0。

（2）输入端点

若要正确使用一个高速计数器，除了要定义它的操作模式外，还必须注意它的输入端连接。系统为其定义了固定的输入点。高速计数器与输入点的对应关系如表 6-21 所列。高速计数器输入分配及功能如表 6-22 所列。

使用时必须注意，高速计数器输入点、输入/输出中断的输入点都包括在一般数字量输入点的编号范围内，同一个输入点同一时间只能执行一种功能。如果程序使用了高速计数器，那么只有高速计数器不用的输入点才可以用作输入/输出中断或一般数字量的输入点。

表 6－21　高速计数器与输入点的对应关系

模　式	说　明	输入分配		
HSC	HSC0	I0.0	I0.1	I0.4
	HSC1	I0.1	—	—
	HSC2	I0.2	I0.3	I0.5
	HSC3	I0.3	—	—
0	具有内部方向控制的单相计数器	时钟	—	—
1		时钟	—	复位
3	具有外部方向控制的单相计数器	时钟	方向	—
4		时钟	方向	复位
6	具有 2 个时钟输入的双相计数器	加时钟	减时钟	—
7		加时钟	减时钟	复位
9	AB 正交相计数器	时钟 A	时钟 B	—
10		时钟 A	时钟 B	复位

表 6－22　高速计数器输入分配及功能

模　式	时钟 A	Dir/时钟 B	复　位	单相最大时钟/输入速度	双相/AB 正交相最大时钟/输入速度
HS0	I0.0	I0.1	I0.4	200 kHz(S 型号 CPU) 100 kHz(C 型号 CPU)	S 型号 CPU：100 kHz＝最大 1×计数速率，400 kHz＝最大 4×计数速率； C 型号 CPU：50 kHz＝最大 1×计数速率，200 kHz＝最大 4×计数速率
HS1	I0.1	—	—	200 kHz(S 型号 CPU) 100 kHz(C 型号 CPU)	—
HS2	I0.2	I0.3	I0.5	200 kHz(S 型号 CPU) 100 kHz(C 型号 CPU)	S 型号 CPU：100 kHz＝最大 1×计数速率，400 kHz＝最大 4×计数速率； C 型号 CPU：50 kHz＝最大 1×计数速率，200 kHz＝最大 4×计数速率
HS3	I0.3	—	—	200 kHz(S 型号 CPU) 100 kHz(C 型号 CPU)	—

注：S 型号 CPU：SR20、ST20、SR30、ST30、SR40、ST40、SR60、ST60；
　　C 型号 CPU：CR40、CR60。

5. 控制字

对于高速计数器，有 3 个控制位用于配置复位和启动信号的有效状态，以及选择“1×”或者“4×”计数模式(仅用于 AB 正交相计数器)，其位于各个计数器的控制字节中，并且只有在 HDEF 指令执行时使用。

HSC0 和 HSC2 计数器有两个控制位，用于组态复位的激活状态并选择 1×或 4×计数模式(仅限 AB 正交相计数器)。这些控制位在各自计数器的 HSC 控制字节内，仅当执行 HDEF 指令时才会使用。指令设置复位有效电平和计数速率如表 6－23 所列，控制字节如表 6－24

所列。

表 6-23　指令设置复位有效电平和计数速率

HSC0	HSC1	HSC2	HSC3	描述(仅在执行 HDEF 时使用)
SM37.0	不受支持	SM57.0	不受支持	复位的有效电平控制位: 0=高电平激活时复位; 1=低电平激活时复位
SM37.2	不受支持	SM57.2	不受支持	AB 正交相计数器的计数速率选择: 0=4×计数速率; 1=1×计数速率

表 6-24　HSC 控制字节

HSC0	HSC1	HSC2	HSC3	说　明
SM37.3	SM47.3	SM57.3	SM137.3	计数方向控制位: 0=减计数,1=加计数
SM37.4	SM47.4	SM57.4	SM137.4	向 HSC 写入计数方向: 0=不更新,1=更新方向
SM37.5	SM47.5	SM57.5	SM137.5	向 HSC 写入新预设值: 0=不更新,1=更新预设值
SM37.6	SM47.6	SM57.6	SM137.6	向 HSC 写入新当前值: 0=不更新,1=更新当前值
SM37.7	SM47.7	SM57.7	SM137.7	启用 HSC: 0=禁用 HSC,1=启用 HSC

在执行高速计数器指令前,必须把这些位设定到希望的状态,否则,计数器对计数模式的选择取默认设置。默认设置为:复位输入和启动输入高电平有效,AB 正交相计数器为 4×计数速率(四倍输入时钟频率)。

例 6-8　高速计数器指令应用示例,其梯形图如图 6-9 所示。

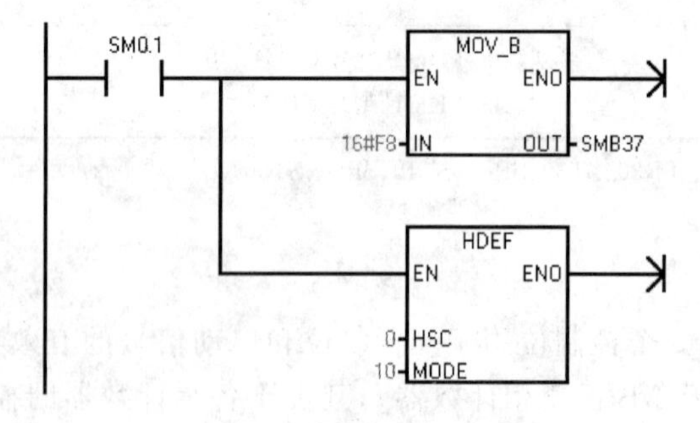

图 6-9　例 6-8 的梯形图

STL 语句如下：

```
LD     SM0.1
MOVB   16＃F8,SMB37
HDEF   0,10
```

说明：第一次扫描时，将复位输入设为高电平有效并选择 4×模式；将 HSC0 组态为具有复位输入的 AB 正交相(模式 10)；一旦 HDEF 指令被执行，就不能再更改计数器的设置，除非先进入 STOP 模式。

6. 使用程序设置当前值和预设值

每个高速计数器内部都存在一个 32 位当前值(CV)和一个 32 位预设值(PV)。当前值是计数器的实际计数值，而预设值是当前值达到预设值时选择用于触发中断的比较值。可以按照上一部分所述使用 HC 数据类型读取当前值，但不能直接读取预设值。要将新的当前值或预设值载入高速计数器，则必须对控制字节以及保存所需新当前值或新预设值的特殊存储器双字进行设置，同时，必须执行 HSC 指令将新值传送到高速计数器中。表 6－25 列出了用于保存所需新当前值或预设值的特殊双字存储器。

表 6－25　HSC0、HSC1、HSC2 和 HSC3 的新当前值和新预设值

要加载的值	HSC0	HSC1	HSC2	HSC3
新当前值(新 CV)	SMD38	SMD48	SMD58	SMD138
新预设值(新 PV)	SMD42	SMD52	SMD62	SMD142

使用以下步骤将新当前值或新预设值写入高速计数器(可按任意顺序执行步骤①和②)：

① 加载要写入相应 SM 新当前值或新预设值的值，如表 6－25 所列。加载这些新值不会影响高速计数器。

② 设置或清除相应控制字节的相应位，指示是否更新当前值或预设值(位×.5 代表预设值，位×.6 代表当前值)。调节这些位不会影响高速计数器。

③ 执行引用相应高速计数器编号的 HSC 指令，执行该指令可检查控制字节。如果控制字节指定更新当前值、预设值或两者，则会将相应值从 SM 新当前值或新预设值位置复制到高速计数器的内部寄存器中。

只能使用后面带有计数器标识符编号(0、1、2 或 3)的数据类型 HC(高速计数器当前值)读取每个高速计数器的当前值，如表 6－26 所列。无论何时想要读取当前值，都可以在状态图表或用户程序中使用 HC 数据类型。HC 数据类型为只读双字，不能使用 HC 数据类型将新的当前计数值写入高速计数器。

表 6－26　HSC0、HSC1、HSC2 和 HSC3 的当前值

要读取的值	HSC0 地址	HSC1 地址	HSC2 地址	HSC3 地址
CV(计数器当前值)	HC0	HC1	HC2	HC3

例 6－9　读取并保存当前计数值，其梯形图如图 6－10 所示。

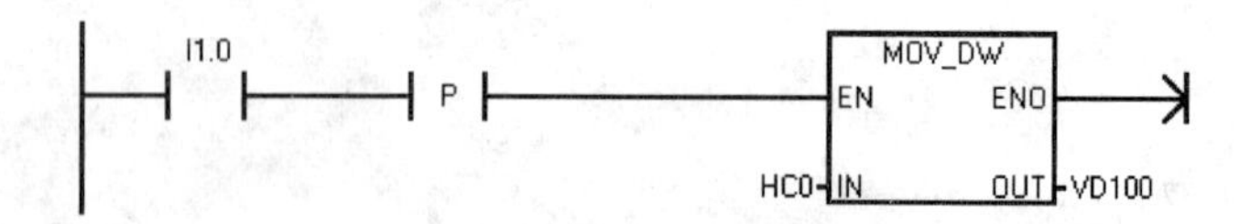

图 6-10　例 6-9 的梯形图

STL 语句如下：

```
LD     I1.0
EU
MOVD   HC0,VD100
```

说明：当 I1.0 从 OFF 转换为 ON 时，HSC0 的值将保存到 VD100 中。

7. 指定中断

所有计数器模式都支持在 HSC 的当前值等于预设值时产生一个中断事件。使用外部复位端的计数模式支持外部复位中断。除去模式 0、1 和 2 之外，所有计数器模式都支持计数方向改变中断。每种中断条件都可以分别使能或禁止。

8. 状态字节

每个高速计数器都有一个状态字节，其中的状态存储位指出了当前计数方向，当前值是否大于或者等于预置值。表 6-27 给出了每个高速计数器状态位的定义。

表 6-27　HSC0 到 HSC3 的状态位

HSC0	HSC1	HSC2	HSC3	说　明
SM36.5	SM46.5	SM56.5	SM136.5	当前计数方向状态位： 0＝减计数，1＝加计数
SM36.6	SM46.6	SM56.6	SM136.6	当前值等于预设值状态位： 0＝不相等，1＝相等
SM36.7	SM46.7	SM56.7	SM136.7	当前值大于预设值状态位： 0＝小于或等于，1＝大于

说明：

只有在执行高速计数器中断例程时，状态位才有效。监控高速计数器状态的目的在于启用对正在执行的操作有重大影响的事件的中断程序。

例 6-10　更新当前值和预设值，其梯形图如图 6-11 所示。

STL 语句如下：

```
LD        I2.0
EU
MOVD      1000,SMD38
MOVD      2000,SMD42
=         SM37.5
=         SM37.6
HSC0
```

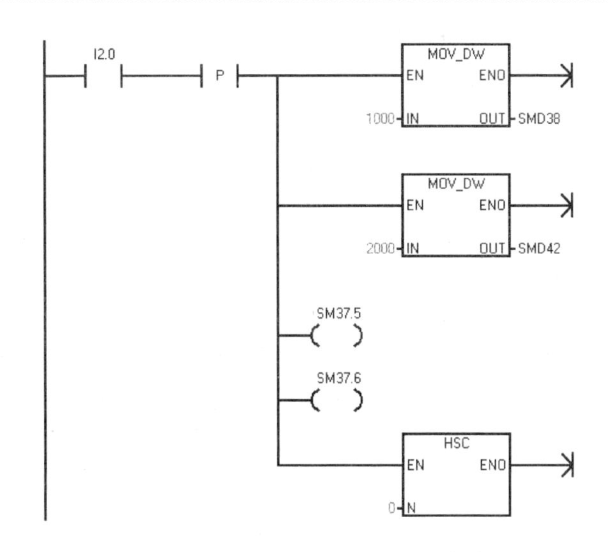

图 6 - 11　例 6 - 10 的梯形图

说明：

当 I2.0 从关断转换为接通时，HSC0 的当前计数值更新为 1 000，预设值更新为 2 000。

6.4.2　高速脉冲输出

高速脉冲输出功能是指在可编程控制器的某些输出端产生高速脉冲，用来驱动负载，实现高速输出和精确控制。

1. 高速脉冲的输出形式和输出端子的连接

(1) 高速脉冲的输出形式

高速脉冲输出有高速脉冲串(PTO)输出和宽度可调脉冲(PWM)输出两种形式。

高速脉冲串输出主要是用来输出指定数量的方波(占空比 50)，用户可以控制方波的周期和脉冲数。高速脉冲串的周期以 μs 或 ms 为单位，它是一个 16 位无符号数据，周期变化范围为 50～65 535 μs 或 2～65 535 ms，编程时周期值一般设置成偶数。脉冲串的个数用双字长无符号数表示，脉冲数取值范围在 1～4 294 967 295 之间。

宽度可调脉冲输出主要是用来输出占空比可调的高速脉冲串，用户可以控制脉冲的周期和脉冲宽度。宽度可调脉冲的周期或脉冲宽度以 μs 或 ms 为单位，是一个 16 位无符号数据，周期变化范围同高速脉冲串 PTO。

(2) 输出端子的连接

每个 CPU 有两个 PTO/PWM 发生器产生高速脉冲串和脉冲宽度可调的波形，一个发生器分配在数字输出端 Q0.0，另一个分配在 Q0.1。

PTO/PWM 发生器和输出映像寄存器共同使用 Q0.0 和 Q0.1，当 Q0.0 或 Q0.1 设定为 PTO 或 PWM 功能时，PTO/PWM 发生器控制输出，在输出点禁止使用通用功能，输出映像寄存器的状态、强制输出、立即输出等指令的执行都不影响输出波形，当不使用 PTO/PWM 发生器时，输出点恢复为原通用功能状态，输出点的波形由输出映像寄存器来控制。

2. 相关的特殊功能寄存器

每个 PTO/PWM 发生器都有一个控制字节、16 位无符号的周期时间值和脉宽值各一个、一个 32 位无符号的脉冲计数值，它们都占用一个指定的特殊功能寄存器，一旦这些特殊功能寄存器的值被设置成所需的操作,就可通过执行脉冲输出指令 PLS 来实现这些功能。

3. 脉冲输出指令

脉冲输出指令可以输出两种类型的方波信号,其在精确位置控制中有很重要的应用。PLS 指令用于控制高速输出(Q0.0、Q0.1 和 Q0.3)中提供的脉宽调制(PWM)功能。使用 PLS 指令创建 PWM 指令时,可使用可选向导,其指令格式如表 6-28 所列。

表 6-28 脉冲输出指令格式

LAD	STL	指令说明
PLS EN ENO ????-N	PLS N	可以使用 PLS 指令创建 PWM 操作。PWM 提供 3 条通道,这些通道允许用户控制占空比可变的固定周期时间的输出

脉冲输出通道 N 的含义如表 6-29 所列。

表 6-29 脉冲输出通道 N 的含义

输入/输出	数据类型	操作数
N(通道)	Word	常数:0 (= Q0.0)、1 (= Q0.1) 或 2 (= Q0.3)

CPU 有 3 个可创建脉宽调制波形的 PWM 发生器:一个发生器分配给数字量输出点 Q0.0,一个发生器分配给数字量输出点 Q0.1,还有一个发生器分配给数字量输出点 Q0.3。指定的特殊存储器 (SM) 位置存储每个发生器的以下数据:控制字节(8 位值)、周期时间(无符号 16 位值)以及脉冲宽度值(无符号 16 位值)。

PWM 发生器和过程映像寄存器共用 Q0.0、Q0.1 和 Q0.3。当 PWM 功能在 Q0.0、Q0.1或 Q0.3 上激活时,PWM 发生器会控制输出,并禁止输出点的正常使用。输出波形不受过程映像寄存器、相应点的强制值或立即输出指令执行的影响。当 PWM 发生器未激活时,输出的控制会恢复为过程映像寄存器。过程映像寄存器确定输出波形的初始状态和最终状态,使波形在高电平或低电平处开始和结束。

说明:

① 如果已使用运动控制向导将所选输出点组态为运动控制,则不可通过 PLS 指令进行 PWM 操作。

② 启用 PWM 操作前,应将 Q0.0、Q0.1 和 Q0.3 的过程映像寄存器的值设为 0。

③ 所有控制位、周期时间和脉冲宽度值的默认值均为 0。

④ PWM 输出的最小负载必须至少为额定负载的 10%,这样才能快速地从断开转换为接通、从接通转换为断开。

例 6-11 编写程序实现脉冲宽度调制。根据要求控制字节(SMB567)=16#8A,设定周期为 1 000 ms,脉冲宽度为 500 ms,通过 Q0.3 输出。

设计程序如图 6-12 所示。

STL 语句如下:

```
LD      SM0.1
R       Q0.3, 1
CALL    SBR_0
```

```
LD      SM0.0
MOVB    16#8A, SMB567
MOVW    1000, SMW568
MOVW    500, SMW570
PLS     2
```

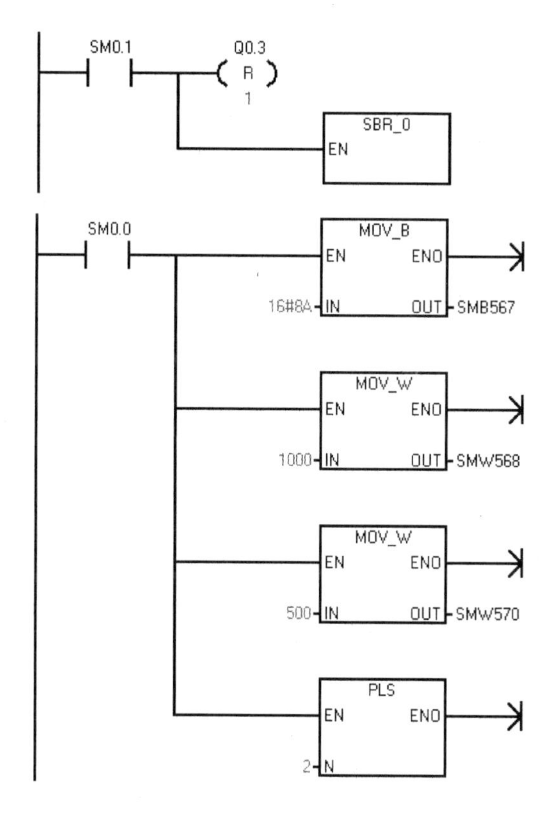

图 6 - 12　例 6 - 11 的梯形图

6.5　其他功能指令

6.5.1　时钟指令

利用时钟指令可以实现实时调用系统时钟的功能，这对监视、记录控制系统的多方面工作十分方便。时钟指令有 2 条：读实时时钟和设定定时时钟，其指令格式如表 6 - 30 所列。

表 6 - 30　时钟指令格式

LAD	STL	指令说明
READ_RTC EN　ENO ????-T	TODR　T	读实时时钟指令从 CPU 读取当前时间和日期，并将其装载到从字节地址 T 开始的 8 B 时间缓冲区中

续表 6-30

LAD	STL	指令说明
SET_RTC EN ENO ????-T	TODW T	设定实时时钟指令通过由 T 分配的 8 B 时间缓冲区数据将新的时间和日期写入 CPU

说明:

① 操作数类型:T 为缓冲区的起始地址,字节类型。

② 使能流输出 ENO 出错断开的条件:SM4.3(运行时间)、0006(间接寻址错误)。

③ 所有日期、时间值都用 BCD 码表示。

6.5.2 扩展实时时钟指令

扩展实时时钟指令格式如表 6-31 所列。

表 6-31 扩展实时时钟指令格式

LAD	STL	指令说明
READ_RTCX EN ENO ????-T	TODRX T	读扩展实时时钟指令从 PLC 中读取当前时间、日期和夏令时进行组态,并将其装载到从 T 所分配地址开始的 19 B 缓冲区中
SET_RTCX EN ENO ????-T	TODWX T	设定扩展实时时钟指令使用字节地址 T 分配的 19 B 时间缓冲区数据,将新的时间、日期和夏令时组态写入 PLC 中

说明:

① READ_RTCX、SET_RTCX 编程提示不接受无效日期。例如,如果输入 2 月 30 日,那么将发生非致命日时钟错误 (0007H)。

② 不要在主程序和中断例程中使用 READ_RTCX/SET_RTCX 指令。当执行另一个 READ_RTCX/SET_RTCX 指令时,无法执行中断例程中的 READ_RTCX/SET_RTCX 指令。在这种情况下,系统标志位 SM4.3 会置位,指示尝试同时对日时钟执行二重访问,导致 T 数据错误(非致命错误 0007H)。

③ CPU 中的日时钟仅使用年份的最后两位数,因此 2000 年表示为 00。但使用年份值的用户程序必须考虑两位数的表示法,2099 年之前的闰年均可正确处理。

④ 使能流输出 ENO 出错断开的条件:0006 (间接地址错误)、0007(T 数据错误)、0091 (操作数超界)。

6.5.3 通信指令

SIMATIC S7-200 SMART 系列 CPU 的通信指令可以使用户通过编制程序,实现 PLC 与其他智能可编程设备或同系列 PLC 之间的数据通信。网络结构有多种形式,但通过编程实现数据通信的指令只有 6 条，其指令格式如表 6-32 所列。

表 6-32　通信指令格式

LAD	STL	指令说明
XMT: EN, ENO; ????-TBL; ????-PORT	XMT TBL,PORT	发送指令 XMT 用于在自由端口模式下通过通信端口发送数据
RCV: EN, ENO; ????-TBL; ????-PORT	RCV TBL,PORT	接收指令 RCV 可启动或终止接收消息功能；必须为要操作的接收功能框指定开始和结束条件；通过指定端口 PORT 接收的消息存储在数据缓冲区 TBL 中；数据缓冲区中的第一个条目指定接收的字节数
GET_ADDR: EN, ENO; ????-ADDR; ????-PORT	GPA　ADDR,PORT	GET_ADDR 指令可读取 PORT 中指定的 CPU 端口的站地址，并将该值放入 ADDR 中指定的地址
SET_ADDR: EN, ENO; ????-ADDR; ????-PORT	SPA　ADDR,PORT	SET_ADDR 指令可将端口 PORT 的站地址设为在 ADDR 中指定的值；新地址不会永久保存；循环上电后，受影响的端口将返回到上一地址（即通过系统块下载的地址）
GIP_ADDR: EN, ENO; ADDR-????; MASK-????; GATE-????	GIP ADDR,MASK,GATE	GIP_ADDR 指令将 CPU 的 IP 地址复制到 ADDR，将 CPU 的子网掩码复制到 MASK，并且将 CPU 的网关复制到 GATE
SIP_ADDR: EN, ENO; ????-ADDR; ????-MASK; ????-GATE	SIP ADDR,MASK,GATE	SIP_ADDR 指令将 CPU 的 IP 地址设置为 ADDR 中找到的值，将 CPU 的子网掩码设置为 MASK 中找到的值，将 CPU 的网关设置为 GATE 中找到的值
GET: EN, ENO; ????-TABLE	GET	GET 指令启动以太网端口上的通信操作，从远程设备获取数据（如说明表（TABLE）中的定义）；GET 指令可从远程站读取最多 222 个字节的信息
PUT: EN, ENO; ????-TABLE	PUT	PUT 指令启动以太网端口上的通信操作，将数据写入远程设备（如说明表（TABLE）中的定义）；PUT 指令可向远程站写入最多 212 个字节的信息

6.5.4 PID 指令

在模拟系统的控制过程中，常用PID指令来实现回路PID控制作用。SIMATIC S7-200 SMART 的PID指令将此功能的编程变得极为简单。PID指令格式如表6-33所列。

表 6-33 PID 指令格式

LAD	STL	指令说明
PID EN ENO ????-TBL ????-LOOP	PID TBL,LOOP	PID指令根据输入和表（TBL）中的组态信息对引用的LOOP执行PID回路计算

说明：

① PID指令(比例、积分、微分回路)用于执行PID计算。逻辑堆栈栈顶（TOS）值必须为1(使能流)，才能启用PID计算。该指令有两个操作数：作为回路表起始地址的表地址和取值范围为0～7的回路编号。

② 可以在程序中使用8条PID指令。如果两条或两条以上的PID指令使用同一回路编号(即使它们的表地址不同)，那么这些PID计算会互相干扰，输出不可预料的结果。

③ 回路表存储9个用于监控回路运算的参数，这些参数中包含过程变量当前值和先前值、设定值、输出、增益、采样时间、积分时间(复位)、微分时间(速率)以及积分和偏置。

④ 要在所需采样速率下执行PID计算，必须在定时中断例程或主程序中以受定时器控制的速率执行PID指令，必须通过回路表提供采样时间作为PID指令的输入。

习　题

6-1　用数据转换指令将100英寸转换成以厘米为单位的数值。

6-2　编写用QB0输出字符A的七段显示码程序。

6-3　编写将VD100中的ASCII码字符串37、42、44、32转换成十六进制数，并存储到VW200的程序。

6-4　编写定时中断程序，当连接在输入端I0.1的开关接通时，闪烁频率减半；当连接在输入端I0.0的开关接通时，又恢复成原有的闪烁频率。

6-5　编写一段中断程序，实现从0～255的计数。当输入端I0.0为上升沿时，程序采用加计数；当输入端I0.0为下降沿时，程序采用减计数。

6-6　用高速计数器HSC1实现20 kHz的加计数。当计数值等于100时，将当前值清零。

6-7　编写一段宽度可调脉冲输出的程序。

要求：周期固定为5 s，脉宽初始值为0.5 s，脉宽每周期递增0.5 s。当脉宽达到设定的最大值4.5 s时，脉宽改为每周期递减0.5 s，直到脉宽为0为止。以上过程周而复始。

第7章 可编程控制器应用系统设计

7.1 可编程控制器应用系统设计的内容、原则及步骤

用户在应用PLC进行实际控制系统的设计过程中，都会遵循一定的方法和步骤。共同遵循这些PLC控制系统的一般设计方法和步骤，可使PLC应用系统的设计更科学化、合理化、规范化及标准化。本节将介绍PLC控制系统设计的内容、原则及步骤。

7.1.1 PLC控制系统设计的内容和原则

1. PLC控制系统设计的内容

PLC控制系统是由PLC与用户输入/输出设备连接而成的，因此PLC控制系统设计的内容应包括：

① 确定系统的组成。

② 选择系统运行方式与控制方式。

③ 选择用户输入设备(按钮、操作开关、限位开关、传感器等)、输出设备(继电器、接触器、信号灯等执行元件)以及由输出设备驱动的控制对象(电动机、电磁阀等)。

④ 选择PLC。PLC是控制系统的核心部件，正确选择PLC对于保证整个控制系统的技术经济指标具有重要的作用。选择PLC应包括机型的选择、容量的选择、I/O模块的选择、电源模块的选择等。

⑤ 分配I/O点，绘制I/O接线图。

⑥ 设计控制程序。控制程序是整个系统工作的核心，是保证系统安全、可靠运行的关键。因此，控制程序应经过反复调试、修改，直到满足要求为止。

⑦ 必要时还需设计控制台。

⑧ 编制控制系统的技术文件，包括说明书、电气原理图及电器元件明细表、I/O连接图、I/O地址分配表和控制程序。

2. PLC控制系统设计的原则

任何一种电气控制系统都是为了实现被控制对象(生产设备或生产过程)的控制要求，以提高生产效率和产品质量。因此，在设计PLC控制系统时，应遵循以下原则：

① 最大限度地满足被控对象和用户的控制要求。设计前，应深入现场进行调查研究，搜集资料，并与相关的设计人员和实际操作人员密切配合，共同拟定控制方案，协同解决设计中出现的各种问题。

② 在满足控制要求的前提下，力求使控制系统简单、经济，使用及维修方便。

③ 保证控制系统的安全可靠。

④ 考虑到生产的发展和工艺的改进，在选择PLC容量时，应适当留有余量。

7.1.2 PLC 控制系统设计的步骤

设计 PLC 控制系统的一般步骤如图 7-1 所示。

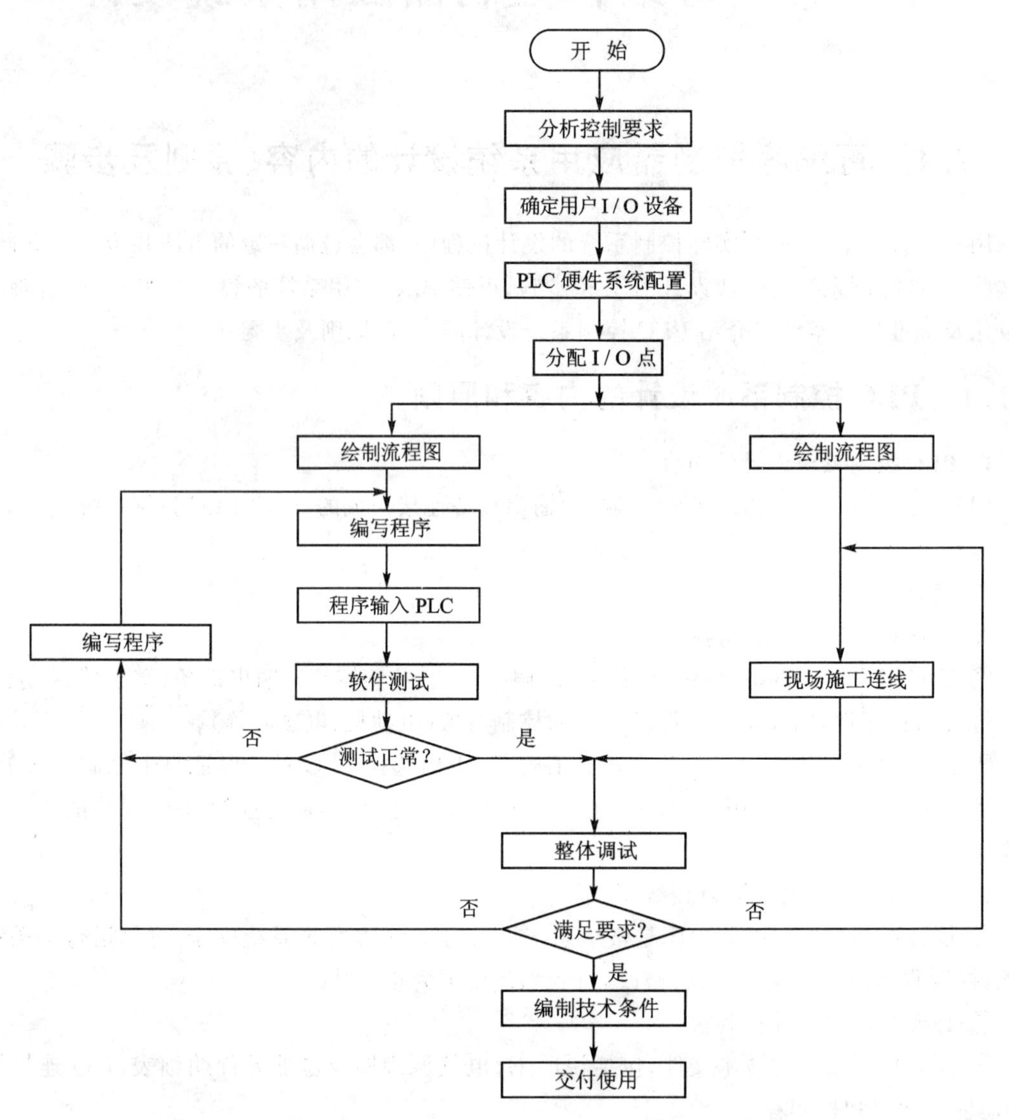

图 7-1 PLC 控制系统设计的一般步骤

1. 根据生产工艺过程分析控制要求

根据生产工艺过程分析控制要求，例如，需完成的动作（动作顺序、动作条件、必要的保护和联锁等）、操作方式（手动、自动、连续、单周期、单步等）。

2. 确定 I/O 设备

根据被控对象对 PLC 控制系统的功能要求，确定系统所需的用户输入/输出设备。常用的输入设备有按钮、选择开关、行程开关、传感器等，常用的输出设备有继电器、接触器、指示灯、电磁阀等。

3. 选择合适的 PLC 类型

根据已确定的用户 I/O 设备,统计所需的输入信号和输出信号的点数,选择合适的 PLC 类型,包括机型的选择、容量的选择、I/O 模块的选择、电源模块的选择等。

4. 分配 I/O 点

分配 PLC 的 I/O 点,编制输入/输出分配表并画出输入/输出端子的接线图。接下来进行 PLC 的程序设计,同时也可以进行控制柜或操作台的设计和现场施工。

5. 设计控制程序

首先要熟悉系统的控制要求,还要有一定的电气设计的实践经验,然后根据工作功能块图或状态流程图等进行编程。程序设计是整个控制设计的核心,也是比较困难的一步。

6. 将程序下载到 PLC

当使用 PLC 的辅助编程软件在计算机上编程时,可通过上、下位机的连接电缆将程序下载到 PLC 中。

7. 进行控制程序的测试

程序下载到 PLC 后,应先进行测试工作。由于在程序设计过程中难免会有疏漏,因此在将 PLC 连接到现场设备之前,必须进行程序测试,以排除程序中的错误,同时也为整体调试打好基础,缩短整体调试周期。

8. 应用系统整体调试

在 PLC 软、硬件设计和控制柜及现场施工完成后,就可以进行整个系统的联机调试。如果控制系统是由几个部分组成的,则应先做局部调试,然后再进行整体调试;如果控制程序较复杂,则可先进行分段调试,然后再进行整体调试。调试中发现的问题要逐一排除,直到调试成功。

9. 编制技术文件

控制系统的技术文件包括功能说明书、电气原理图、电器布置图、电器元件明细表、PLC 程序等。功能说明书是在对控制功能分解的基础上对各子功能进行分析,各部分必须具备的功能、实现的方法和所要求的输入条件及输出结果,以书面形式描述出来。

10. 交付使用

应用系统设计完毕,经验收合格,控制系统连同相关技术文件一并移交用户使用。

7.2 应用程序设计方法

1. 应用程序设计的基本内容

PLC 程序设计的基本内容一般包括参数表的定义、I/O 分配、程序流程图的绘制、程序的编制、程序调试和程序使用说明 5 项内容。

2. 参数表的定义及 I/O 分配

参数表的定义包括输入信号、输出信号、中间标志位和存储单元的定义。

当选择了 PLC 后,首先需要确定的是系统中各 I/O 点的绝对地址。在西门子 S7 系列 PLC 中,I/O 绝对地址的分配方式共有固定地址型、自动分配型、用户定义型 3 种。实际所使用的方式取决于所采用的 PLC 的 CPU 型号、编程软件、编程人员的选择等因素。

3. 梯形图的功能图设计

功能图,又称状态流程图或状态转移图,是一种专用于工业顺序控制设计的功能语言,是一种能够完整地描述控制系统的工作过程、功能和特性的图形分析方法,是分析和设计电气控制系统的重要工具。PLC 功能图由状态、转换、转换条件和动作说明 4 个部分组成。功能图的基本特点是各程序语句按顺序执行,当上一程序语句执行结束,转换条件成立时,立即转换至下一程序语句。

在 PLC 控制系统中,程序设计是关键环节,它以生产工艺要求和现场信号与 PLC 编程元件的对照表为依据,根据程序设计思想,绘制出程序功能图;然后以编程指令为基础,画出梯形图程序,编写程序注释。

7.3 触摸屏 Smart 1000

7.3.1 触摸屏 Smart 1000 的产生

20 世纪 60 年代末,PLC 的出现使工业控制向前迈进了一大步,随着 PLC 的应用和发展,工程师们渐渐发现:仅仅用开关、按钮和指示灯来控制 PLC 并不能完全发挥 PLC 的潜在功能。为了实现更高层次的工业自动化,人们开始研发一种新的控制界面,即触摸屏。触摸屏集成了液晶显示屏、触摸面板、控制单元及数据存储单元,并且可以在显示屏上模拟开关、按钮和指示灯。它可以基本代替那些电器元件,从而使工业控制再次向前迈进了一步,操作工人得以面对更加友好的操作界面。

传统工业控制系统一般使用按钮、指示灯来操作和监视系统,但很难实现系统工艺参数的现场设置和修改,也不方便对整个系统的集中监控。触摸屏的主要功能就是取代传统的控制面板和显示仪表,通过控制单元(如 PLC)通信,实现人与控制系统的信息交换,更方便地实现对整个系统的操作和监视。由于触摸屏具有操作简便、界面美观、人机交互好等优点,所以其在控制领域得到了广泛的应用。

人机界面已经成为大多数工业机械设备的标准配置,尤其在使用小型机器和简单应用时,成本成了关键因素。西门子公司顺应市场需求推出的全 SIMATIC 精彩系列面板(Smart Line),准确地提供了人机界面的标准功能,经济实用,性价比高。

7.3.2 触摸屏 Smart 1000 的特点

SIMATIC 精彩系列面板采用全新的高分辨率、16∶9宽屏液晶显示,以及先进的工业设计理念,使设备操作变得更加轻松快捷,从而引领人机界面产品进入高分辨率宽屏显示时代。

西门子公司一同推出两款——Smart 700/Smart 1000,如图 7-2 所示,分别是 7 英寸和 10 英寸屏幕。两款为高分辨率的宽屏,具有更快的处理器,可以提高通信速率和画面处理能力,还可以与 S7-200 SMART PLC 无缝连接。除此之外,其还可以与其他型号的 PLC 通信,例如三菱、OMRON 等。

1. 先进的生产失效故障模式分析

潜在的缺陷及故障分析模型贯穿从产品研发到生产的每个环节,最大限度地确保产品的可靠性;成熟的生产流程及完善的质量控制体系确保了产品质量。

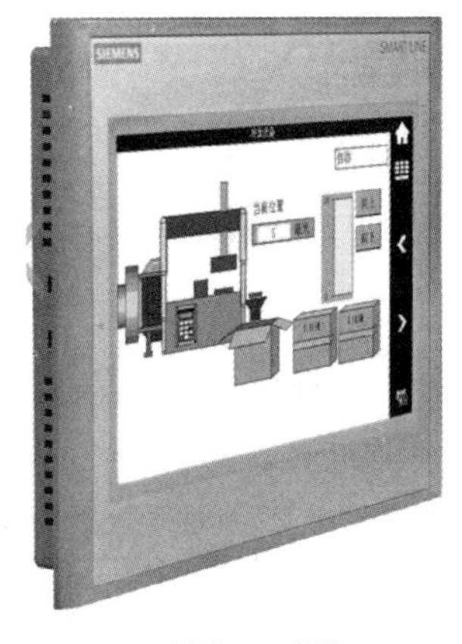

(a) Smart 700

(b) Smart 1000

图 7-2 触摸屏 Smart 700/Smart 1000

2. 先进的工业设计理念

独特的边框倒角设计使操作屏的外观更具流线型,给人以舒适感;淡雅清新的绿色边框设计,给人以视觉上的舒适感,缓解操作员的视觉疲劳;使用符合 UL 标准的 PC+ABS 合金材料,耐高温、抗腐蚀,特别适用于工业现场的应用环境。

3. 可靠的电源设计

内置的 24 V 电子自恢复反接保护可以避免因误接线而导致的产品损坏。

4. 软件特点

对监控画面的组态首先需要用计算机上运行的组态软件对人机界面组态,触摸屏 Smart 1000 的编程软件是 WinCC flexible 2008。使用组态软件,可以很容易地生成满足用户要求的人机界面,用文字或图形动态地显示 PLC 中位变量的状态和数字量的数值;用各种输入方式,将操作人员的位变量命令和数字设定值传送到 PLC。画面的生成是可视化的,一般不需要用户编程,组态软件的使用简单方便,易于掌握。

西门子公司的 WinCC(Windows Control Center,视窗控制中心)集成了 SCADA、组态、脚本语言和 OPC 等先进技术,为用户提供了 Windows 操作系统环境下使用各种通用软件的功能。作为精彩系列面板的组态软件,WinCC flexible 2008 简单直观、功能强大、应用灵活且智能高效,非常适合机械设备或生产线中人机界面的应用。WinCC flexible 2008 软件包括一系列执行各种组态任务的编辑器和工具,可使用多种便捷的功能来组态显示画面,例如缩放、旋转和对齐等功能。在 WinCC flexible 2008 中,可根据需要设置自己的工作环境。在组态工程时,组态任务对应的工作窗口会出现在显示器上,包括:

① 项目窗口:显示项目结构(项目树),进行项目管理;

② 工具箱窗口:包含丰富的对象库;

③ 对象窗口:显示已创建对象,并可以通过拖放操作将其复制到画面中;

④ 工作区:编辑、组态画面和对象;

⑤ 属性窗口:编辑从工作区域中选取的对象属性。

5. 变量管理

拥有独特的变量管理器,可以集中管理项目中的所有变量,使得查阅、检索变量更方便;可使用变量名称来标识 PLC 变量;通过拖放操作、批量创建名称、类型及地址满足一定关系的变量;可以快速修改多个变量的类型、地址或名称等属性。

7.3.3 触摸屏 Smart 1000 的组态软件

1. WinCC flexible 2008 用户界面

(1) 用户界面概述

图 7-3 所示为用户界面,下面将对该界面进行详细阐述。

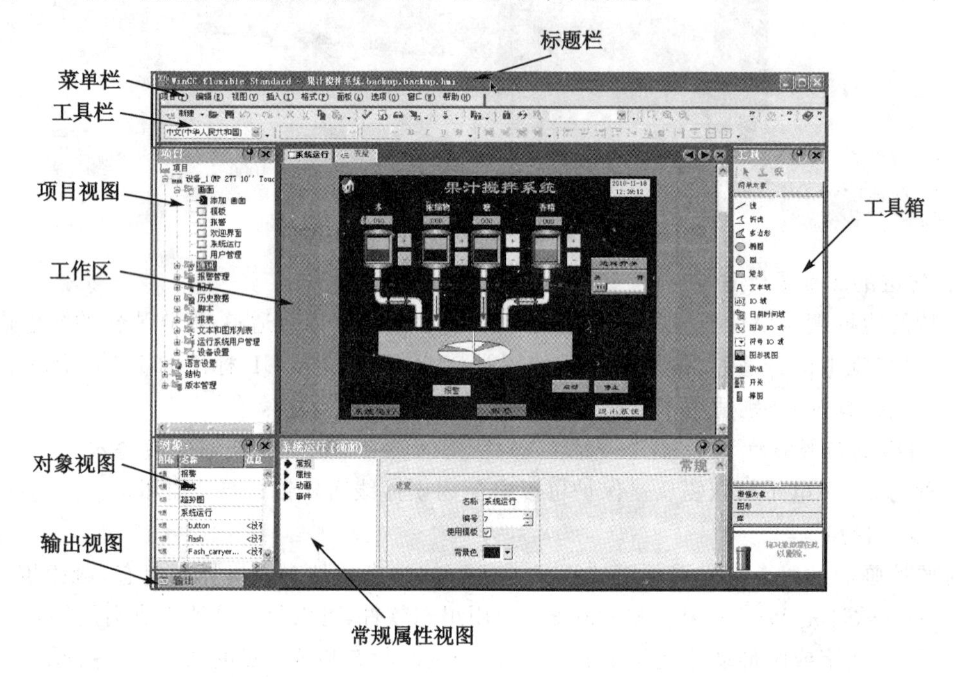

图 7-3 用户界面

① 标题栏:用于显示软件名称和当前打开的项目名称,当前项目的名称是“果汁搅拌系统”。

② 菜单栏:包括工作中使用的所有命令。

③ 工具栏:提供常用命令的快捷按钮,例如新建、打开、保存项目、编译、启动运行系统和传送等。

④ 项目视图:项目编辑的核心部分,包含可以组态的所有元件,用于创建和打开要编辑的对象。注意:项目中显示的元件与所选择的 HMI 设备有关,只有所选的 HMI 设备支持的元件和功能才能在项目视图中出现。

⑤ 工作区:用于编辑项目数据,可以是图形形式的项目数据,如过程画面;也可以是表格形式的项目数据,如变量。

⑥ 常规属性视图:用于设置在工作区中选中对象的属性,该视图的内容一般在工作区的下方。

⑦ 工具箱:包含过程画面中经常使用的各种类型的对象(含简单对象和增强对象)。工具箱中可以使用的对象与所选择的 HMI 设备型号有关。工具栏中有库的选择,库是用于存储常用对象的中央数据库,只需对库中存储的对象组态一次,以后便可以多次重复使用,从而提高编程效率。

⑧ 对象视图：用来显示在项目视图中指定的某些文件夹或编辑器中的内容，例如变量或画面的列表。

⑨ 输出视图：用来显示在项目投入运行之前，自动生成的系统报警信息，例如组态中存在的错误以及编译错误等。

(2) 用户界面操作

WinCC flexible 2008 软件允许用户自定义窗口和工具栏的布局，可以隐藏某些窗口以及扩大工作区。单击常规属性视图右上角的图钉按钮(见图 7-4)，按钮中操作杆的方向就会发生变化，当位于垂直方向时，常规属性视图不会隐藏；当位于水平方向时，单击视图之外的区域，该视图会被隐藏，同时在屏幕的左下角出现相应的图标，将鼠标放在图标上，将会重新出现视图，对象视图和输出视图与此类似。单击该视图右上角的关闭按钮，可将其关闭；选择“视图”→“属性”菜单项，该视图将会重新出现，操作过程如图 7-5 所示。选择“视图”→“重新设置布局”菜单项，窗口的排列将会恢复到生成项目时的初始状态。

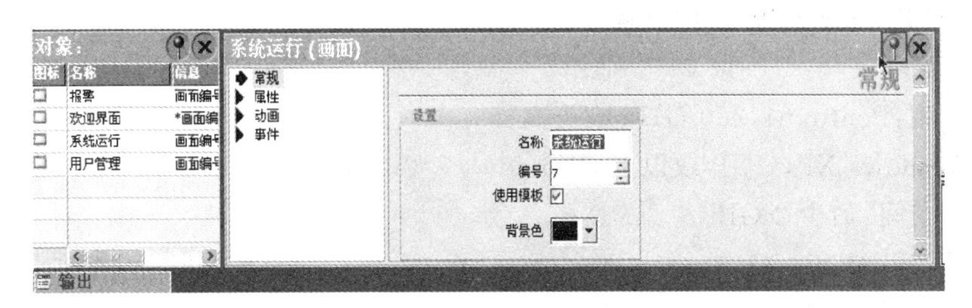

图 7-4　图钉按钮

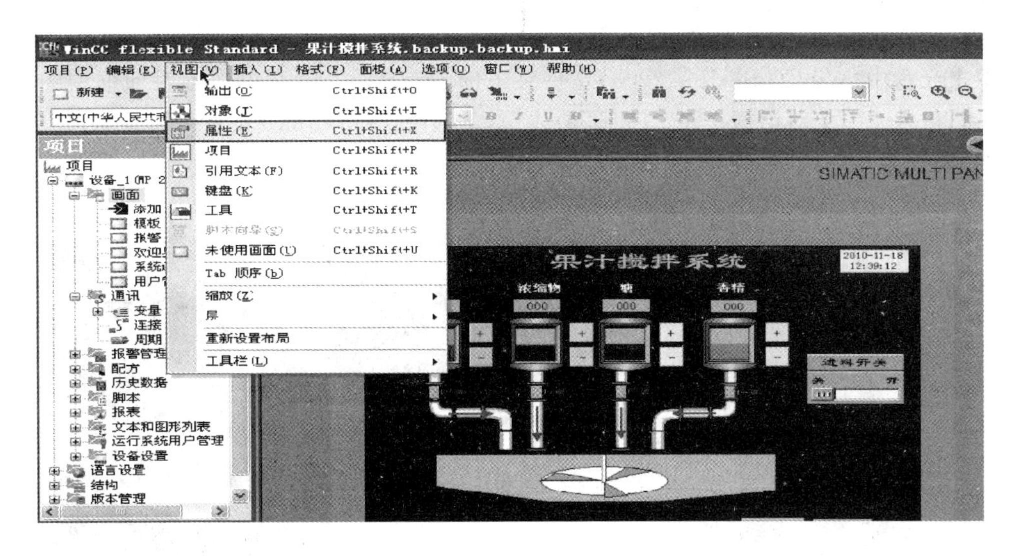

图 7-5　选择“视图”→“属性”菜单项

(3) 用户界面设置

选择“选项”→“设置”菜单项，如图 7-6 所示，在打开的对话框中可以设置 WinCC flexible 2008 的组态界面。其中，最重要的设置是用户界面的语言，如果需用其他语言，则可以再次切换语言。单击项目视图中的“语言设置”，在弹出的“项目语言”对话框中可以选择要切换的语言。

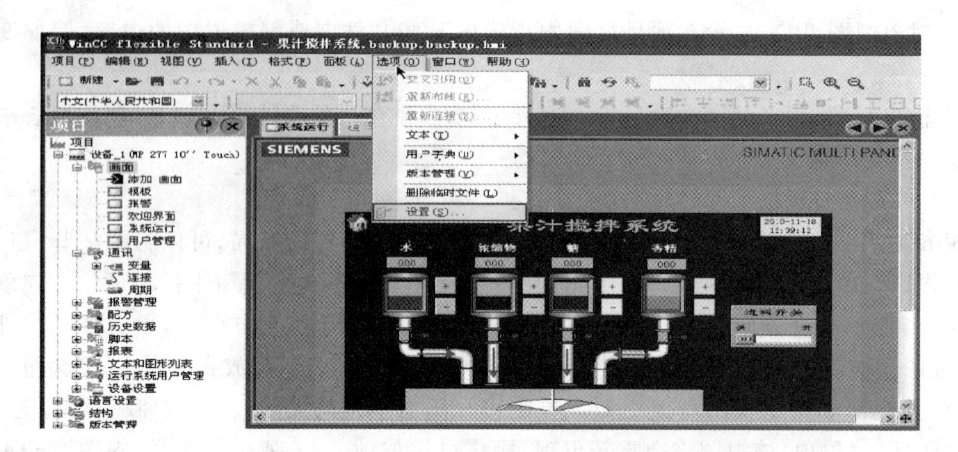

图 7-6　选择“选项”→“设置”菜单项

2. WinCC flexible 2008 软件安装

(1) 安装要求

处理器类型：Pentium4，2.0 GHz 或更高。

RAM：Windows XP，1 GB 或以上；Windows 7，2 GB 或以上。

可用硬盘空间：最少 2 GB。

操作系统：Windows XP professional SP3、Windows 7 professional(32 位)、Windows 7 Ultimate/Enterprise(32 位)。

显卡：32 MB RAM。

(2) 安装 WinCC flexible 2008

双击光盘中“WinCC flexible 2008”文件夹下的 setup. exe，然后单击各对话框中的“下一步”按钮，进入下一个对话框。在“许可证协议”对话框中选中“我接受上述许可证协议”单选按钮。在“要安装的程序”对话框(见图 7-7)中确认要安装的软件(用“√”表示)，若选中“自定

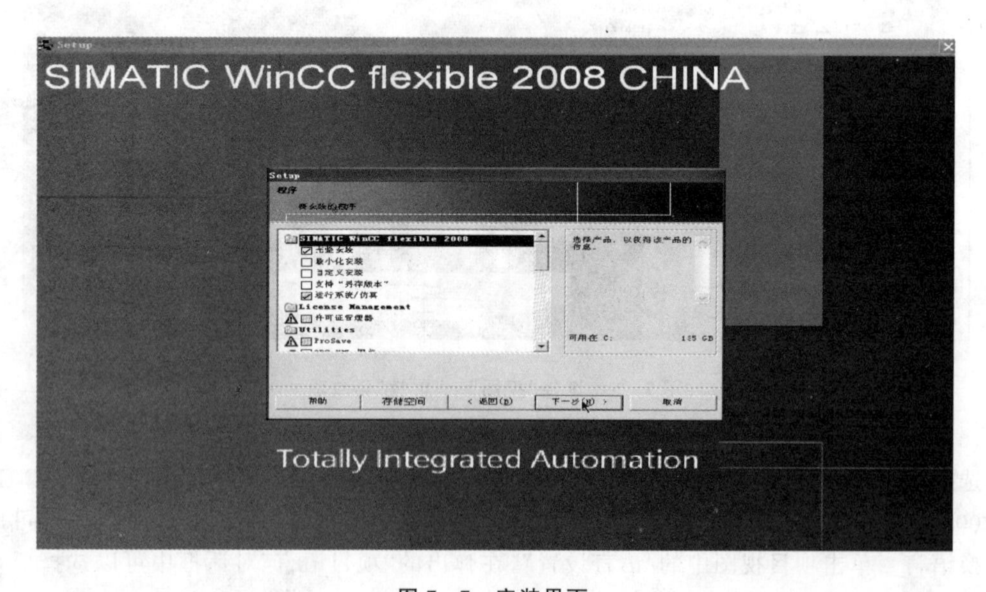

图 7-7　安装界面

义安装”复选框，则可以更改安装的盘符或路径。安装过程自动完成，不需用户干预。安装完成后，出现的对话框将显示“安装程序已在计算机上成功安装了软件”，单击“完成”按钮，在弹出的对话框中可以选择立即重启计算机，也可以选择以后重启计算机。注意：在安装过程中最好关闭杀毒软件。

在安装 WinCC flexible 2008 时，可能会出现“Please restart Windows before installing new programs”（在安装程序前，请重新启动计算机）或者类似的信息，用户可以在“开始”中找到“运行”，在打开的“运行”对话框中输入“regedit”，打开注册表编辑器。选择注册表左边的“HKEY_LOCAL_MACHINE—System—Current Control Set—Control—Session Manager”文件夹，如果右边窗口中有条目“Pending File Rename Operation”，将其删除，则不用重新启动就可以安装软件了。此时需要注意西门子自动化软件的安装顺序，必须先安装 STEP 7，再安装上位机组态软件 WinCC flexible 2008。

3. 组态通信连接设置

计算机的主机、触摸屏和 S7－200 SMART PLC 的连接顺序是，先用一条标准的网线把计算机的主机与触摸屏连接（见图 7－8）起来，再用一条标准的 SIMATIC MPI 通信线或网线把触摸屏与 S7－200 SMART PLC 连接起来，如图 7－9 所示。

图 7－8　计算机的主机与触摸屏连接

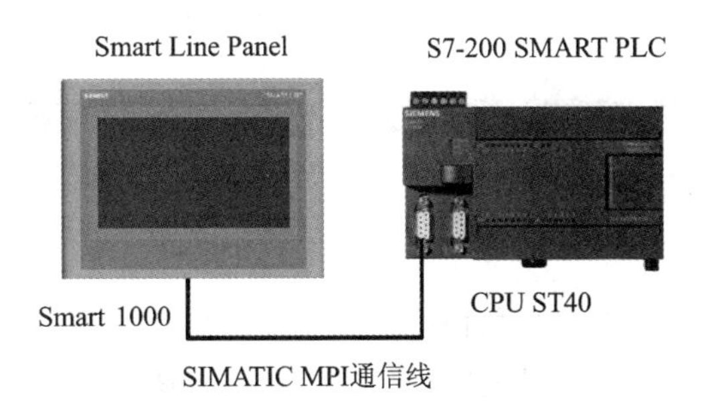

图 7－9　触摸屏与 S7－200 SMART PLC 连接

网线的作用是将计算机中的 WinCC flexible 组态项目下载至触摸屏中。SIMATIC MPI 通信线的作用是，运行项目时，触摸屏与 PLC 通过它进行数据通信。下面将重点介绍通信连接。

（1）与 PLC 的通信连接

打开 STEP 7 软件，选择 CPU 类型为 CPU ST40。在菜单中选择系统块，打开系统块参数设置对话框，在通信端口选项中设置 RS－485 端口的地址为 2，波特率选择 187.5 kb/s，用于实现通信端口与 Smart 1000 的通信。在以太网下选中 IP，设置通信的 IP 地址。单击“保存”按钮将项目存储到固定的位置，继续单击“编译”，然后将项目下载到 PLC。

打开 WinCC flexible 2008 软件，创建一个新项目，在设备类型 Smart Line 下选择“Smart 1000”。建立通信连接，双击“项目”中“通讯”下的“连接”，打开连接编辑器，双击第一行，自动新建一个名为“连接_1”的连接，将其名称更改为“CPU ST40”，“通讯驱动程序”选择“SIMATIC S7 200”。在下方的“参数”选项卡中的“接口”下拉列表框中选择“IF1B”，选择“波特率”为“187500”，PLC 的地址为“2”。注意：这里的设备要和 PLC 的通信端口设置一致。在“网络”选项组中的“配置文”下拉列表框中选择 MPI，其他设置不变。这样连接的建立和设置就完成了，如图 7－10 所示。

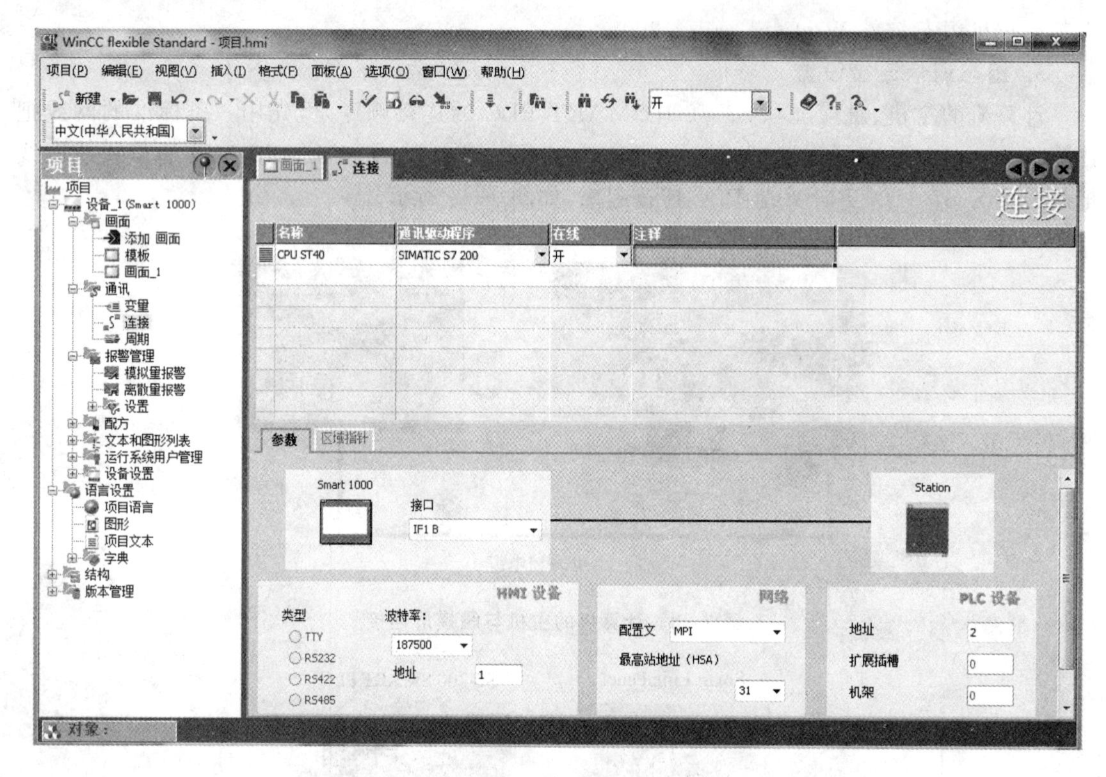

图 7－10 WinCC flexible 通信的设置

(2) 计算机通信的设置

右击桌面的“网上邻居”，在弹出的快捷菜单中选择“属性”；右击已经连接上的连接，在弹出的快捷菜单中选择“属性”；在打开的“本地连接属性”对话框中的“此连接使用下列项目”列表框中选中“Internet 协议版本 6(TCP/IPv6)”复选框，如图 7－11 所示。双击“Internet 协议版本 6(TCP/IPv6)”，打开如图 7－12 所示的对话框，选中“使用以下 IPv6 地址”单选按钮，在“IPv6 地址”文本框中输入“192.168.0.1”。

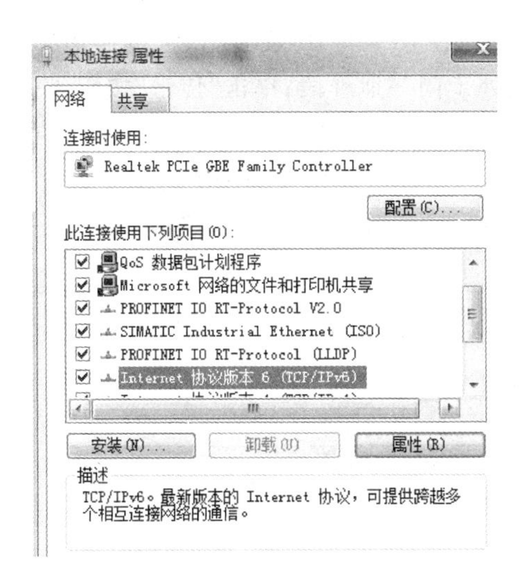

图 7-11　选中"Internet 协议版本 6(TCP/IPv6)"复选框

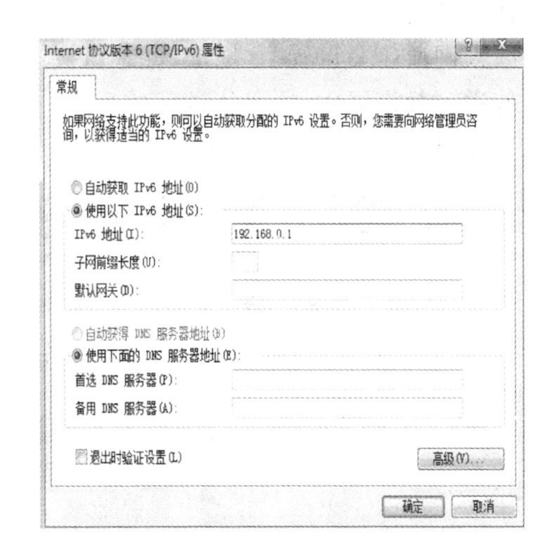

图 7-12　修改 IP 地址

(3) 与触摸屏的通信连接

根据 HMI 设备的型号，可以采用下列传送模式：

① 串行接口或 USB：通过连接组态计算机和 HMI 设备的串行通信电缆或 USB 电缆进行传送。

② MPI/PROFIBUS-DP：组态计算机和 HMI 设备位于同一个 MPI 网络或 PROFIBUS-DP 网络中，使用需要的协议进行传送操作。PC 上需要安装 CP(通信处理器)卡。

③ 以太网连接：组态计算机和 HMI 设备位于同一个以太网网络中，或者以点对点方式连接，通过以太网连接进行传送。

④ HTTP：使用 HTTP 进行传送操作，例如通过 Internet 传送。

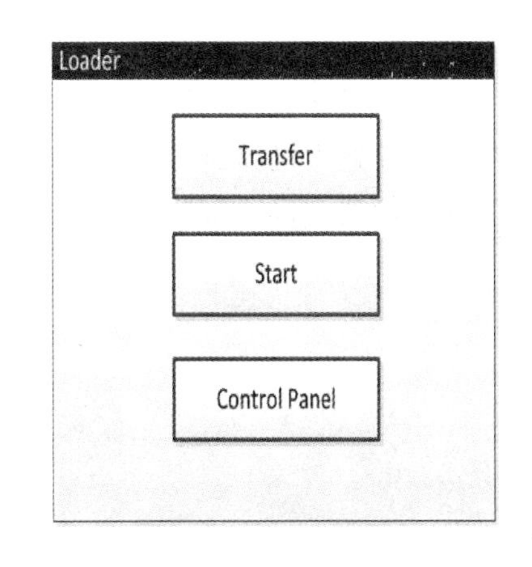

图 7-13　触摸屏操作界面

下面将组态计算机和 Smart 1000 通过 USB/PPI 电缆连接，以串行接口方式将项目下载传送到 Smart 1000，然后对触摸屏 Smart 1000 通电。当触摸屏通电后会自动执行装载程序，操作界面如图 7-13 所示。单击 Control Panel 按钮打开控制面板，双击控制面板中的 Transfer 打开传送设置的对话框。在 Channel 1 中选择 Enable Channel，启用该数据通道，表示 HMI 设备通过 PC/PPI 电缆与组态计算机进行连接。在 Channel 2 中选择 Ethernet，也就是选择计算机与触摸屏连接通信的方式是以太网。设置完成后回到开始的操作界面，单击 Network 按钮，进行网络设置，选择 specify an IP address 进行地址设置，IP 地址栏中的地址是计算机与触摸屏通信的 IP 地址，修改为"192.168.0.2"。单击 OK 按钮确认并保存设置。返回装载程序，单击 Transfer 按钮，使 HMI 设备进入等待传送状态。

在 WinCC flexible 中启动传送，在工具栏中单击"传送"按钮，如图 7-14 所示。打开"选择设备进行传送”对话框(见图7-15),“模式”选择“USB/PPI电缆”或者“以太网通信”,但是以太网通信要设置IP地址,此地址要与触摸屏地址处于同一地址段;单击“传送”按钮,将程序传送到触摸屏中;项目传送完成后,自动在Smart 1000中运行。在画面中可以看到数值显示为0,表示通信成功;如果数值显示为#,则表示通信失败,此时需检查相关的通信参数设置。

图7-14 “传送”按钮

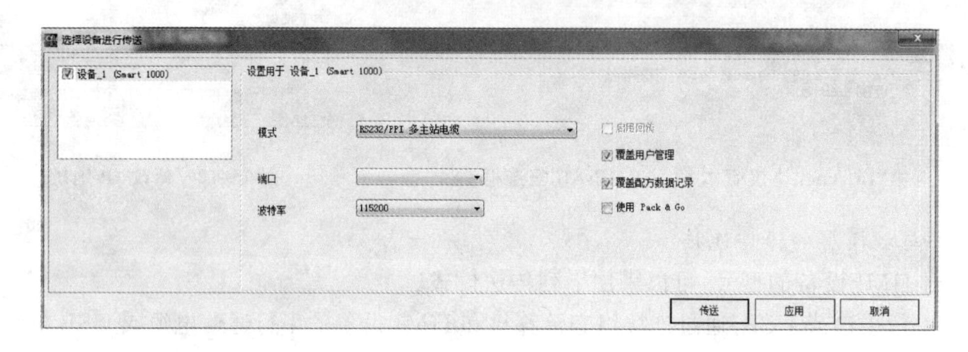

图7-15 传送设置

习 题

7-1 简述PLC系统设计的内容和原则。

7-2 简述组态通信连接。

7-3 WinCC flexible 2008用户界面由哪些部分组成?

7-4 触摸屏有什么优点?

7-5 简述人机界面的工作原理。

7-6 简述Smart 700与Smart 1000的区别。

第 8 章 其他可编程控制器的介绍

为了使学生尽可能多地了解不同可编程控制器之间的差异，本章将对其他 5 种可编程控制器进行介绍，分别是 OMRON C 系列 200H、松下电工 FP－1 系列、三菱 FX2 系列、SIMATIC S7－300/S7－400 系列、GE-FANUC 系列 Micro/90－30/90－70 PLC，主要从系统构成、指令系统、编程软件等方面进行阐述。

8.1 OMRON 可编程控制器

8.1.1 OMRON 可编程控制器概述

OMRON 可编程控制器有多种机型，代表性的产品为 C 系列机型。C 系列小型 PLC 一般做成整体式结构，中、大型 PLC 通常做成模块式结构。C 系列 PLC 可外接多种智能设备，如 ASCH/BASIC 模块、CRT 终端、键盘、打印机等设备，也可接入局域网，还可与其他厂家的 PLC 或计算机进行数据通信；C 系列 PLC 有各种 I/O 模块，如光纤 I/O 模块，该模块自带少量的 I/O 点，不安装在机架上，分散在生产现场，通过 OMRON 公司的 I/O 网络与主机通信；C 系列 PLC 还提供超高速的扫描时基、100 多条指令，用于数据处理、控制程序流程等。OMRON 部分 PLC 的主要规格如表 8－1 所列。

表 8－1 OMRON 部分 PLC 的主要规格

<table>
<tr><th>型 号</th><th>最大 I/O
（含扩展）</th><th>程序容量
（指令行数）</th><th>数据存储容量/W</th><th>指令数</th><th>基本指令
执行时间/μs</th></tr>
<tr><td>SP10</td><td>10</td><td>100</td><td rowspan="3">—</td><td>34</td><td rowspan="3">0.2～0.72</td></tr>
<tr><td>SP16</td><td>16</td><td rowspan="2">250</td><td rowspan="2">38</td></tr>
<tr><td>SP20</td><td>20</td></tr>
<tr><td>CP20</td><td>140</td><td>1194</td><td>—</td><td>27</td><td>4～80</td></tr>
<tr><td>C20P</td><td>140</td><td rowspan="4">1194</td><td rowspan="4">64</td><td rowspan="4">37</td><td rowspan="4">4～95</td></tr>
<tr><td>C28P</td><td>148</td></tr>
<tr><td>C40P</td><td>128</td></tr>
<tr><td>C60P</td><td>148</td></tr>
<tr><td>C20H</td><td>140</td><td rowspan="4">2878</td><td rowspan="4">2000</td><td rowspan="4">130</td><td rowspan="4">0.75～2.25</td></tr>
<tr><td>C28H</td><td>148</td></tr>
<tr><td>C40H</td><td>160</td></tr>
<tr><td>C60H</td><td>240</td></tr>
<tr><td>C200H</td><td>480(1792)①</td><td>6.6K</td><td>2000</td><td>145</td><td>0.75～2.25</td></tr>
<tr><td>C500</td><td>512</td><td>6.6K</td><td>512</td><td>71</td><td>3～83</td></tr>
<tr><td>C1000H</td><td>1024(2048)②</td><td>30.8K</td><td>4096</td><td>174</td><td>0.4～2.4</td></tr>
<tr><td>C2000H</td><td>2048</td><td>30.8K</td><td>6656</td><td>174</td><td>0.4～2.4</td></tr>
<tr><td>CQM1</td><td>192</td><td>4～8K</td><td>6144～6656</td><td>118</td><td>0.5</td></tr>
</table>

注：①具有远程 I/O 系统；②1000 个字读/写，1000 个字只读。

C 系列 PLC 的编程方式有在线编程和离线编程两种，同时用户程序可加注释；C 系列小型 PLC 的编程软件安装在其内部，中、大型 PLC 的编程软件安装于某存储单元上，操作不需支持软件，只需调用菜单即可。

C 系列 PLC 产品可分为：一般型、K 型（组装型）、P 型（增强型）和 H 型（主功能型），其中 H 型为 C 系列 PLC 的精品。本节重点介绍 C200H PLC。

8.1.2 C200H PLC 的系统结构

1. 系统的基本配置

C200H PLC 是 OMRON 公司开发的中型机，系统采用模块式结构，在机架上插入相关模块，由 CPU 机架串接扩展 I/O 模块。

图 8-1 所示是 C200H PLC 的系统结构，它包括 CPU 单元、存储器单元、I/O 模块和编程器等。

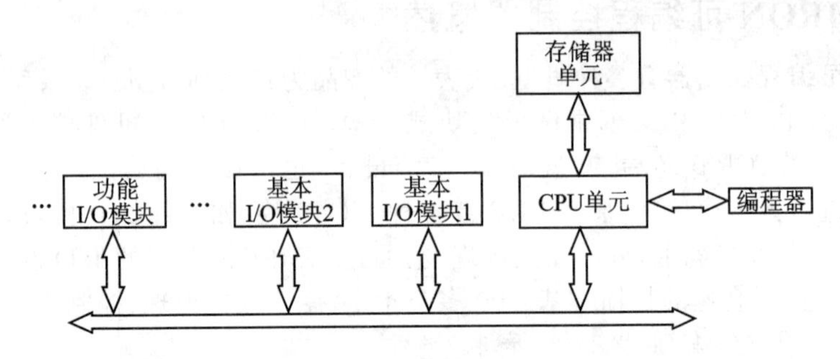

图 8-1 C200H PLC 的系统结构框图

(1) CPU 单元

CPU 单元是 C200H PLC 系统的主模块，其由电源、CPU、存储器和总线接口等组成。C200H PLC 的 CPU 采用 M6800 系列 68 B09 CPU 芯片，是增强型 8 位通用微处理器，具有丰富的指令系统和多种寻址方式。

(2) 存储器单元

C200H PLC 存储器单元分为系统存储器和用户存储器，其中，系统存储器分为系统程序存储器和系统数据存储器，用户存储器分为用户程序存储器和用户数据存储器。存储器的内存容量有 4 KW 和 8 KW 两种。几种存储器技术数据如表 8-2 所列。

表 8-2 C200H PLC 存储器技术数据

名　称	型　号	容　量
RAM 型存储器单元(电池)	C200H-MR431	1 KW DM,3 KW UM
	C200H-MR831	1 KW DM,7 KW UM
RAM 型存储器单元(电容)	C200H-MR432	1 KW DM,3 KW UM
	C200H-MR832	1 KW DM,7 KW UM
EPROM 型存储器单元	C200H-MR831	1 KW DM,7 KW UM
EEPROM 型存储器单元	C200H-MR431	1 KW DM,3 KW UM
	C200H-MR831	1 KW DM,7 KW UM

注：DM 为用户数据存储器，UM 为用户程序存储器。

电池式 RAM，在 25 ℃时新电池可保持 5 年；电容式 RAM，在 25 ℃时断电后可保持 20 天。存储器单元侧面有两个开关，SW－1 是写入/保护开关，SW－2 是初始状态设定开关。

(3) I/O 模块

所有 I/O 模块均通过标准的系统总线(SYSBUS)与主机单元连接。基本 I/O 模块的地址由所在的槽位决定，功能 I/O 模块的地址由单元面板上的开关设定。

2. I/O 地址分配

C200H PLC 的 I/O 点的地址是由它在母板上的安装位置决定的，并且利用编程器以 I/O 登记表的形式写入，以备操作时使用。I/O 地址的每一位都对应 I/O 模块的一个点，16 位是一个通道，I/O 以通道为单位。通道号用 2～4 位十进制数表示。光纤 I/O 模块按半个通道计算(即 8 个 I/O 点)。C200H PLC 的 I/O 点数的分配如表 8－3 所列。

表 8－3　C200H PLC 的 I/O 点数的分配表

名　称	占用点数	通道范围	区　域
本地 I/O 模块	480 点	000～029	I/O
远程 I/O 模块	800 点	050～099	IR
特殊 I/O 模块	1 600 点	100～199/DM10～DM19	IR/DM
光纤 I/O 模块	512 点	200～231	IR

注：①特殊 I/O 模块包括智能 I/O 模块；

②远程 I/O 模块包括远程 I/O 从控模块所带的所有一般型 I/O 模块；

③光纤 I/O 模块包括 I/O 链接模块和远程端子。

3. C200H PLC 内部数据区的分配

C200H PLC 系统数据区分为 9 大类，分别为 I/O 继电器区、内部辅助继电器区、专用继电器区、暂存继电器区、保持继电器区、辅助存储继电器区、链接继电器区、定时器/计数器区和数据存储器区。C200H PLC 各继电器区的名称及通道号如表 8－4 所列。

表 8－4　C200H PLC 各继电器区的名称及通道号

区域名称	通道号	区域名称	通道号
I/O 继电器	000～029	辅助存储继电器(AR)	AR00～AR27
内部辅助继电器(IR)	030～250	链接继电器(LR)	LR00～LR63
专用继电器(SR)	251～255	定时器/计数器(TC)	TC000～TC511
暂存继电器(TR)	TR0～TR7	数据存储器(DM)	DM0000～DM0999 读/写
保持继电器(HR)	HR00～HR99		DM1000～DM1999 只读

(1) I/O 继电器区

I/O 继电器区是为系统配置 I/O 卡准备的映像区，与 I/O 端子对应，可以混合使用。C200H PLC I/O 继电器区共有 30 个通道(存储单元)，寻址范围为通道号 000～029。

(2) 内部辅助继电器区

内部辅助继电器区用作数据处理区，控制其他位、计时器和计数器，寻址范围为通道号 030～250，继电器位寻址编号为 03000～25015(每个通道 16 位)。内部辅助继电器可作为中间继电器使用，也可供特殊单元使用，其中，通道 050～231 可作为远程 I/O 单元的输入/输出继电器区。

(3) 专用继电器区

专用继电器区用于监测PLC系统的工作状态、产生的时钟脉冲、产生的错误信号等,寻址范围为通道号251~255。SR除个别作备用外,其余的都有特殊应用。SR区既可以通道形式访问,也可以位形式访问。

(4) 暂存继电器区

暂存继电器区只包含8位,寻址范围为TR0~TR7,用于由多个节点组成的输出分支电路,每个分支点上都要用暂存继电器来保存当前分支点上的逻辑状态。在同一段程序中不能使用同一个TR位。

(5) 保持继电器区

保持继电器区用于各种数据的存储和操作,有100个通道,通道号为HR00~HR99,既可以通道形式访问,也可以位形式访问。

(6) 辅助存储继电器区

辅助存储继电器区可掉电保持(有电池支持),有28个通道,寻址范围为通道号AR00~AR27。其中,AR00~AR06用于通信时的监控和显示,AR07~AR22与保持继电器功能相同,AR23~AR27用于系统运行时的监控。

(7) 链接继电器区

链接继电器区用于系统数据通信,是PLC之间交换数据的存储区,有64个通道,寻址范围为通道号LR00~LR63。

(8) 定时器/计数器区

TC区是TIM、TIMH(FUN15)、CNT和CNTR(FUN12)指令用于存储定时器和计数器数据的唯一数据区。TC区为用户提供了512个定时器或计数器,只能以通道的形式访问,用于存储定时器或计数器(TIM/CNT)的设定值(SV)和当前值(PV)。TIM/CNT号为3位数字,为了区分定时器和计数器,在3位数的TC号前加前缀“TIM”或“CNT”。

(9) 数据存储器区

DM区用于存储数据,由电池或电容支持,可掉电保持,只能以通道形式访问,寻址范围为通道号DM0000~DM1999。其中,DM0000~DM0999为读/写区,DM1000~DM1999为只读区。

8.1.3 C200H PLC的指令系统

1. 编程语言

C200H PLC主要有梯形图和语句表两种编程语言。

语句表指令格式为:序号 指令码 操作数。

其中:序号,又称地址号,表示该语句在程序中的位置;指令码,是对应功能的指令助记符;操作数,是存放操作数的存储器位地址,即目标对应的继电器地址码。

2. 寻址方式

(1) 直接寻址

指令中的操作数是存放在存储器中某一位的数据。存储器由若干个通道组成,每个通道有16位,每位称为一个软继电器。在指令格式中,当操作数为软继电器的地址时,称为直接寻址。

（2）间接寻址

数据存储器区的数据方位可采用间接寻址方式，用 *DM 表示将 DM 的内容作为操作的实际地址。

（3）立即寻址

操作数还可以采用立即数寻址。当立即数作为操作数时，需要在立即数前面加上“#”号，以便与继电器号区别。

3. 指令系统

C200H PLC 有 145 条指令，每条占 1～4 字。基本指令有 12 条，在编程器上有基本指令相对应的键，可以将其直接输入；其他指令都有一个功能码与之对应，在编程时按 FUN 键后，输入功能码就可输入相应指令。

C200H PLC 具有专用的微分指令(在指令执行条件由 OFF 变为 ON 后的第一次扫描中执行该指令，并且只执行一次)，用指令名字前加@来表示。输入方法是，先按 FUN 键，再按功能键码，最后按 NOT 键。

8.1.4　C200H PLC 的编程软件 CX-ONE 3.0

CX-ONE 3.0 是基于 Windows XP 或 Windows 7 进行梯形图程序编制的工具，支持梯形图和语句表两种语言。

该软件适用于超小型的编程控制器 CPMA 和大型可编程控制器 CVMI/CV 系列，并具有对 PLC I/O 存储器编辑、检索、置换、调整和监视等功能。

8.2　松下电工 FP－1 系列可编程控制器

FP－1 系列可编程控制器是日本松下电工公司生产的小型 PLC 产品，功能强，性价比较高。

8.2.1　FP－1 系列产品的构成

FP－1 系列 PLC 有 C14～C72 等型号，字母 C 后面的数字表示该型号可编程控制器的输入与输出点数之和。例如，C24 表示 I/O 点数之和为 24，其中，输入点 16 个，输出点 8 个。

1. FP－1 系列 PLC 的构成特点

FP－1 系列 PLC 的构成特点如下：

◇ 具有高速计数功能，能够同时输入两路计数脉冲(最大脉冲频率可达 10 kHz)；

◇ 具有高速脉冲输出功能，能够输出频率可调脉冲信号；

◇ 具有 8 个中断源的中断优先管理功能；

◇ 主机单元的 RS－232C 接口能实现 PLC 和计算机之间的通信；

◇ E8－E40 系列 I/O 扩展单元模块可以将 I/O 点数最多扩展至 152 点；

◇ A/D、D/A 智能单元模块可以测量和控制模拟量；

◇ I/O 链接单元可以进行从站 PLC 与主站 PLC 的数据通信，实现一台主机对多台从机的控制。

2. FP－1 系列 PLC 的控制特性

可编程控制器的功能在很大程度上取决于它的技术性能，FP－1 系列 PLC 具有较为完备的技术性能。FP－1 系列 PLC 的控制特性如表 8－5 所列。

表 8－5　FP－1 系列 PLC 的控制特性

型　号	C14	C16	C24	C40	C56	C72
I/O 点数	8/6	8/8	16/8	24/16	32/24	40/32
最大 I/O 点数	54	56	104	120	136	152
运行速度	16 微秒/步：基本指令					
程序容量(W)	900 步		2720 步		5000 步	
存储器类型	EEPROM		RAM(备份电池)和 EPROM/EEPROM			
指令数	126		191		192	
内部继电器(R)	256 点		1008 点			
特殊内部继电器(R)	64 点					
定时器/计数器(TC)	128 点		144 点			
数据寄存器(DT)	256 W		1660 W		6144 W	
系统寄存器	70 W					
索引寄存器(LX,IY)	2 W					
主控寄存器 MC(MCE)	16 点		32 点			
跳转标记 LBL 数	32 点		64 点			
步梯级数	64 级		128 级			
子程序数	8 个		16 个			
中断数	无		9 个			
输入滤波时间	1～128 ms					
自诊断功能	看门狗定时器、电池检测、程序检测等					

8.2.2　地址分配及特殊功能

1. I/O 地址分配

FP－1 系列 PLC 的 I/O 地址分配情况详见表 8－6。X 为输入继电器，直接与输入端子传递信息；Y 为输出继电器，向输出端子传递信息。X 和 Y 是按位寻址的，而 WX 和 WY 是按字寻址的。编程时注意，有的指令只对位寻址，而有的指令只对字寻址。

表 8－6　FP－1 系列 PLC 的 I/O 分配表

单元类型	输入继电器		输出继电器
主机单元	C14	X0～X7	Y0～Y4，Y7
	C16	X0～X7	Y0～Y7
	C24	X0～XF	Y0～Y7
	C40	X0～XF，X10～X17	Y0～YF
	C72	X0～XF，X10～X1F，X20～X27	Y0～YF，Y10～Y1F

续表 8-6

单元类型	输入继电器		输入继电器	输出继电器
扩展单元 (1#/2#)	E8(入)		X30～X37/X50～X57	—
	E8(出/入)		X30～X37/X50～X53	Y30～Y33/Y50～Y53
	E8(出)		—	Y30～Y37/Y50～Y57
	E16		X50～X57	Y50～Y57
	E24		X50～X5F	Y50～Y57
	E40		X50～X67	Y50～Y57
A/D 单元	通道 0		X90～X9F(WX9)	—
	通道 1		X100～X10F(WX10)	—
	通道 2		X110～X11F(WX11)	—
	通道 3		X120～X12F(WX12)	—
D/A 单元	0#	通道 0	—	Y90～Y9F(WY9)
		通道 1	—	Y100～Y10F(WY10)
	1#	通道 2	—	Y110～Y11F(WY11)
		通道 3	—	Y120～Y12F(WY12)

紧靠寄存器 X 的地址可以是两位,也可以是一位,甚至可以隐藏,但最后一位的位地址不能隐藏。

2. 内部继电器

FP-1 系列 PLC 的内部继电器的符号、功能及地址编号如表 8-7 所列。

表 8-7　FP-1 系列 PLC 的内部继电器一览表

继电器符号	功能名称	地址编号
R	内部通用继电器	R0～R62F
	内部特殊继电器	R9000～R903F
T	定时器	T0～T99
C	计数器	C100～C143
WR	通用字继电器	WR0～WR62
	专用字继电器	WR900～WR903
DT	通用数据寄存器	DT0～DT8999
	专用数据寄存器	DT9000～DT9069
SV	设定值存储器	SV0～SV143
EV	经过值存储器	EV0～EV143
IX,IY	索引寄存器	—
K	十进制常数寄存器	—
H	十六进制常数寄存器	—

3. FP-1 系列 PLC 的特殊功能

FP-1 系列 PLC 除具有算术逻辑运算和顺序控制等基本功能外,还具有脉冲输出功能

(仅适用于晶体管输出)、高速计数器功能(HSC)、可调输入延时滤波功能、脉冲捕捉功能、中断功能、手动拨盘式寄存器控制功能、通信功能等,其中,通信功能是指 FP-1 系列 PLC 具有同计算机、外围设备及 PLC 之间通信的功能。

8.2.3 FP-1 系列 PLC 的编程软件及指令系统

FP-1 系列 PLC 有两种编程方法:使用手持编程器编程;利用 NPST-GR(VER 3.1)中文软件在计算机上编程。

1. NPST-GR 编程软件

NPST-GR 编程软件提供了 3 种编程方式:梯形图(在计算机屏幕上直接画出梯形图)、语句表(用助记符编程和显示)、语句表梯形图(用助记符输入,以梯形图方式显示)。用户可任选一种方式,并可随时改变,且都能使用快捷键选择命令。

NPST-GR 编程软件除具有多种编程方法,完成编辑过程中的复制、删除、剪切和搜索功能外,还具有注释、监控、程序检查、文档打印、程序传送、数据管理等功能。

2. FP-1 系列 PLC 的指令系统

FP-1 系列 PLC 具有丰富的指令系统,指令多达 100 余条,其中,FP-1 C40 有 151 条指令。这些指令按功能可分为基本指令、功能指令和高级指令三大类。

8.3 三菱 FX 系列微型可编程控制器

F、F1、F2 系列可编程控制器是日本三菱公司推出的小型 PLC,采用整体式结构。FX2 系列属中型 PLC,采用模块式结构。本节将重点介绍 FX2 系列 PLC。

FX2 有一个 16 位微处理器和一个专用逻辑处理器,其执行速率为 0.74 微秒/步。

8.3.1 FX2 系列 PLC 的系统构成

1. FX2 系列 PLC 的基本构成

FX2 系列 PLC 由基本单元(Basic Unit)、扩展单元及特殊功能单元(Special Function Unit)构成。基本单元包括 CPU、存储器、输入/输出接口和电源,是 PLC 的主要部分;扩展单元(Expansion Unit)是用于增加选定功能的装置;特殊功能单元是一些具有特殊用途的装置。

FX2 系列 PLC 的基本单元及扩展单元的型号分别如表 8-8~表 8-10 所列。

表 8-8 基本单元型号规格

型号		输入点数(24 V DC)	输出点数	扩展模块最大 I/O 点数
继电器输出	晶体管输出			
FX2-16MR	FX2-16MT	8	8	16
FX2-24MR	FX2-24MT	12	12	16
FX2-32MR	FX2-32MT	16	16	16
FX2-48MR	FX2-48MT	24	24	32
FX2-64MR	FX2-64MT	32	32	32
FX2-80MR	FX2-80MT	40	40	32
FX2-128MR	FX2-128MT	64	64	—

表 8-9　扩展单元型号规格一

型　号	输入点数(24 V DC)	输出点数	扩展模块最大 I/O 点数
FX-32ER	16	16(继电器)	16
FX-48ER	24	24(继电器)	32
FX-48ET	24	24(继电器)	32

表 8-10　扩展单元型号规格二

型　号	输入点数(24 V DC)	输出点数
FX-8EX	8	—
FX-16EX	16	—
FX-8EYR	—	8(继电器)
FX-8EYT	—	8(晶体管)
FX-8EYS	—	8(晶闸管)
FX-8EYR	—	16(继电器)
FX-16EYT	—	16(晶体管)
FX-16EYS	—	16(晶闸管)
FX-8ER	4	4(继电器)

2. 型号命名方式

型号命名的基本格式如图 8-2 所示。

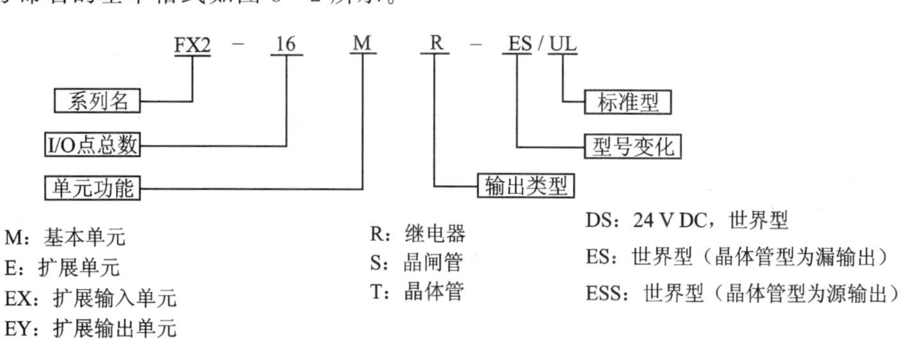

图 8-2　型号命名的基本格式

8.3.2　FX2 系列 PLC 的指令系统

FX2 系列 PLC 有 20 条基本指令、2 条步进指令、850 条应用指令，每条指令占用 1～5 W，基本指令的执行时间是 0.74 μs。

基本指令和步进指令的指令格式同大多数型号的 PLC 一样，但应用指令的格式有所不同。应用指令采用梯形图和助记符相结合的形式来表示，如图 8-3 所示。

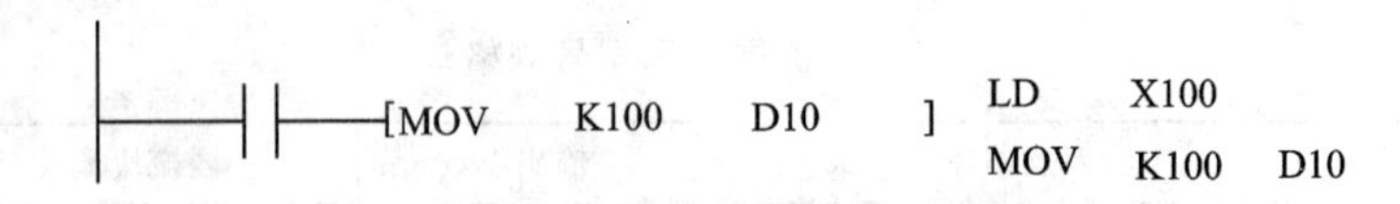

图 8-3 FX2 系列 PLC 的应用指令格式

8.3.3 FX2 系列 PLC 的编程软件

FX2 系列 PLC 主要使用 SWOPC-FXGP/WIN-C 软件进行编程。该软件是基于 Windows 的图形化操作软件，主要用于开发控制程序；同时也可实时监控用户程序的执行状态和 PLC 内部资源的使用情况，该软件具有以下特点：

1. 编程方式

该软件提供了 4 种编程方式：梯形图、语句表、顺序功能图(SFC)和语句梯形图。用户可以通过软件主菜单下的视图框来选择编程方式，并可以随时在梯形图和语句梯形图之间切换。无论采用哪种编程方式，用户都能使用快捷键来选择命令。

2. 软件运行方式

在线方式下，用电缆线把计算机与 PLC 连接起来，通过编程软件的功能菜单或功能快捷键来进行所有的功能操作，以控制 PLC 的工作状态。

在离线方式下，软件的绝大部分功能都可实现，如对用户程序的编辑、输入、内部资源查询等；但与 PLC 有关的具体操作，例如，通信，通信口设置，PLC 状态，程序的下载、上载等功能则不可用。

8.4 SIMATIC 其他系列可编程控制器

SIMATIC S3 系列 PLC 是西门子公司的第一代产品，是带有简单操作接口的二进制控制器；随后 SIMATIC S5 系列 PLC 广泛地使用了微处理器，并进一步升级为 U 系列；目前，SIMATIC S7 系列 PLC 有 S7-200、S7-300、S7-400 三个子系列，其优势有更国际化、更高性能等级、更小的安装空间、更好的 Windows 用户界面等。本节将重点介绍 S7-300、S7-400 系列 PLC。

8.4.1 SIMATIC S7-300

1. S7-300 产品的构成

S7-300 是模块化小型 PLC 系统，其功能强大、速度快、扩展灵活，具有紧凑的标准模块式结构。S7-300 由导轨(Rack)、电源模块(PS)、中央处理单元、接口模块(IM)、信号模块(SM)、功能模块(FM)、通信处理器(CP)等组成。

2. S7-300 CPU 模块

S7-300 有 5 种不同的 CPU 功能模块，分别是 CPU 312 IFM、CPU 313、CPU 314、CPU 315、CPU 315-2 DP，可以根据不同的应用采用不同级别的模块，详见表 8-11。

3. S7-300 的通信特点

SIMATIC S7-300 具有多种不同的通信接口：多种通信处理器用来连接 AS-i 接口、

PROFIBUS 和工业以太网总线系统；通信处理器用来连接点对点的通信系统；MPI 集成在 CPU 中，用于同时连接编程器、PC、人机界面系统及其他 SIMATIC S7/M7/C7 等自动化控制系统。

CPU 支持下列通信类型：

(1) 过程通信

通过总线(AS-i 或 PROFIBUS)对 I/O 模块周期寻址(过程映射交换)。

(2) 数据通信

在自动控制系统之间或人机界面(HM)和几个自动控制系统之间，数据通信被广泛采用。

表 8-11　S7-300 的不同 CPU 功能模板

CPU 名称	RAM/KB	装载存储器	指令执行速度(每执行 1000 条)/ms	最大数字量 I/O 点数	最大模拟量 I/O 通道数	定时器/个	计数器/个	扩展模板	时　钟
CPU 312 IFM	6	20 KB RAM、20 KB EEPROM	0.7	144	32	64	32	装在 1 个机架上，带 8 块模块	软件时钟，不带后备电池
CPU 313	12	20 KB RAM、存储卡最大扩展至 256 KB	0.7	128	32	128	64	装在 1 个机架上，带 8 块模块	软件时钟，不带后备电池
CPU 314	24	40 KB RAM、存储卡最大扩展至 512 KB	0.3	512	64	128	64	装在 4 个机架上，带 32 块模块	硬件实时时钟
CPU 315/CPU 315-2 DP	48	80 KB RAM、存储卡最大扩展至 512 KB	0.3	1024	128	128	64	装在 4 个机架上，带 32 块模块	硬件实时时钟

8.4.2 SIMATIC S7-400

1. S7-400 产品的构成

SIMATIC S7-400 用于中、高档性能的可编程控制器，采用无风扇的模块化设计，具有坚固耐用、扩展灵活、通信能力强等优点，容易实现分布式结构以及友好的操作界面。

S7-400 主要由电源模块、中央处理单元、信号模块、通信处理器、功能模块、接口模块等部分组成，通过 MPI 接口实现与其他设备的连接。

2. S7-400 CPU 模块的主要性能

S7-400 有 5 种不同的 CPU 模块，分别是 CPU 412、CPU 413、CPU 414、CPU 416、CPU 417。

SIMATIC S7-400 的主要性能有：CPU 存储器容量 64 KB，可扩展到 16 MB；每条指令的处理速度可达 50 ns；系统可以有 4 个 CPU 同时运算；一个中央框(CR)可扩展到 21 个扩展框(ER);多种硬件中断(OB40、OB47)和故障中断(OB121、OB122、OB80～OB87)方式;可通过 MPI(多点通信)、PPI(点对点通信)、PROFIBUS 和工业以太网实现各种通信。

3. S7－400 的通信特点

SIMATIC S7－400 有多种通信方式,如下:

① MPI 集成在所有 CPU 内,可同时连接编程器、个人计算机、HMI 系统、S7－300 系统、M7 系统或其他 S7－400 系统。

② PROFIBUS-DP 接口:集成在某些 CPU 内,适用于经济型 ET－200 分布式 I/O 系统。

③ 通信处理器:用于连接 PROFIBUS 和工业以太网。

S7－400 的 CPU 和通信处理器支持的通信类型与 S7－300 相同。

8.4.3 SIMATIC S7 的编程软件和程序结构

1. 编程软件

针对 SIMATIC S7 系列 PLC,西门子公司提供了多种编程工具软件,主要有 STEP Micro/DOS 和 STEP Micro/WIN、STEP Mini、标准软件包 STEP 7。

S7 系列 PLC 的编程语言非常丰富,包括 LAD、STL、SCL(标准控制语言)、GRAPH(顺序控制)、HIGRAPH(状态图)、CFC(连续功能图)等。用户可以选择一种编程语言,如果需要,也可以混合使用多种语言编程。程序语言均面向用户,使程序的编制工作大大简化,便于开发程序。

2. 程序结构

STEP Micro/DOS 和 STEP Micro/WIN 程序结构适用于 S7－200;STEP 7 的程序结构适用于 S7－300 和 S7－400,有线性编程、分布式编程和结构化编程 3 种编程方式。

8.5 GE-FANUC 可编程控制器

8.5.1 GE-FANUC PLC 概述

GE-FANUC 系列 Micro PLC 结构紧凑、安装简单、尺寸小、控制功能强,属一体化小型机,可安装在 DIN 导轨上;GE-FANUC 系列 90－30 PLC 由一系列的控制器、I/O 系统和各种专用模块构成,其功能强大、配置灵活,属小型机;GE-FANUC 系列 90－70 PLC 适用于大型、复杂及高速的自动化控制,能满足复杂的、先进的控制需求。

1. GE-FANUC 系列 Micro PLC

(1) Micro PLC 的类型

Micro PLC 的类型包括:14 点 Micro、28 点 Micro、23 点 Micro(带 2AI/1AO)、14 点扩展 Micro。

(2) 技术参数

Micro PLC 的 CPU 部分和 I/O 部分的技术参数分别如表 8－12 和表 8－13 所列。

表 8-12 Micro PLC 的 CPU 部分技术参数

项目 \ 类型	14 点 Micro PLC	28 点 Micro PLC	项目 \ 类型	14 点 Micro PLC	28 点 Micro PLC
程序执行时间/($ms \cdot KB^{-1}$)	1.8	1.0	内部线圈	1024	1024
标准功能块执行时间/μs	48	29	计时/计数器	80	600
内在容量/KB	3	6	编程语言	梯形图	梯形图
内存类型	RAM、Flash、EEPROM		串行口	1 个口 RS-422: SMP、RTU	2 个口 RS-422: SNP、RTU
数据寄存器	256	2048			

表 8-13 Micro PLC 的 I/O 部分技术参数

项目 \ 类型	电 源	输入点数	输入类型	输出点数	输出类型
IC693UDR001	AC 85～265 V	8DI	DC 24 V	6	继电器
IC693UDR002	DC 10～30 V	8DI	DC 24 V	6	继电器
IC693UDR003	AC 85～265 V	8DI	AC 85～132 V	6	AC 85～265 V
IC693UDR005	AC 85～265 V	16DI	DC 24 V	11	继电器
				1	24 V DC
IC693UAL006	AC 85～265 V	13DI	DC 24 V	9	继电器
				1	24 V DC
		2AI	模拟量	1AQ	模拟量
IC693UAA007	AC 85～265 V	16DI	AC 85～131 V	12	AC 85～265 V
IC693UDR010	DC 24 V	16DI	DC 24 V	11	继电器
				1	24 V DC
IC693UEX011	AC 85～265 V	8DI	DC 24 V	6	继电器

(3) Micro PLC 的特点

Micro PLC 的特点如下：

◇ 两个外置可调电位器(对其他 I/O 设置门限值)；

◇ 软件组态功能(无 DIP 开关)；

◇ 直流输入可组态成 5 kHz 的高速计数器；

◇ 直流输出可组态成 PWM(脉宽调制 19 Hz、2 kHz)信号；

◇ 28 点/23 点 Micro PLC 支持实时时钟；

◇ 14 点的扩展模块最多可扩展到 84 点(28 点 Micro)和 79 点(23 点 Micro)；

◇ 3 点 Micro PLC 提供两路模拟量输入和一路模拟量输出；

◇ 内置 RS-422 通信口支持 SNP 主从协议、RTU 从站协议；

◇ 28/23 点 Micro PLC 支持 ASCII 输出。

2. GE-FANUC 系列 90-30 PLC 简介

(1) 90-30 PLC 的类型

90-30 PLC 根据 CPU 模块的种类划分类型，其 I/O 模块支持全系列的 CPU 模块，而有些智能模块只支持高档 CPU 模块。其 CPU 模块类型有:CPU 311、CPU 313、CPU 323、CPU 331;CPU 340、CPU 341;CPU 350、CPU 351、CPU 352; CPU 360……

(2) 技术参数

90－30 PLC 的 CPU 部分技术参数如表 8－14 所列。

表 8－14 90－30 PLC 的 CPU 部分技术参数

项目 \ CPU 类型	CPU 311	CPU 313、CPU 323	CPU 331	CPU 340、CPU 341	CPU 351、CPU 352
I/O 点数	80/160(可选)	160/320(不同类型均可选)	1 024	1 024	4 096
AI/AO 点数	64(In)/320(Out)	64(In)/320(Out)	128(In)/64(Out)	1 024(In)/256(Out)	2 048(In)/256(Out)
寄存器字	512	1 024	2 048	9 999	9 999
用户逻辑内存/KB	6	6	16	32/80	80
程序运行速度/($ms \cdot KB^{-1}$)	18	0.6	0.4	0.3	0.22
内部线圈	1 024	1 024	1 024	1 024	4 096
计时/计数器点数	170	340	680	大于 2 000	大于 2 000
高速计数器	有	有	有	有	有
轴定位模块	有	有	有	有	有
可编程协处理器模块	无	无	有	有	有
浮点运算	无	无	无	无	无/有
超控	无	无	有	有	有
后备电池时钟	无	无	有	有	有
口令	有	有	有	有	有
中断	无	无	无	有	有
诊断	I/O、CPU	I/O、CPU	I/O、CPU	I/O、CPU	I/O、CPU

(3) I/O 模块

几乎所有的 I/O 模块都可用在全系列的 90－30 PLC 上。

(4) 智能模块

90－30 PLC 可连接的智能模块包括电源模块、Genius 模块、高速计数模块、以太网模块、PROFIBUS 模块、通信协处理器模块、可编程协处理器模块。

(5) 90－30 PLC 的扩展(不需要特殊模块,底板上带扩展口)

90－30 PLC 有两种扩展方式:本地扩展(最远距离 15 m)和远程扩展(最远距离 213 m,需终端电阻)。

(6) 网络通信

90－30 PLC 支持的网络类型包括 RS－485 串行网络、Genius 网络、PROFIBUS 网络、以太网及其他现场工业总线。

3. GE-FANUC 系列 90－70 PLC 简介

(1) 90－70 PLC 的类型

90－70 PLC 根据 CPU 模块的种类划分类型，其大部分模块适用于全系列的 PLC 产品。CPU 的类型包括：CPU 731、CPU 732；CPU 771、CPU 772；CPU 780；CPU 781、CPU 782；CPU 788；CPU 789；CPU 790；CPU 915、CPU 925；CSE 784；CSE 925；CPX 935。

(2) 技术参数

90－70 PLC 的 CPU 部分技术参数如表 8－15 所列。

表 8－15　90－70 PLC 的 CPU 部分技术参数

类型 项目	CPU/MHz	CPU(处理器)	I/O 点数	AI/AO 点数	用户内存	浮点运算	备注
731/732	8	80C186	512	8K	32 KB	无/有	—
771/772	12	80C186	2 048	8K	64/512 KB	无/有	—
780	16	80386DX	12K	8K	可选	有	热备冗余
788	16	80386DX	352	8K	206 KB	无	三冗余
789	16	80386DX	12K	8K	206 KB	无	三冗余
790	64	80486DX2	12K	8K	512 KB	有	三冗余
915/925	32/64	80486DX/DX2	12K	8K	1 MB	有	热备冗余
CSE784	16	80386	12K	8K	512 KB	有	逻辑状态
CSE925	64	80486DX2	12K	8K	1 MB	有	逻辑状态
CPX935	96	80486DX4	12K	8K	1 MB,4MB	有	热备冗余

注："I/O 点数"和"AI/AO 点数"列的 K 表示 1 024。

(3) 智能模块

90－70 PLC 可连接的智能模块包括电源模块、Genius 模块、高速计数模块、以太网模块、PROFIBUS 模块(VME 模块)、通信协处理器模块、可编程协处理器模块。

(4) 90－70 PLC 的扩展(需扩展模块)

90－70 PLC 的机架不分本地机架和扩展机架，其区分依赖于机上所插的模块(插 BTM 的是主机架，插 BRM 的是扩展机架)。

(5) 网络通信

90－70 PLC 采用的是开放的 VME 总线，支持的网络类型包括 RS－485 串行网络、Genius 网络、PROFIBUS 网络、以太网及其他现场工业总线。

8.5.2　GE-FANUC PLC 的指令系统

1. 用户参考地址/数据

(1) 用户参考地址

应用程序所用的数据存储在寄存器或离散参考地址中，表 8－16 和表 8－17 分别给出了寄存器或离散参考地址所包含的各种类型。

表 8-16　寄存器所包含的各种类型

类　型	说　明
%R	前缀%R用于命名系统寄存器的参考地址，这种参考地址用于存储程序的数据，如计算结果
%AI	前缀%AI用于表示一个模拟量输入寄存器，该前缀后跟寄存器地址（如%AI0015）。一个模拟量输入寄存器用于存放模拟量输入值或其他值
%AQ	前缀%AQ用于表示一个模拟量输出寄存器，该前缀后跟寄存器地址（如%AQ0056）。一个模拟量输出寄存器用于存放模拟量输出值或其他值

表 8-17　离散参考地址所包含的各种类型

类　型	说　明
%I	前缀%I代表输入继电器的参考地址，该前缀后跟对应的输入表中的参考地址（如%I00012）。%I参考地址被定位于输入状态表中，它用于存储上一个扫描周期输入模块的所有输入状态。参考地址是由编程器软件或手持编程器分配给离散量输入模块的，若参考地址没被指定，则没有数据从输入模块被接收
%Q	前缀%Q表示实际输出继电器的参考地址。输出表中的参考地址%Q（%Q00016）用于保存应用程序的输出状态，在程序扫描结束后，输出状态的值被送至输出模块。借助组态软件或便携式编程器，把参考地址指定给离散输出模块。若参考地址没有被指定，则没数据送给输出模块。一个特定的%Q参考地址既可是记忆性的，也可是非记忆性的
%M	前缀%M表示内部继电器的参考地址。特定的%M参考地址既可是记忆性的，也可是非记忆性的
%T	前缀%T表示暂存继电器的参考地址，这些参考地址用作多线圈时从不检查。因此，即使当线圈允许用于检查时，仍可在同一程序中多次使用。%T可用于防止使用剪切/粘贴和文件写入/引用功能时线圈用途的冲突。由于这种存储器指定为暂存用，经过断电或启—停—启转换，它不再保留，而且不能用作保持线圈
%S	前缀%S表示系统特征的系统状态继电器的参考地址，这些参考地址将用以处理特殊的PLC数据，诸如定时器扫描信息和故障信息。系统参考地址包括%S、%SA、%SB、%SC均可用作任意一种触点；其中，%SA、%SB和%SC可用于保持线圈—(M)—，也可用作对功能单元或功能模块的字或字串输入或输出的变量；%S可用作功能或功能模块的字或位串输入变量
%G	前缀%G表示全局数据的参考地址。这些参考地址用于实现几个PLC间的数据分配，由于%G存储器总是可记忆的，所以%G参考地址可用于触点和保持线圈，但不可用于非保持线圈

（2）数据类型

GE-FANUC PLC的数据类型有多种，表8-18所列为有效的数据类型。

表 8-18　GE-FANUC PLC的有效数据类型

类　型	名　称	说　明	数据格式
Int	带符号整数	带符号整数型存储在16位存储器的数据地址，用二进制补码表示，一个Int数据类型的可变范围为－32 768～32 767	16位存储器，最高位为符号位

续表 8-18

类　型	名　称	说　明	数据格式
Dint	双精度带符号整数	双精度带符号整数存储在 32 位数据存储器地址(实际为两个连续的 16 位存储地址)，用二进制补码表示(第 32 位为符号位)。Dint 数据类型的可变范围为−2 147 483 648～+21 447 483 867	32 位存储器，最高位为符号位
Bit	位	位的数据类型为存储器的最小单元，它有两个状态：1 或 0。一个位串长度可为 *N*	—
Byte	字节	一个字节的数据类型有 8 位数值，有效范围为 0～255(0～FF，十六进制)	—
Word	字	一个字的数据类型使用数据存储器连续的 16 位，但是在数据地址中，它是代表一个数字，各位彼此独立。每一位都表示其本身的二进制状态(1 或 0)，这些位不是集中在一起表示整数。字的数值范围为 0～FFFF	16 位寄存器
BCD-4	4 位二进制数	4 位 BCD 二进制数使用 16 位数据存储器地址。每个 BCD 数 4 位，并可表示 0～9 之间的数字，16 位 BCD 码的数值范围为 0～9 999	16 位寄存器
Real	浮点数	实数使用 32 个连续位存储地址(实际为 2 个连续 16 位存储地址)。数值范围为±1.401 298E−45～±3.402 823E+38	32 位寄存器

(3) 系统状态继电器的参考地址

GE-FANUC PLC 的系统状态继电器的参考地址由%S、%SA、%SB、%SC 存储器确定，每个都有别名。例如，10 ms 定时器的别名为 T-10 ms，表 8-19 给出了有效的系统状态继电器的参考地址及别名。

表 8-19　有效的系统状态继电器的参考地址及别名

参考地址	别　名	定　义
%S0001	FST-SCN	当前扫描为首次扫描时置 1
%S0002	LST-SCN	当前扫描为末次扫描时从 1 复位为 0
%S0003	T-10 ms	0.01 s 定时器触点
%S0004	T-100 ms	0.1 s 定时器触点
%S0005	T-SEC	1 s 定时器触点
%S0006	T-MIN	1 min 定时器触点
%S0007	ALW-ON	始终开通(ON)
%S0008	ALW-OFF	始终开通(OFF)

续表 8-19

参考地址	别 名	定 义
%S0009	SY-FULL	当PLC错误表溢出时置位，当某条目从PLC故障表中移去以及当PLC故障表清零时被清除
%S0010	IO-FULL	当I/O故障表溢出时置位，当某条目从故障表中移去故障表清零时被清除
%S0011	OVR-PRE	当超驰存在于%I、%Q、%M或%G存储器中时置位
%S0013	PRG-CHK	当后台程序检查被激活时置位
%S0014	PLC-BAT	在版本4或更新版CPU中，设定代表电池失效。每次扫描其触点时，参考地址均更新
%S0017	SNPXACT	SNP-X主机激活态连于CPU上
%S0018	SNPX-RD	SNP-X主机已从CPU读取数据
%S0019	SNPX-WT	SNP-X主机已把数据写入CPU中
%S0020	—	使用Real实数的比较功能模块，成功执行时置于ON，当输入为NAN(非数字)时被清除
%S0032	—	为Logimeater 90-30/20/Micro软件使用时保留
%SA0001	PB-SUM	当按应用程序所计算的校验和与参考校验和不相符时置位。如果错误是由于暂时失误造成的，则数字位通过再次向CPU存储程序而清零；如果错误是由于硬件RAM的故障所致，则必须更换CPU
%SA0002	OV-SWP	当PLC检查出前一扫描时间超过用户所设定的时间时置位。若PLC检查出前一扫描未超过规定时间，则清零；在从STOP状态转换到RUN状态过程中也清零。PLC为恒定扫描状态时才有效
%SA0003	APL-FLT	当应用故障发生时置位；在PLC从STOP状态转换到RUN状态过程中清零
%SA0009	CFG-MIN	当系统接通电源或在系统设置存储过程检查出一个设置不匹配时置位。若系统设置没有不匹配信息或存储的设置与硬件相匹配，则通过给PLC上电而清零
%SA0010	HRD-CPU	当诊断检查出属于CPU硬件的问题时置位，更换CPU模块时清零
%SA0011	LOW-BAT	当电池低电压故障发生时置位，通过更换电池并为确保PLC不在电池低压状态接电而清零
%SA0014	LOS-IOM	当一个I/O模块停止与PLC CPU通信时置位，通过更换模块并给机架循环通电而清零
%SA0015	LOS-SIO	每当任选模块停止与PLC CPU通信时置位，通过更换模块并给机架循环通电而清零
%SA0019	ADD-IOM	当一个I/O模块插入机架时置位，通过对机架循环通电并当存储系统设置与硬件相匹配时清零
%SA0020	ADD-SIO	当任选模块加入主机时置位，若系统设置存储后与硬件匹配，则清除置位；或通过给主机循环供电来取消置位
%SA0027	HRD-SIO	当在一任选模块中检查出硬件故障时置位，通过更换模块和对机架通电清零
%SA0031	SFT-SIO	当在一任选模块中检查出不可恢复的软件故障时置位，通过对机架循环通电并当硬件相匹配时清零

续表 8 – 19

参考地址	别　名	定　义
%SB0010	BAD-RAM	当 CPU 检查出 RAM 存储器在通电过程中出现问题时置位，若 CPU 检查 RAM 存储器通电过程一切正常则清零
%SB0011	BAD-PWD	当口令（通行）存取违章出现时置位，当清除 PLC 故障表时则清零
%SB0013	SFT-CPU	当 CPU 检查出软件中一个不可恢复的错误时置位，当清除 CPU 故障表时则清零
%SB0014	STOP-ER	在编程器存储操作过程中出现错误时置位，当存储操作成功完成时清零
%SC0009	ANY-FLT	有任何故障出现均置位，当两个故障表均无输入时清零
%SC0010	SY-FLT	在 PLC 故障表中任何故障发生时置位，若 PLC 故障表中无存入则清零
%SC0011	IO-FLT	在 I/O 故障表中任何故障发生时置位，若 I/O 故障表中无存入则清零
%SC0012	SY-PRES	只要 PLC 故障表中至少有一条存入即置位，若 PLC 故障表中无任何存入则清零
%SC0013	IO-PRES	只要 I/O 故障表中至少有一条存入即置位，若 I/O 故障表中无任何存入则清零
%SC0014	HTD-FLT	当硬件发生故障时置位，若两个故障表中均无存入则清零
%SC0015	SFT-FLT	当软件发生故障时置位，若两个故障表中均无存入则清零

2. 继电器指令

(1) 继电器触点指令

触点用来监控继电器参考地址的状态，其点是否有电流流过取决于被控继电器参考地址的状态和触点类型，如果继电器参考地址的状态为 1，则继电器的参考地址为 ON；如果继电器参考地址的状态为 0，则继电器的参考地址为 OFF。表 8 – 20 所列为有效的继电器触点指令。

表 8 – 20　有效的继电器触点指令

触点类型	显　示	触点向右通过电流
常开	—┤ ├—	当参考地址为 ON 时
常闭	—┤/├—	当参考地址为 OFF 时
延续触点	<+>— —	先行延续线圈置为 ON

(2) 继电器线圈指令

线圈用来控制继电器参考地址的状态，必须用条件逻辑来控制其接通；线圈总是处于逻辑行的最右边，一个梯阶可以包含多达 8 个线圈；线圈的类型可根据需要来选用。表 8 – 21 所列为有效的线圈指令。

表 8 – 21　有效的线圈指令

线圈类型	显　示	线圈电流	结　果
常开线圈	—( )—	ON	继电器参考地址的状态置 ON
		OFF	继电器参考地址的状态置 OFF

续表 8-21

线圈类型	显示	线圈电流	结果
求反线圈	—(/)—	ON	继电器参考地址的状态置 OFF
		OFF	继电器参考地址的状态置 ON
保持线圈	—(M)—	ON	继电器参考地址的状态置 ON,可记忆
		OFF	继电器参考地址的状态置 OFF,可记忆
负保持线圈	—(/M)—	ON	继电器参考地址的状态置 OFF,可记忆
		OFF	继电器参考地址的状态置 ON,可记忆
正向变换线圈	—(↑)—	OFF→ON	如果参考地址状态为 OFF,则产生一个扫描周期的 ON 状态
反向变换线圈	—(↓)—	ON→OFF	如果参考地址状态为 ON,则产生一个扫描周期的 OFF 状态
置位线圈	—(S)—	ON OFF	继电器参考地址的状态置为 ON 且不改变状态,直到由—(R)—将继电器参考地址的状态复位为 OFF
复位线圈	—(R)—	ON OFF	继电器参考地址的状态置为 OFF 且不改变状态,直到由—(S)—将继电器参考地址的状态位置为 ON
保持置位线圈	—(SM)—	ON OFF	继电器参考地址的状态置为 ON 且不改变状态,直到由—(RM)—将继电器参考地址的状态位置为 OFF,可记忆
保持复位线圈	—(RM)—	ON OFF	继电器参考地址的状态置为 OFF 且不改变状态,直到由—(S)—将继电器参考地址的状态位置为 ON,可记忆
延续线圈	—(+)	ON	下一个延续触点置 ON
		OFF	下一个延续触点置 OFF

3. 定时器、计数器指令

(1) 定时器指令

GE-FANUC PLC 定时器指令分为延时接通定时器指令、保持延时接通定时器指令和断电延时断开定时器指令 3 种类型。

1) 延时接通定时器指令

① 梯形图:图 8-4 所示为延时接通定时器指令的梯形图。

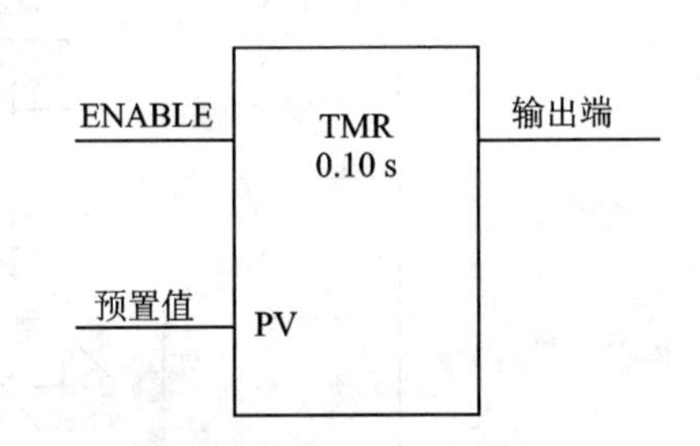

图 8-4 延时接通定时器指令的梯形图

② 波形图:图 8-5 所示为延时接通定时器指令的工作波形图。

2) 保持延时接通定时器指令

① 梯形图:图 8-6 所示为保持延时接通定时器指令的梯形图。

② 波形图:图 8-7 所示为保持延时接通定时器指令的工作波形图。

3) 断电延时断开定时器指令

① 梯形图:图 8-8 所示为断电延时断开定时器指令的梯形图。

② 波形图:图 8-9 所示为断电延时断开定时器指令的工作波形图。

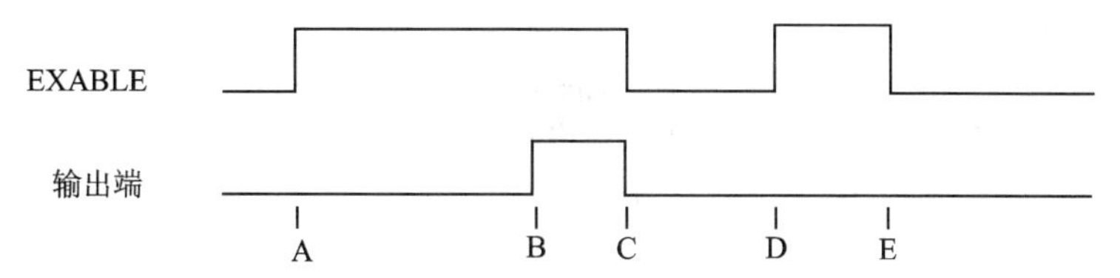

注：A：当ENABLE端由0→1时，定时器开始计时；
B：当计时计到后，输出端置1，定时器继续计时；
C：当ENABLE端由1→0时，输出端置0，定时器停止计时，当前值被清零；
D：当ENABLE端由0→1时，定时器开始计时；
E：当当前值没有达到预置值时，ENABLE端由1→0，输出端仍旧为零，定时器停止计时，当前值被清零。

图 8－5　延时接通定时器指令的工作波形图

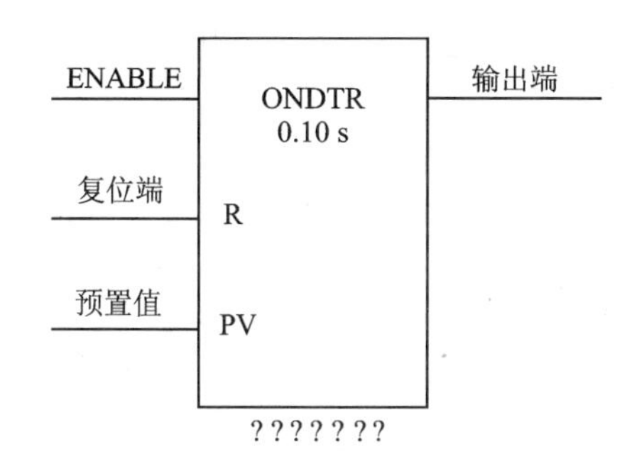

图 8－6　保持延时接通定时器指令的梯形图

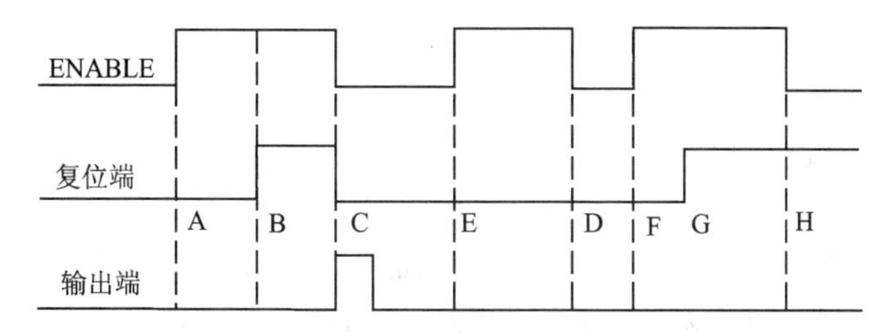

注：A：当ENABLE端由0→1时，定时器开始计时；
B：当计时计到后，输出端置1，定时器继续计时；
C：当复位端由0→1时，输出端被清零，定时值被复位；
D：当复位端由1→0时，定时器重新开始计时；
E：当ENABLE端由1→0时，定时器停止计时，但当前值被保留；
F：当ENABLE端再由0→1时，定时器从前一次保留值开始计时；
G：当计时计到后，输出端置1，定时器继续计时，直到使ENABLE端为0并且复位端为1，或当前值达到最大值为止；
H：当ENABLE端由1→0时，定时器停止计时，但输出端仍旧为1。

图 8－7　保持延时接通定时器指令的工作波形图

(2) 计数器指令

GE-FANUC PLC 计数器分为递增计数器指令和递减计数器指令两种类型。

1) 递增计数器指令

图 8－10 所示为递增计数器指令的梯形图。

指令说明：当计数端输入由 0→1(脉冲信号)时，当前值加 1；若当前值大于或等于预置值，则计数器状态位置位(置 1)，该状态位具有断电保持功能，在上电时不初始化。该计数器是复位优先的计数器，当复位端为 1 时(无须上升沿跃变)，当前值与预置值均被清零，其计数范围

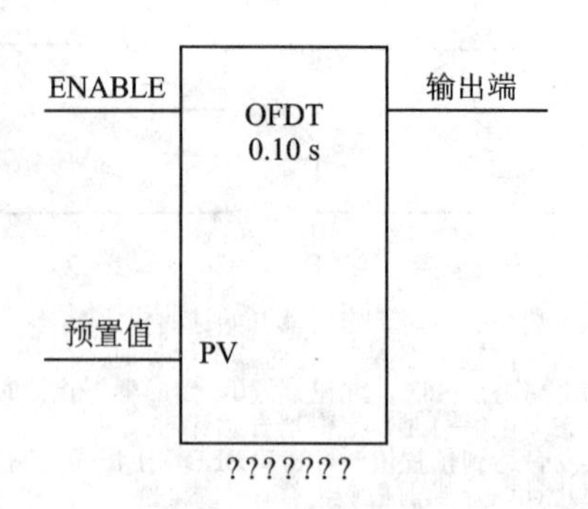

图 8-8　断电延时断开定时器指令的梯形图

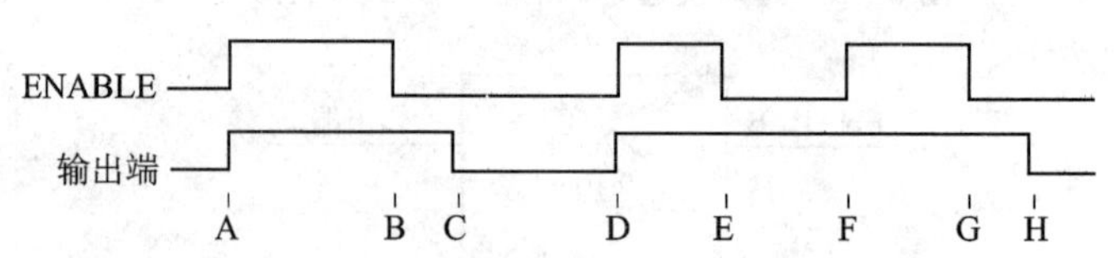

注：A：当ENABLE端由0→1时，输出端也由0→1；
B：当ENABLE端由1→0时，定时器开始计时，输出端继续为1；
C：当当前值达到预置值时，输出端由1→0，定时器停止计时；
D：当ENABLE端由0→1时，定时器复位(当前值被清零)；
E：当ENABLE端由1→0时，定时器开始计时；
F：当ENABLE又由1→0时，且当前值不等于预置值时计时器复位(当前值被清零)；
G：当ENABLE端再由1→0时，定时器开始计时；
H：当当前值达到预置值时，输出端由1→0，定时器停止计时。

图 8-9　断电延时断开定时器指令的工作波形图

为 0～32 767。

2）递减计数器指令

图 8-11 所示为递减计数器指令的梯形图。

指令说明：当计数端输入由 0→1（脉冲信号）时，当前值减 1；若当前值小于或等于 0，则计数器状态位置位（置 1），该状态位具有断电保持功能，在上电时不初始化。该计数器是复位优先的计数器，当复位端为 1 时（无须上升沿跃变），当前值被置成预置值。其最小预置值为 0，最大预置值为 32 767，最小当前值为－32 767。

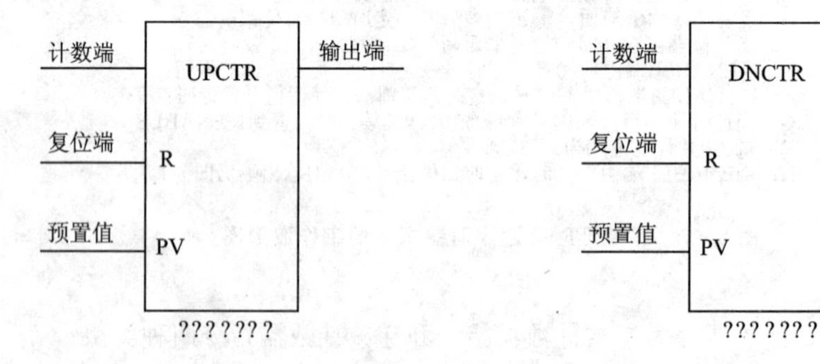

图 8-10　递增计数器指令的梯形图　　图 8-11　递减计数器指令的梯形图

4. 数学运算指令

GE-FANUC PLC 提供数学运算功能，包括四则运算指令、求余运算指令、开方运算指令、绝对值运算指令、三角函数运算指令、对数与指数运算指令和角度与弧度的转换指令。

表 8－22所列为有效的数学运算指令。

表 8－22　有效的数学运算指令

指令助记符	功　能	说　明
ADD	加	两个数相加
SUB	减	从一个数中减去另一个数
MUL	乘	两个数相乘
DIV	除	一个数被另一个数除，得商
MOD	模除(求余)	一个数被另一个数除，所得为余数
SQRT	平方根	求一个整数的平方根
SIN、COS、TAN、ASIN、ACOS、ATAN	三角函数①	执行输入 IN 实数值的相应功能
LOG、LI、EXP、EXPT	对数/指数函数①	执行输入 IN 实数值的相应功能
RAD、DEG	弧度转换①	执行输入 IN 实数值的相应功能

注：①三角函数、对数/指数函数及弧度转换功能仅适用于 352 型 CPU。

5. 比较指令

GE-FANUC PLC 提供的比较功能包括普通比较指令、CMP 指令和 RANGE 指令。表 8－23所列为有效的比较指令。

表 8－23　有效的比较指令

指令助记符	功　能	说　明
EQ	相等	检验两个数相等
NE	不相等	检验两个数不相等
GT	大于	测试一个数大于另一个数
GE	大于或等于	测试一个数大于或等于另一个数
LT	小于	测试一个数小于另一个数
LE	小于或等于	测试一个数小于或等于另一个数
CMP	两数比较	两数比较将结果从不同位置输出
RANGE	区间	判定一个数是否属于某个区间(适于 RA4.5 或 CPU)

6. 位操作指令

GE-FANUC PLC 提供的位操作功能包括与操作指令、或操作指令、异或操作指令、非操作指令、移位指令、循环移位指令、位测试指令、位置位与位清零指令、位定位指令和屏蔽比较指令。表 8－24 所列为有效的位操作指令。

表 8－24　有效的位操作指令

指令助记符	功　能	说　明
AND	逻辑与	如果位串 I1 中的一个位与位串 I2 中的相应的位都是 1，那么设置 1 在输出位串 Q 中的相应位置中
OR	逻辑或	如果位串 I1 中的一个位与/或位串 I2 中的相应的位是 1，那么设置 1 在输出位串 Q 中的相应位置中

续表 8-24

指令助记符	功能	说明
XOR	逻辑异或	如果位串 I1 中的一个位与/或位串 I2 中的相应的位不同，那么设置 1 在输出位串 Q 中的相应位置中
NOT	逻辑非	设定输出位串 Q 中每个位的状态至位串 I1 中的相应位的相应状态
SHL	左移	沿给定数的位置将一个字或一串字中所有位左移
SHR	右移	沿给定数的位置将一个字或一串字中所有位右移
ROL	左循环	沿给定数的位置将一串字中的所有位循环左移
ROR	右循环	沿给定数的位置将一串字中的所有位循环右移
BTST	位测试	测试数位串中的一个位目前是否为 0
BEST	位置位	将一位串中的一个位设定为 1
BCLR	位清零	用设定这个位为 0 来清除一位串中的位
BPOS	位定位	定位一位串中的一个位为 1
MSKCMP	屏蔽比较	比较两个独立位串(带有屏蔽选择位能力)的内容(对于 RA4.5 或更高版本的 CPU 有效)

7. 数据处理指令

GE-FANUC PLC 提供的数据移动功能包括数据移动指令、块移动指令、块清零指令、移位寄存器指令、交换指令、定序器指令和通信指令。表 8-25 所列为有效的数据处理指令。

表 8-25　有效的数据处理指令

指令助记符	功能	说明
MOVE	传送	以单个位自制数据，除 MOVE_BIT 是 256 位外，允许的最大长度为 256 字。数据可以不同的数据类型传送，且不需事先转换
BLKMOV	块传送	把含 7 个常量的块复制到特定的存储单元。上述常量是作为功能的一部分输入
BLKCLR	块清零	使数据块内容全为 0。该功能可用于清除一个位存区(%I、%Q、%M、%G 或 %T)或寄存区(%R、%AI 或 %AQ)。操作的最大容许长度为 256 字
SHFR	移位寄存器	将一个或多个数据字移入表格，操作的最大容许长度为 256 字
SWAP	交换	对于 1 个字，交换高低字节内容；对于双字，交换高低字的内容；操作的最大容许长度为 256 字
BITSEQ	位定序器	通过一个位阵列完成一位的定序移位，操作的最大容许长度为 256 字
COMMREQ	通信请求	允许程序与智能模块诸如 Genius 通信模块(GCM)或可编程协处理器模块(PcM)进行通信

8. 数据表格指令

GE-FANUC PLC 提供的数据表格功能包括数组移动指令和数组搜寻指令。表 8-26 所列为有效的数据表格指令。

表 8-26　有效的数据表格指令

指令助记符	功　能	说　明
ARRAY-MOVE	数组传送	把一个规定的数据单元数从一个源数组复制到一个目标数组
SRCH-EQ	查寻相等	查寻等于特定值的所有数组值
SRCH-NE	查寻不等	查寻不等于特定值的所有数组值
SRCH-GT	查寻大于	查寻大于特定值的所有数组值
SRCH-GE	查寻大于或等于	查寻大于或等于特定值的所有数组值
SRCH-LT	查寻小于	查寻小于特定值的所有数组值
SRCH-LE	数组小于或等于	查寻小于或等于特定值的所有数组值

9. 数据转换指令

GE-FANUC PLC 提供的数据转换功能包括多种数据之间的转换。表 8-27 所列为有效的数据转换指令。

表 8-27　有效的数据转换指令

指令助记符	功　能	说　明
BCD-4	变换成 BCD-4	将带符号整数变换成 4 位 BCD 码格式
INT	变换成带符号整数	将 BCD-4 变换成带符号整数格式
DINT	变换成双精度带符号整数	把实数变换成双精度带符号整数符号
REAL	变换成实数	将 Int、Dint、BCD-4 或 Word 变换成实数
WORD	变换成 Word 型数据	将实数变换成 Word 型数据格式
TRUN	舍位	把实数舍位至零

10. 控制指令

GE-FANUC PLC 提供的控制功能用来控制 PLC 程序的运行顺序，其功能包括调用子程序指令、分支指令、跳转指令、PLC 服务请求指令。表 8-28 所列为有效的控制指令。

表 8-28　有效的控制指令

指令助记符	说　明
CALL	使程序执行进入特定的子程序模块
DOIO	对输入或输出一特定范围的一次扫描立即服务。如果处于模块的任何给定存储单元都包含在 DOIO 功能模块内，则该模块的所有输入或所有输出都将服务。部分 DOIO 模块将不进行更新。一般来讲，被扫描 I/O 的复制宁可存入内部存储器，也不放在真实的输入点上
END	提供一个逻辑的暂时的结束，程序执行从第一回路到最后一个回路或 END 指令(不论哪种方式先完成，即结束)。该 END 指令能够用于调试程序，但不能用于 SFC 编程
MCR 或 MCRN	控制继电器(MCR)编程，一个 MCR 将产生介于 MCR 与其后继 ENDMCR(不通点而执行的)之间的所有回路。Logicmaster 90-30/20/Micro 软件支持非嵌套(MCR)和嵌套(MCRN)两种方式

续表 8-28

指令助记符	说　明
ENDMCR 与 ENDMCRN	显示在正常通电状态下被执行的后继逻辑。Logicmaster 90-30/20/Micro 软件支持非嵌套(ENDMCR)和嵌套(ENDMCRN)两种方式
JUMP 与 JUMPN	将引起程序的执行逻辑跳转至一特定的存储单元(由一标记 LABEL 来显示,见后面)。Logicmaster 90-30/20/Micro 软件支持非嵌套(JUMP)和嵌套(JUMPN)两种方式
LABEL 与 LABELN	指定 JUMP 指令的目标存储单元。Logicmaster 90-30/20/Micro 软件支持非嵌套(LABEL)和嵌套(LABELN)两种方式
COMMENT	将一注释(回路解释)置入程序中。指令编程后,该注释文本通过缩放功能(ZOOM-ING)进入指令
SVCREQ	请求下例一些特定的 PLC 服务: ①改变/读取任务状态及检验和的字数;②改变/读取日历时钟计时值;③关断 PLC;④清除故障表;⑤读取最末登记的故障表输入数据;⑥读取逝去的时钟值;⑦读取I/O的超驰状态;⑧读取主检验和;⑨询问 I/O;⑩读取逝去的断电时间
PID	备有两种 PID 闭环控制算法:①标准 ISA PID 算法(PIDISA);②独立项算法(PIDIND)

8.5.3 GE-FANUC PLC 的编程软件

目前,GE-FANUC PLC 的编程软件有 Logicmaster、Control 90 和 VersaPro。其中,VersaPro 属于 Windows下的应用软件,提供梯形图 RLD 语言、语句指令 IL 语言、C 语言等多种编程语言,即将要推出 SFC 编程语言;另外,它还具有梯形图和语句指令相互转换的功能,将成为 GE-FANUC PLC 的主要编程软件。

习　题

8-1　C200H PLC 的系统结构包括哪些模块单元?各模块单元常用型号有哪些?

8-2　FP-1 系列 PLC 的构成特点是什么?

8-3　简述 FX2 系统 PLC 的指令系统构成,并比较其不同之处。

8-4　简述 SIMATIC S7-300 和 S7-400 系列 PLC 的 CPU 模块的主要特点。

8-5　GE-FANUC PLC 包括哪几种类型?分别有哪些特点?

第 9 章　项目实例

项目 1　按钮控制圆盘转一圈

1. 项目描述

一个圆盘如图 9－1 所示，在原始位置时，限位开关受压，处于动作状态；按一下按钮，电动机带动圆盘转一圈，到原始位置时停止。

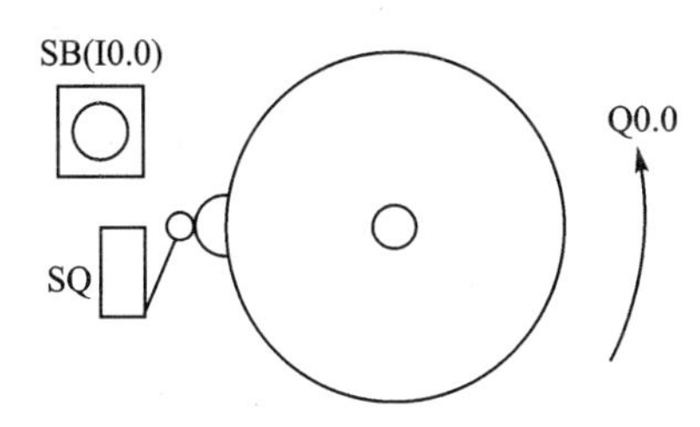

图 9－1　圆盘示意图

2. 项目分析

由按钮控制电动机的转动，再由电动机通过传动装置驱动圆盘旋转，此处选择三相异步电动机拖动。当按下按钮 SB 时圆盘转动，圆盘转动一圈后在原始位置撞到限位开关 SQ 停止，主电路中三相异步电动机转动由交流接触器控制。用 PLC 实现控制需要两个输入端口和一个输出端口，选用 S7－200 SMART CPU ST60 PLC 实现。但是，CPU ST60 是晶体管输出，所以输出端口要接直流继电器，然后再由直流继电器的触点控制交流接触器的线圈，主电路中仍然是交流接触器主触点控制三相异步电动机的转动，原理如图 9－2 所示。

3. 项目实施

PLC 端口分配：项目 1 中用到的输入/输出元件及其控制功能如表 9－1 所列。

表 9－1　输入/输出元件及其控制功能(项目 1)

项　目	PLC 端口	元件文字符号	元件名称	控制功能
输　入	I0.0	SB	控制按钮	启动
	I0.1	SQ	限位开关	原位检测
输　出	Q0.0	KA	直流继电器	控制交流接触器

方法 1：

(1) PLC 外围电路和梯形图

圆盘控制的 PLC 外围接线图和梯形图分别如图 9－3 和图 9－4 所示。

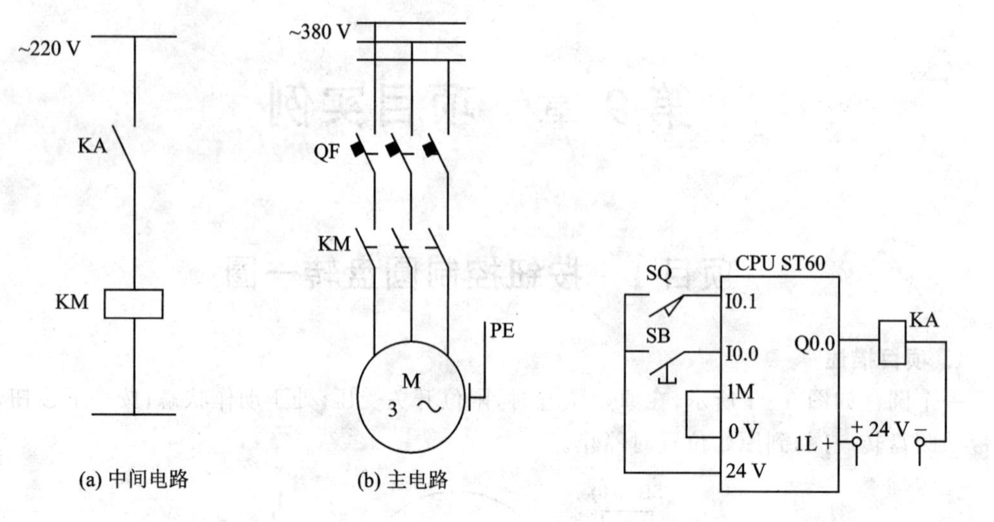

图 9－2　电气控制原理图

图 －3　圆盘控制的 PLC 外围接线图(方法 1)

网络1：按钮控制圆盘转一圈

I0.0　I0.1　Q0.0

Q0.0　M0.0　I0.1　M0.0

图 9－4　圆盘控制 PLC 梯形图(方法 1)

STL 语句如下：

```
Network 1
LD    I0.0
O     Q0.0
LDN   I0.1
ON    M0.0
ALD
=     Q0.0
AN    I0.1
=     M0.0
```

(2) 梯形图控制原理

当圆盘在原位且限位开关 SQ 也在原位时，常开触点受压闭合，梯形图中 I0.1 常闭触点断开，当按下按钮 SB 时，I0.0 触点闭合，经 M0.0 常闭触点使 Q0.0 得电并自锁，Q0.0 得电驱动继电器使电动机得电，带动圆盘转动，限位开关 SQ 复位，I0.1 常闭触点闭合，又使 M0.0 线圈得电，M0.0 常闭触点断开，Q0.0 线圈仍经 I0.1 常闭触点得电自锁。当圆盘转一圈后，又碰到限位开关SQ,I0.1常闭触点断开,Q0.0失电后,电动机停止转动。

方法2:

(1) PLC外围电路和梯形图

圆盘控制的PLC外围接线图和梯形图分别如图9-5和图9-6所示。

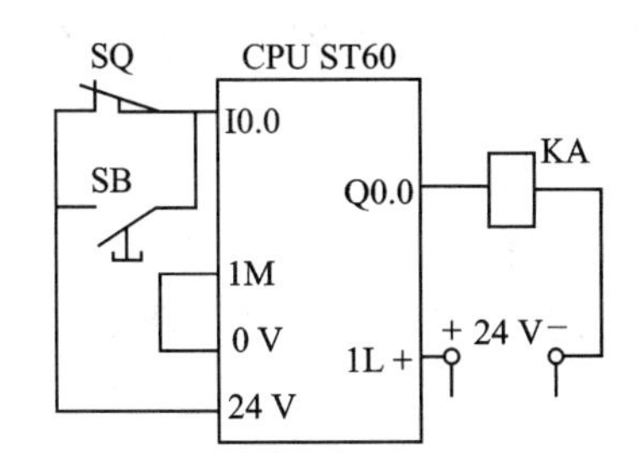

图9-5 圆盘控制的PLC外围接线图(方法2)

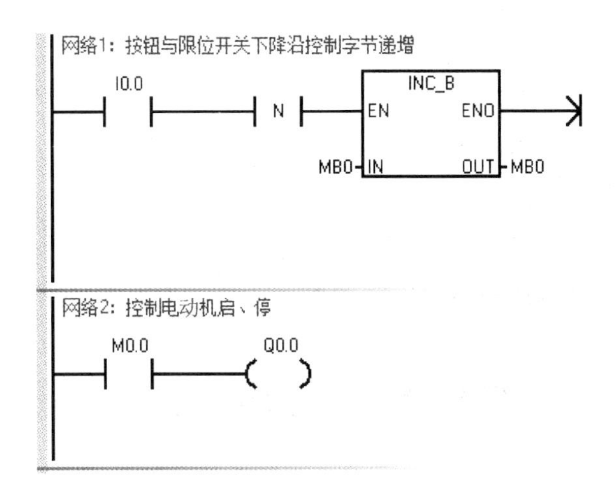

图9-6 圆盘控制PLC梯形图(方法2)

STL语句如下:

```
Network 1
LD      I0.0
ED
INCB    MB0
Network 2
LD      M0.0
=       Q0.0
```

(2) 梯形图控制原理

在原位时限位开关SQ常闭触点受压断开,当按下按钮SB再松开时,I0.0下降沿触点接通一个扫描周期,执行一次INCB指令,MB0=1,M0.0=1使得Q0.0=1;圆盘转动后限位开关SQ常闭触点闭合,转一圈后又碰到限位开关SQ常闭触点时,SQ断开,I0.0又接通产生一次下降沿脉冲使MB0中的数加1,MB0=2,则M0.0=0使得Q0.0=0,圆盘停止转动。再次按动按钮SB松开时,又重复上述过程。

圆盘每转动一圈，在SB的下降沿M0.0=1，圆盘转动，圆盘转到原位，SQ常闭触点断开，在SQ的下降沿M0.0=0。圆盘控制梯形图的时序图(方法2)如图9-7所示。

4. 项目评价

在由按钮控制圆盘转动，并由限位开关实现圆盘停止的简单案例中，读者可以学到PLC的外围接线、输入/输出端子分配方法，还有功能指令(递增字节)的使用方法，并由此扩展做出较复杂的控制程序。

5. 项目练习

一个圆盘如图9-8所示，由电动机拖动，控制圆盘每转90°就停止转动1 min，并不断重复上述过程。要求有PLC的端口分配、外围电路、PLC梯形图、语句表及控制分析。

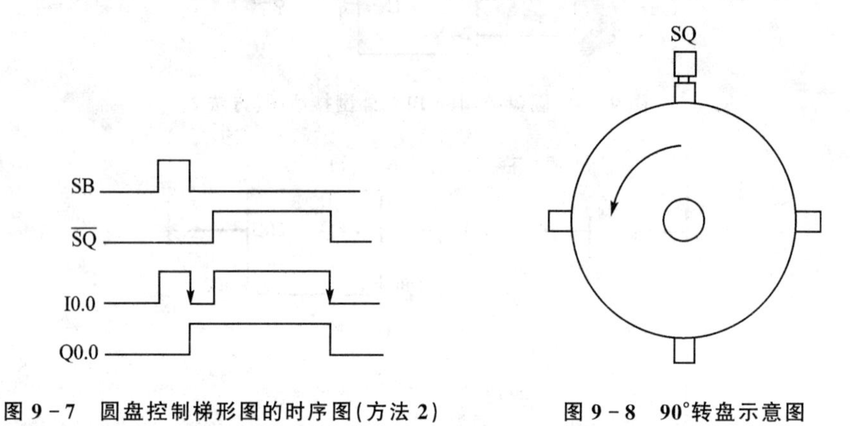

图9-7 圆盘控制梯形图的时序图(方法2)　　图9-8 90°转盘示意图

项目2 圆盘转5圈

1. 项目描述

采用PLC控制一个圆盘，由电动机控制圆盘旋转。用限位开关检测圆盘的旋转圈数，初始状态下，限位开关在圆盘碰块的作用下处于动作状态，如图9-9所示，要求按下启动按钮后每转一圈停3 s，转5圈后停止。

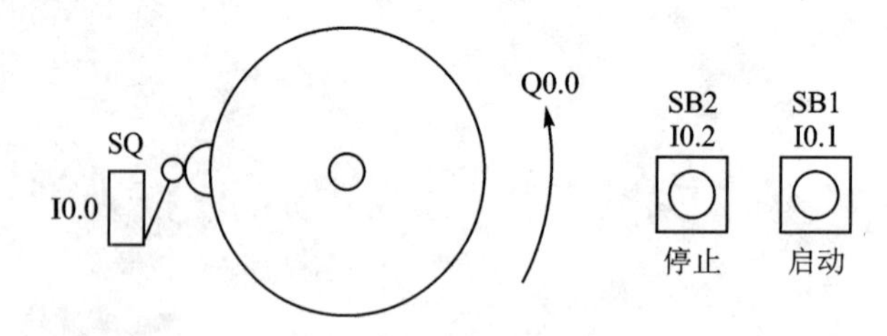

图9-9 圆盘转5圈示意图

2. 项目分析

由按钮控制电动机的转动，电动机再通过传动装置驱动圆盘旋转，此处采用的是三相异步电动机。按下按钮SB1时圆盘转动，圆盘转动一圈后在原始位置撞到限位开关SQ停3 s，3 s的延时由定时器完成；转动5圈后停止，5圈的控制由计数器完成。在圆盘的运行过程中若要停止，则可以由停止按钮SB2实现。主电路中三相异步电动机的转动由交流接触器控制。采用 PLC 实现控制需要 3 个输入端口和一个输出端口，这里选用 S7-200 SMART CPU ST60 PLC 实现。但是，CPU ST60 是晶体管输出，所以输出端口要接直流继电器，然后由直流继电器的触点控制交流接触器的线圈，主电路中仍然是交流接触器主触点控制三相异步电动机，原理如图 9-10 所示。

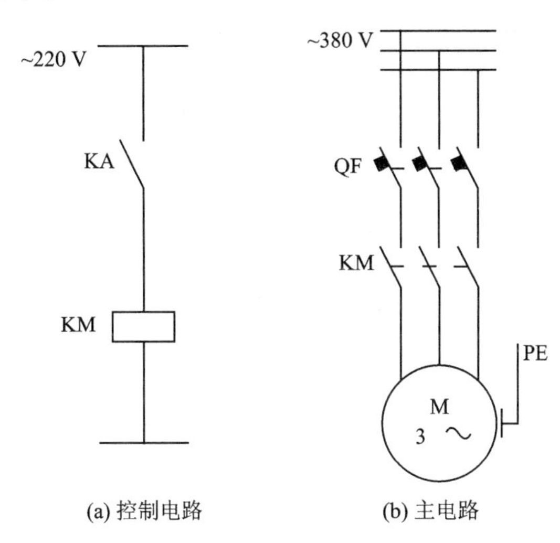

图 9-10　圆盘转 5 圈的电气控制原理图

3. 项目实施

(1) PLC 端口分配

项目 2 用到的输入/输出元件及其控制功能如表 9-2 所列。

表 9-2　输入/输出元件及其控制功能(项目 2)

项　目	PLC 端口	元件文字符号	元件名称	控制功能
输入	I0.0	SQ	限位开关	圆盘旋转定位
	I0.1	SB1	启动按钮	启动圆盘旋转
	I0.2	SB2	停止按钮	停止圆盘旋转
输出	Q0.0	KA	直流继电器	控制交流接触器

(2) PLC 外围电路

圆盘转 5 圈控制的 PLC 外围接线图如图 9-11 所示。

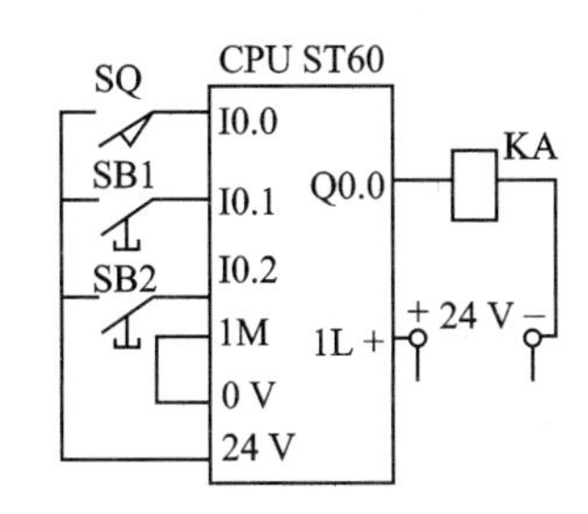

图 9-11　圆盘转 5 圈控制的 PLC 外围接线图

(3) PLC 梯形图程序

圆盘转 5 圈控制的梯形图如图 9-12 所示。

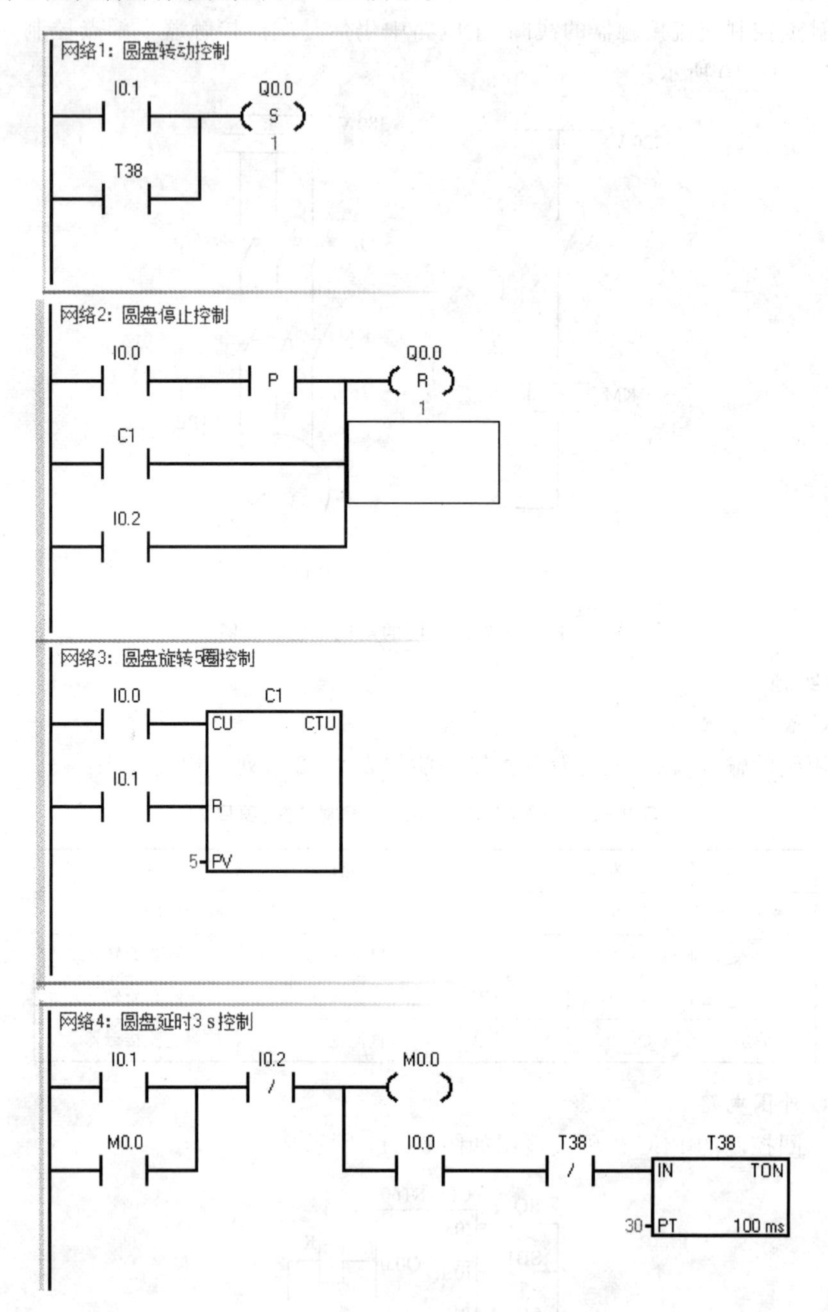

图 9-12　圆盘转 5 圈控制 PLC 梯形图

STL 语句如下：

```
Network 1
// 网络 1:圆盘转动控制
LD      I0.1
O       T38
```

```
 S      Q0.0,1
Network 2
// 网络 2:圆盘停止控制
LD      I0.0
EU
O       C1
O       I0.2
R       Q0.0,1
Network 3
// 网络 3:圆盘旋转 5 圈控制
LD      I0.0
LD      I0.1
CTU     C1,5
Network 4
// 网络 4:圆盘延时 3 s 控制
LD      I0.1
O       M0.0
AN      I0.2
 =      M0.0
A       I0.0
AN      C1
TON     T38,30
```

(4) 梯形图控制原理

初始状态下,圆盘在原位时,限位开关被 I0.0 压下,梯形图中 I0.0 常开触点闭合,但是此时计数器 C1 不计数,它在 CU 端输入脉冲的上升沿加 1 计数,定时器 T38 也不得电。

按下启动按钮 I0.1,Q0.0 线圈置位,圆盘开始旋转,限位开关 I0.0 复位。计数器 C1 复位为 0,M0.0 得电自锁,但限位开关 I0.0 的常开触点断开,故定时器 T38 失电。

圆盘旋转一圈后,当碰块压下限位开关 I0.0 时,I0.0 常开触点产生一个上升沿脉冲使 Q0.0 复位,圆盘停转,I0.0 常开触点闭合,C1 计一次数,T38 线圈得电,延时 3 s 发出一个脉冲,使 Q0.0 线圈再次置位,圆盘旋转。圆盘每转一圈计数一次,当计数值为 5 时,计数器 C1 常开触点闭合,使 Q0.0 始终处于复位状态,全部过程结束。

在运行过程中,若要停止,则按下停止按钮 I0.2,其常开触点闭合,使 Q0.0 复位;其常闭触点断开,M0.0 失电,断开定时器 T38。

4. 项目评价

本项目在项目 1 的基础上加大了难度,在该项目中练习了定时器指令和计数器指令的使用方法。当然编程方法不止一种,读者可以采用其他方法编程,并验证程序的正确性。在此项目中还要注意定时器指令和计数器指令的 STL 语句的格式,书写时应防止出错。

5. 项目练习

用 PLC 控制一个圆盘,圆盘的旋转由电动机控制。圆盘用一个限位开关检测旋转圈数,初始状态下,限位开关在圆盘碰块的作用下处于动作状态,如图 9-13 所示,要求按下启动按钮后每转一圈停 5 s,转 3 圈后停止。要求有 PLC 的端口分配、外围电路、

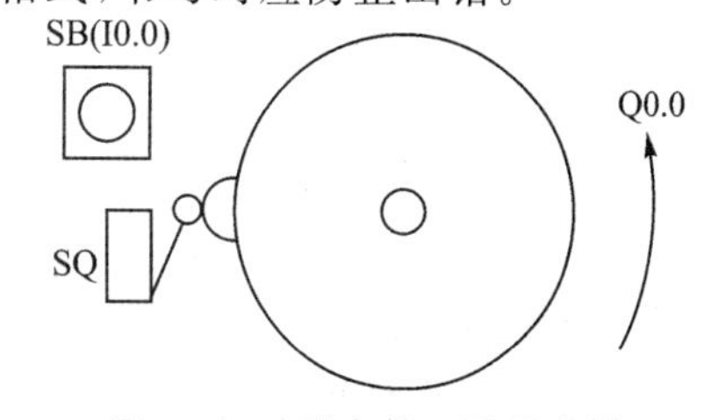

图 9-13 圆盘转 3 圈示意图

PLC梯形图、语句表及控制分析。

项目3 圆盘180°正反转

1. 项目描述

如图9-14所示,一个圆盘由电动机拖动,按下启动按钮,控制转盘正转180°后再反转180°,并不断重复上述过程。按下急停按钮,转盘立即停止。按下原位停止按钮,转盘转180°到原位碰到限位开关后停止。

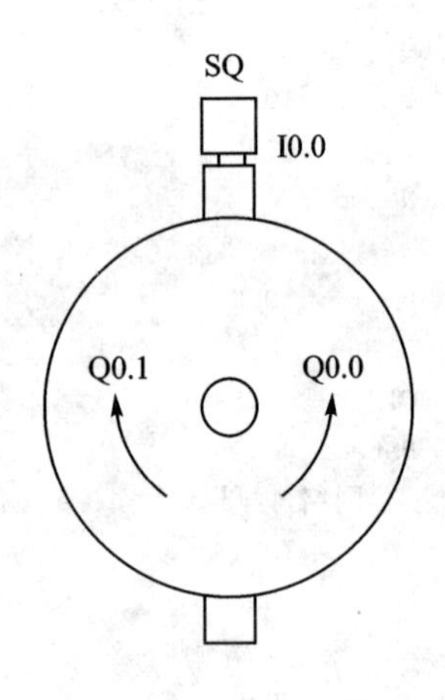

图9-14 转盘示意图

2. 项目分析

由电动机驱动,经传动装置驱动圆盘正反转,此处采用三相异步电动机。首先由启动按钮控制三相异步电动机正转,当转动180°后碰到限位开关,由限位开关控制三相异步电动机反转,反转180°后再次碰到限位开关,由限位开关控制三相异步电动机的正转,并不断重复上述过程。圆盘的停止可由两个停止按钮控制,一个是急停按钮,按下后立即停止;另一个是原位停止按钮,按下后圆盘必须转动到原位碰到限位开关后停止。

由以上分析可知,启动按钮SB1、原位停止按钮SB2、急停按钮SB3、限位开关SQ是输入设备,直流继电器KA1、KA2是输出设备,它们分别控制交流接触器KM1、KM2的线圈,主电路中再由KM1、KM2的主触点控制三相异步电动机的正、反转,控制原理图如图9-15所示。这里选用S7-200 SMART CPU ST60 PLC实现,需要4个输入端口;SB1的作用就是控制三相异步电动机启动,与SQ切换三相异步电动机正、反转的作用基本相同,两者可共用一个输入端口,所以共需要3个输入端口、2个输出端口。CPU ST60输入/输出端口是直流驱动,在外围电路接线中应防止出错。

3. 项目实施

(1) PLC端口分配

项目3中用到的输入/输出元件及其控制功能如表9-3所列。

表9-3 输入/输出元件及其控制功能(项目3)

项 目	PLC端口	元件文字符号	元件名称	控制功能
输入	I0.0	SQ	限位开关	位置检测
		SB1	启动按钮	启动控制
	I0.1	SB2	原位停止按钮	到位停止控制
	I0.2	SB3	急停按钮	立即停止控制
输出	Q0.0	KA1	正转直流继电器	控制正转交流接触器
	Q0.1	KA2	反转直流继电器	控制反转交流接触器

(2) PLC外围电路

圆盘180°正反转控制的PLC外围接线图如图9-16所示。

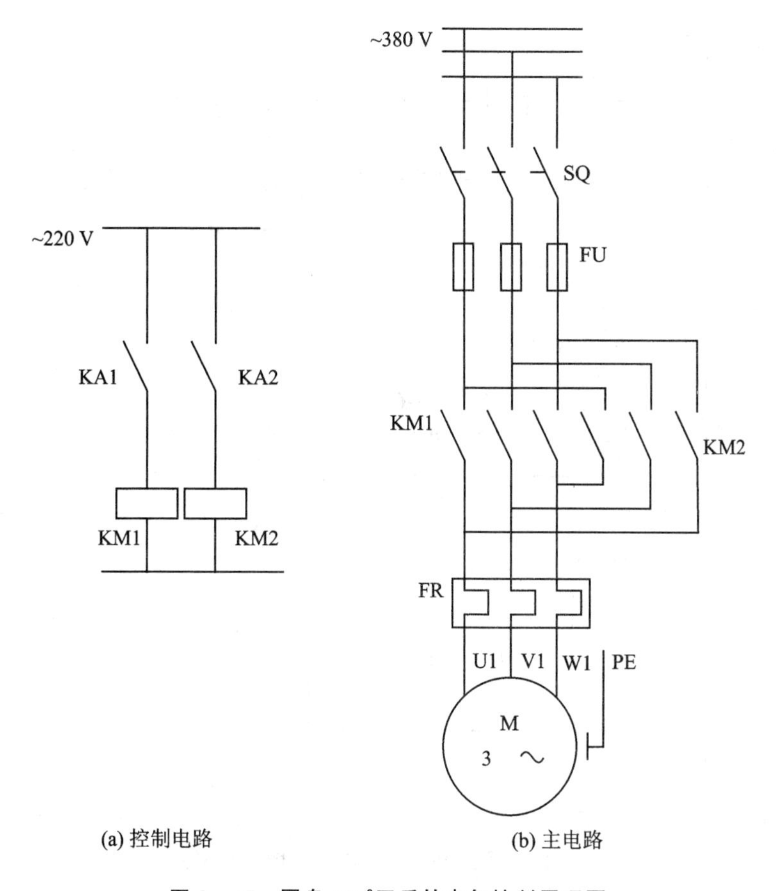

(a) 控制电路　　(b) 主电路

图 9 - 15　圆盘 180°正反转电气控制原理图

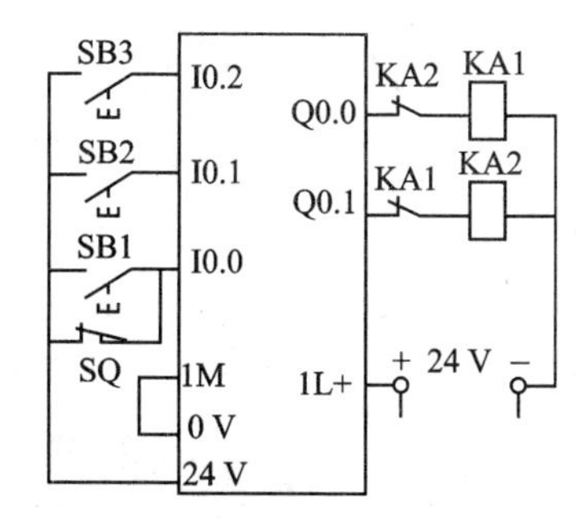

图 9 - 16　圆盘 180°正反转控制的 PLC 外围接线图

(3) PLC 梯形图程序

圆盘 180°正反转控制 PLC 梯形图如图 9 - 17 所示。

STL 语句如下：

```
Network 1
// 网络 1:字节增指令控制
LD      I0.0
ED
S       M1.0,1
```

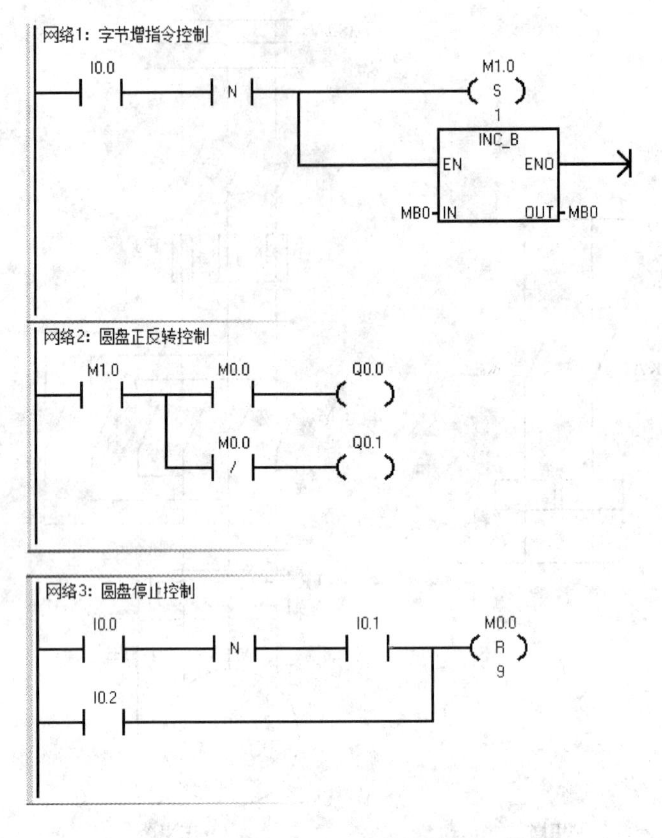

图 9-17 圆盘 180°正反转控制 PLC 梯形图

```
INCB    MB0
Network 2
// 网络 2:圆盘正反转控制
LD      M1.0
LPS
A       M0.0
=       Q0.0
LPP
AN      M0.0
=       Q0.1
Network 3
// 网络 3:圆盘停止控制
LD      I0.0
ED
A       I0.1
O       I0.2
R       M0.0,9
```

(4) 梯形图控制原理

初始状态下,圆盘在原位时限位开关 SQ 常闭触点受压断开。I0.0=0,Q0.0=0。当按下启动按钮 SB1 时 I0.0=1,当松开按钮 SB1 时 I0.0=0,I0.0 的下降沿常开触点闭合一次,使

M1.0 置位为 1，执行 INCB 指令使 MB0 加 1，M0.0＝1，Q0.0＝1，圆盘正转；转动后 SQ 常闭触点闭合，转动 180°后 SQ 常闭触点又受压断开，I0.0 的下降沿常开触点又闭合一次，再执行一次 INCB 指令，MB0 加 1，MB0＝2，M0.0＝0，M0.0 的常闭触点闭合，Q0.1＝1，圆盘反转；转动后 SQ 常闭触点闭合，转动 180°后 SQ 常闭触点又受压断开，I0.0 的下降沿触点再接通一次，执行一次 INCB 指令，MB0＝3，M0.0＝1，M0.0 常开触点闭合，Q0.0＝1，圆盘再次正转，重复上述过程。

如果按住原位停止按钮 SB2，则 I0.1＝1，当圆盘碰到限位开关 SQ 时，I0.0 的下降沿常开触点闭合，M0.0～M1.0 全部复位，Q0.0 和 Q0.1 失电，圆盘停止。

若按下急停按钮 SB3，则 M0.0～M1.0 立即全部复位，Q0.0 和 Q0.1 失电，圆盘立即停止。

注意：当按下原位停止按钮 SB2 时，必须是按住不放，直到圆盘碰到行程开关停止后才松开；而急停按钮 SB3 是按下后松开，圆盘立即停止。这就是项目描述里所讲到的原位停止和立即停止的区别。

4. 项目评价

控制圆盘的正反转练习了三相异步电动机的正反转控制，同时还熟悉了前两个项目的限位开关的控制。这里限位开关的作用是位置检测，进而实现正、反转切换。项目里要求的两种停止方式的练习也为后面程序的编制提供了参考。

5. 项目练习

如图 9－14 所示，一个圆盘由电动机拖动，按下启动按钮，控制转盘正转 180°延时 10 s 后再反转 180°，反转 180°后延时 10 s 再正转，并不断重复上述过程。按下急停按钮，圆盘立即停止；按下原位停止按钮，转盘转 180°到原位碰到限位开关后停止。要求有 PLC 的端口分配、外围电路、PLC 梯形图、语句表及控制分析。

项目 4 圆盘工件箱捷径传送

1. 项目描述

一个圆盘工作台如图 9－18 所示，周围均匀分布 8 个工位（分别为 0＃～7＃），在每一个工位安装一个接近开关，用于检测位置信号；工作台上有一个工件箱，箱下安装一个磁钢，当磁钢转到接近开关上部时，接近开关动作。

当某一工位按下按钮时，对应的指示灯亮，要求无论工件箱在哪一个工位，工件箱应沿最近距离转动，到该工位自动停止，当工件箱到该工位时指示灯灭。

2. 项目分析

圆盘工作台一周均匀分布 8 个工位，整个控制过程为：按下某一工位的按钮，该工位的指示灯点亮，工具箱便沿最近距离转动到该工位，该工位的接近开关检测到工件箱到位信号，便控制工件箱停转并控制该工位指示灯灭。

经过分析可知，8 个工位内置信号灯的按钮是控制工件箱转动的输入设备；8 个工位的接近开关是控制工件箱停止转动和信号灯灭的输入设备；工件箱的转动（正转和反转）由直流继电器控制；8 个工位的指示灯采用发光二极管；选择 PLC 控制需要 16 个输入端口和 10 个输出端口，这里选用 S7－200 SMART CPU ST60 PLC 实现，端口数量满足需要。主电路中是由直

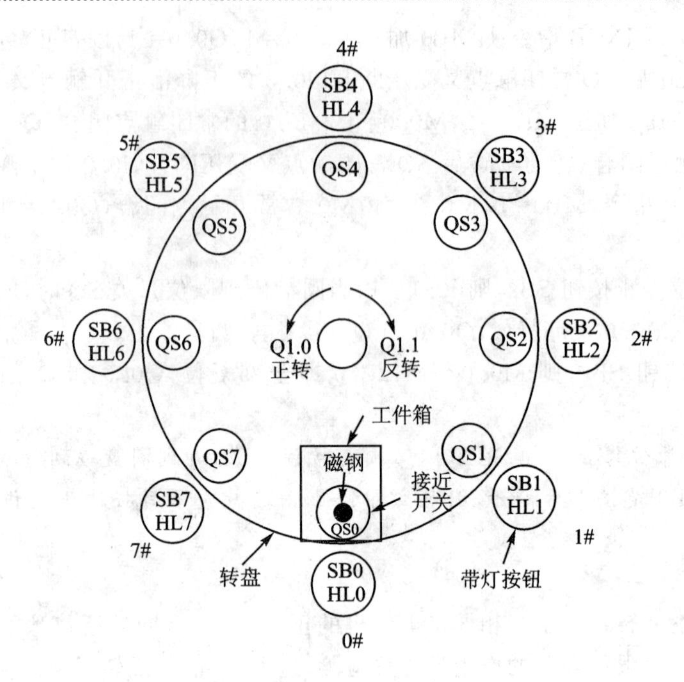

图 9-18 圆盘工作台示意图

流继电器直接控制直流电动机的正反转，电气原理图如图 9-19 所示。

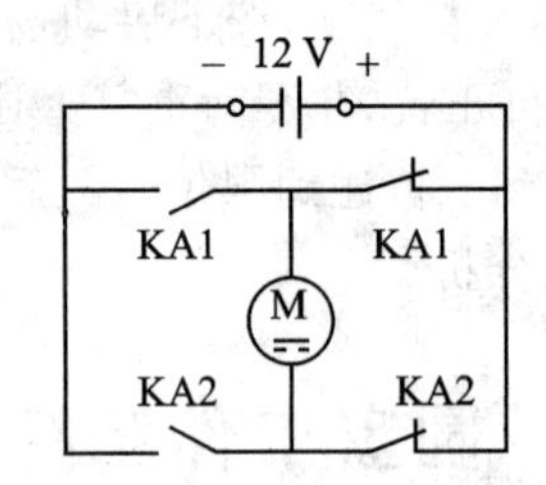

图 9-19 直流电动机正反转的主电路

3. 项目实施

(1) PLC 端口分配

项目 4 中用到的输入/输出元件及其控制功能如表 9-4 所列。

表 9-4 输入/输出元件及其控制功能(项目 4)

项　目	PLC 软元件	元件文字符号	元件名称	控制功能
输入	I0.0～I0.7	SB0～SB7	0#～7#工位按钮	0#～7#工位控制
	I1.0～I1.7	SQ0～SQ7	0#～7#工位接近开关	0#～7#工位检测
输出	Q1.0	KA1	直流继电器 1	圆盘正转
	Q1.1	KA2	直流继电器 2	圆盘反转
	Q0.0～Q0.7	HL0～HL7	0#～7#指示灯	0#～7#工位指示

(2) PLC 外围电路

圆盘工件箱捷径传送控制的 PLC 外围接线图如图 9-20 所示。

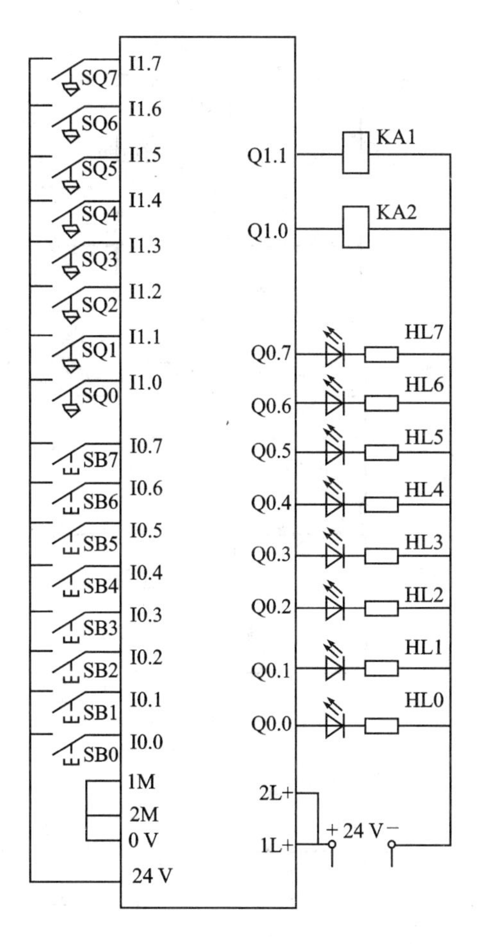

图 9－20　圆盘工件箱捷径传送控制的 PLC 外围接线图

(3) PLC 梯形图程序

圆盘工件箱捷径传送控制 PLC 梯形图如图 9－21 所示。

STL 语句如下：

```
Network 1
// 网络 1:圆盘正反转判断控制
LD      SM0.0
MOVB    IB0, MB1
ENCO    MW0, VB1
MOVB    IB1, MB3
ENCO    MW2, VB3
MOVW    VW2, MW4
 -I     VW0, MW4
Network 2
// 网络 2:指示灯和圆盘反转控制
LDN     SM1.0
MOVB    IB0, QB0
AN      M5.2
```

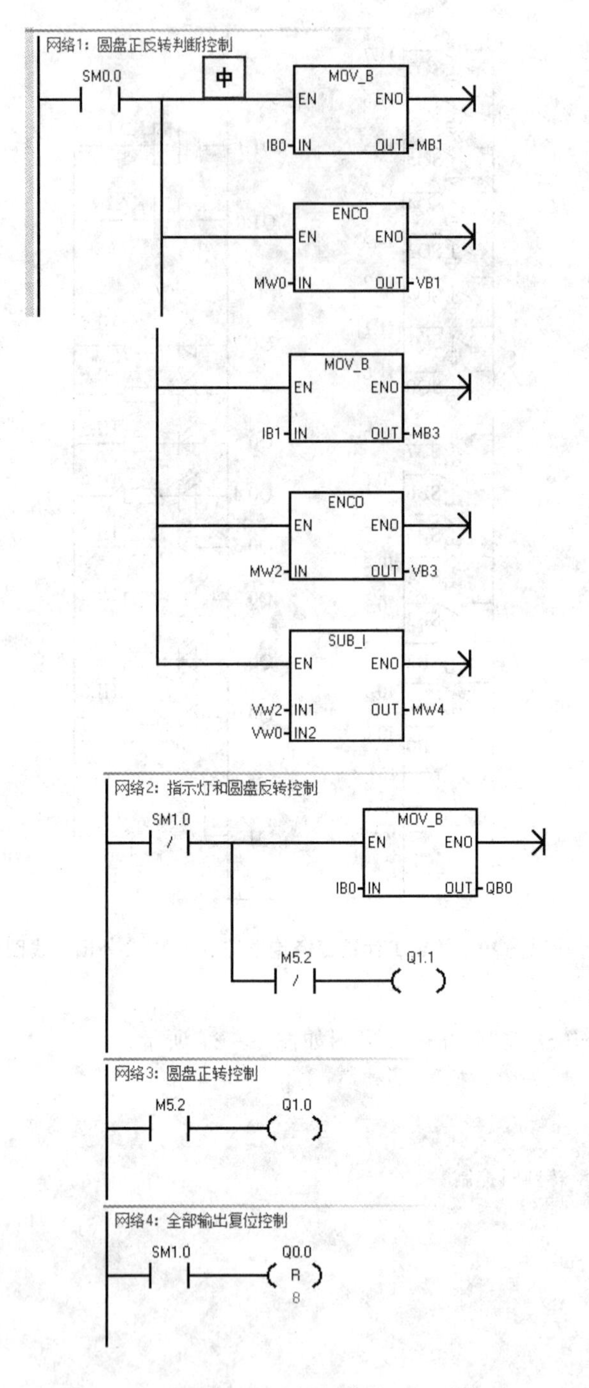

图 9-21　圆盘工件箱捷径传送 PLC 梯形图

```
=       Q1.1
Network 3
// 网络 3:圆盘正转控制
LD      M5.2
=       Q1.0
Network 4
```

```
// 网络 4:全部输出复位控制
LD      SM1.0
R       Q0.0 , 8
```

(4) 梯形图控制原理

圆盘工件箱捷径传送梯形图的工作过程如图 9－22 所示,将工位按钮 I0.0～I0.7(IB0)所在位置的按钮编号存放到 MB1 中,用编码指令将 MW0 编码结果存放到 VB1 的低 4 位(由于编码指令不能用字节元件,所以只能用字元件),即将 MB1 编码结果存放到 VB1 的低 4 位。编码指令是将字型输入数据 IN 的最低有效位(值为 1 的位)的位号输出到 OUT 所指定的字节单元的低 4 位,即把对应工位按钮的编号编码成 4 位二进制数存放到指定的字节的低 4 位。

将工位接近开关 I1.0～I1.7(IB1)所在位置的开关编号存放到 MB3 中,用编码指令将 MW2 编码结果存放到 VB3 的低 4 位(由于编码指令不能用字节元件,所以只能用字元件),即将 MB3 编码结果存放到 VB3 的低 4 位。

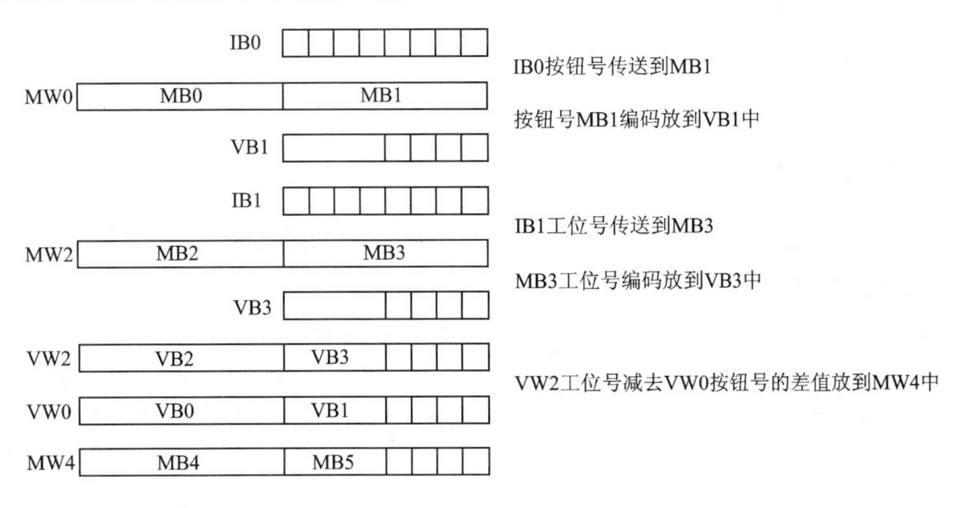

图 9－22　圆盘工件箱捷径传送梯形图的工作过程

根据统计,当 VW2－VW0 的差值为－1～－4 和 4～7 时为正转,当 VW2－VW0 的差值为－5～－7 和 1～3 时为反转,当 VW2－VW0＝0 时为停止。

由表 9－5 可知,将 VW2－VW0 的差值由 4 位二进制数 M5.3～M5.0 表示,当 M5.2＝1 时为正转,当 M5.2＝0 时反转或停,当 VW2－VW0＝0 时为停止。

当 VW2－VW0＝0 时,SM1.0＝1(SM1.0 为零标志位存储器);当 VW2－VW0≠0 时,SM1.0＝0。

当 SM1.0＝1 时,SM1.0 常开触点闭合,全部输出复位;当 SM1.0＝0 时,SM1.0 常闭触点闭合,按下相应按钮,对应的指示灯亮,圆盘正转或反转。

4. 项目评价

控制圆盘工件箱捷径传送的实用性强,不仅涉及电动机正反转,而且要计算最短路程,并沿最短路程旋转到指定位置,尤其是如何计算沿最短路程旋转的算法一定要掌握。此项目中使用了功能指令,其中编码指令和减法指令的应用一定要理解。圆盘工件箱捷径传送的控制思路可以用在数控机床刀库的旋转控制上,所以对于此项目一定要充分理解,达到举一反三、触类旁通的效果。

表 9-5　VW2－VW0 的差值

圆盘转向	VW2－VW0	M5.3	M5.2	M5.1	M5.0
正转	－1	1	1	1	1
	－2	1	1	1	0
	－3	1	1	0	1
	－4	1	1	0	0
反转	－5	1	0	1	1
	－6	1	0	1	0
	－7	1	0	0	1
停转	0	0	0	0	0
反转	1	0	0	0	1
	2	0	0	1	0
	3	0	0	1	1
正转	4	0	1	0	0
	5	0	1	0	1
	6	0	1	1	0
	7	0	1	1	1

5. 项目练习

一个圆形刀库用于自动加工机床的换刀，在刀库架上装有 7 种刀具，如图 9-23 所示。7 种刀具分别放在 1＃～7＃位置，每个刀具位置都有一个位置传感器，用 7 个按钮 SB1～SB7 分别选择 1＃～7＃刀具。每个按钮中都装有一个信号灯，当选择某把刀具时，按下对应的按

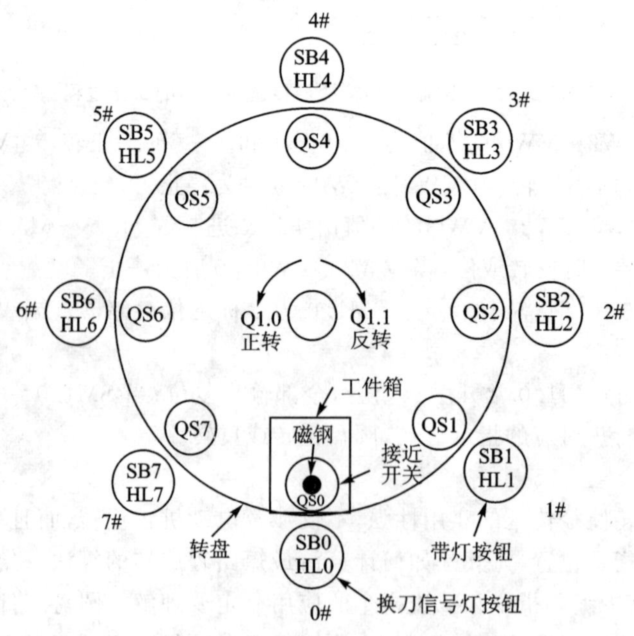

图 9-23　自动加工机床刀库工作示意图

钮，按钮中的信号灯点亮，同时刀库以最近的距离将刀具送到 0＃刀位，到 0＃换刀位时，0＃换刀信号灯亮，停留 3 s（进行换刀），之后返回到原位，换刀按钮信号灯熄灭。要求有 PLC 的端口分配、外围电路、PLC 梯形图、语句表及控制分析。

项目 5　电动机连续运行控制

1. 项目描述

三相交流异步电动机连续运行控制是一种常见的控制方式。采用 PLC 实现三相异步电动机的连续运行控制，即按下启动按钮，电动机启动并单向运转；按下停止按钮，电动机停止运转。该电路必须具有短路保护、过载保护等功能。

2. 项目分析

如图 9－24 所示，首先合上电源开关 QS，然后按照如下情况操作：

启动：按下 SB1—KM 线圈得电
- KM 主触点闭合—电动机 M 运转
- KM 辅助常开触点闭合，保持线圈得电，自锁

停止：

按下 SB2—KM 线圈失电
- KM 主触点断开—电动机 M 停转
- KM 辅助常开触点断开，解锁

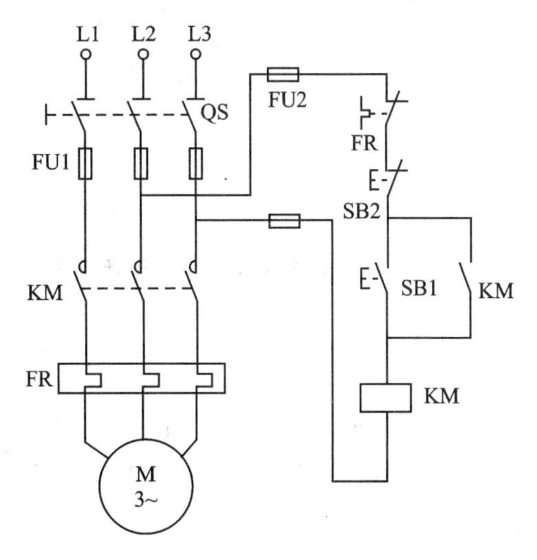

图 9－24　电动机连续运行控制电路

3. 项目实施

（1）I/O 分配表

I/O 分配表如表 9－6 所列。

表 9-6　I/O 分配表(项目 5)

输　入		输　出	
输入继电器	物理元件	输出继电器	物理元件
I0.0	启动按钮 SB1	Q0.0	中间继电器 KA
I0.1	停止按钮 SB2	—	—
I0.2	热继电器 FR	—	—

(2) 硬件接线图

电动机连续运行 PLC 硬件接线图如图 9-25 所示。

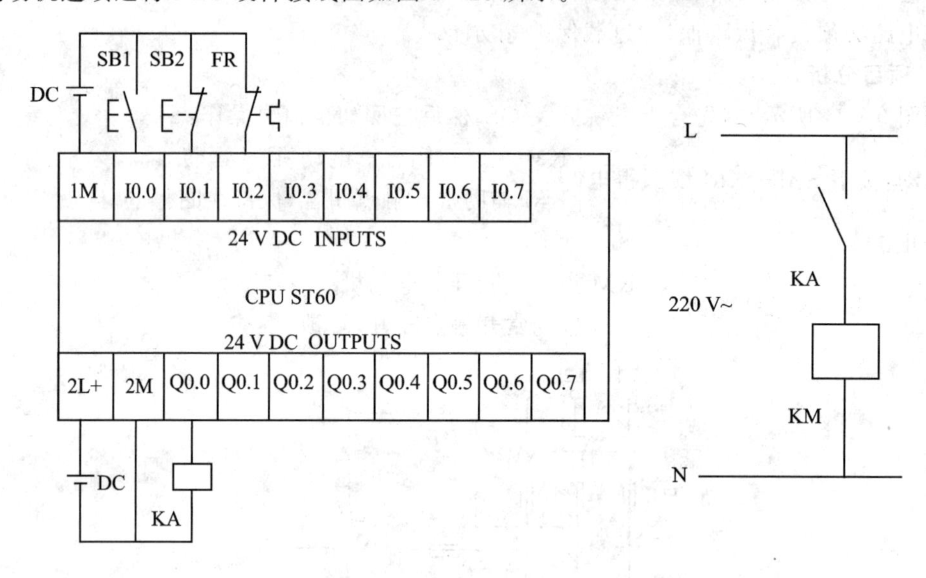

图 9-25　电动机连续运行 PLC 硬件接线图

(3) 梯形图设计

电动机连续运行 PLC 梯形图如图 9-26 所示。

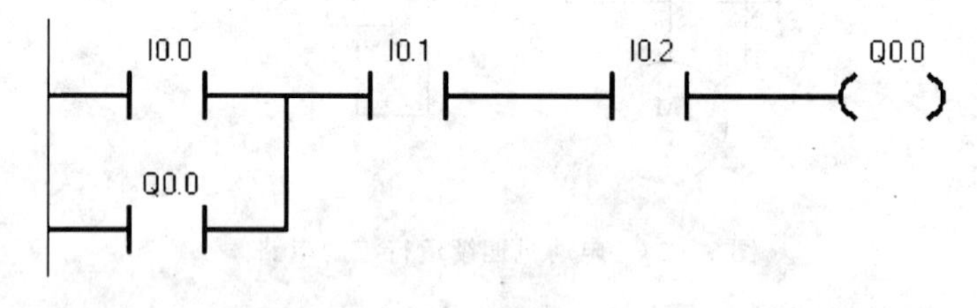

图 9-26　电动机连续运行 PLC 梯形图

4. 项目评价

在工程项目中,启动按钮常用常开触点,停止按钮用常闭触点,如图 9-24 中的停止按钮 SB2,在梯形图中对应的 I0.1 就是用常开触点。如果在硬件接线中停止按钮也用常开触点,则在 PLC 梯形图中对应的触点应改为常闭触点。

5. 项目练习

生产机械的运转状态有点动与连续运转两种状态,故电动机的控制有时会要求既能点动又能连续运转，如图 9－27 所示的两种电路，对应的 PLC 实现方式请读者自行分析。

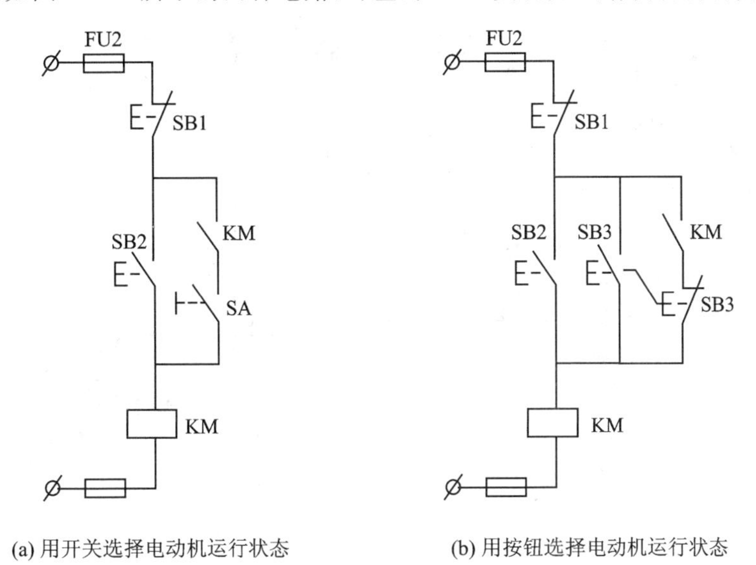

(a) 用开关选择电动机运行状态　　(b) 用按钮选择电动机运行状态

图 9－27　电动机既能点动又能连续运转的电路

项目 6　电动机正反转控制

1. 项目描述

电动机正反转控制运用于生产机械要求运动部件能向正、反两个方向运动的场合，如机床工作台的前进与后退控制，电梯起重机的上升与下降控制等。从电动机的工作原理可知，电动机要改变旋转方向，只要改变电动机三相电源的相序即可实现电动机的正反转控制，通常是将其中两相对调，另一相保持不变。使用 PLC 实现三相异步电动机的正反转控制，即按下正向启动按钮，电动机正向启动并运行；按下反向启动按钮，电动机反向启动并运行；若按下停止按钮，则电动机停止运转。该电路必须具有短路保护、过载保护、互锁保护等功能。

2. 项目分析

如图 9－28 所示，首先合上电源开关 QS，然后按照如下情况操作：

正转：

按下 SB2—KM1 线圈得电 ⎡KM1 主触点闭合—电动机 M 正转
　　　　　　　　　　　 ⎣KM1 辅助常开触点闭合，保持线圈得电，自锁

反转：

按下 SB3—KM1 线圈失电—KM1 常闭辅助触点复位—KM2 线圈得电—

⎡KM2 主触点闭合—电动机 M 反转
⎣KM2 辅助常开触点闭合，保持线圈得电，自锁

3. 项目实施

(1) I/O 分配表

I/O 分配表如表 9－7 所列。

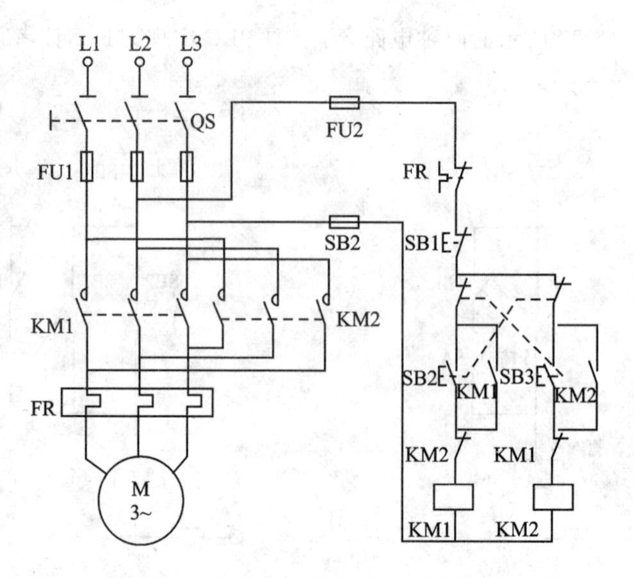

图 9－28　电动机正反转运行控制电路

表 9－7　I/O 分配表(项目 6)

输　入		输　出	
输入继电器	物理元件	输出继电器	物理元件
I0.0	停止按钮 SB1	Q0.0	正向中间继电器 KA1
I0.1	正向启动按钮 SB2	Q0.1	反向中间继电器 KA2
I0.2	反向启动按钮 SB3	—	—
I0.3	热继电器 FR	—	—

(2) 硬件接线图

电动机正反转运行 PLC 硬件接线图如图 9－29 所示。

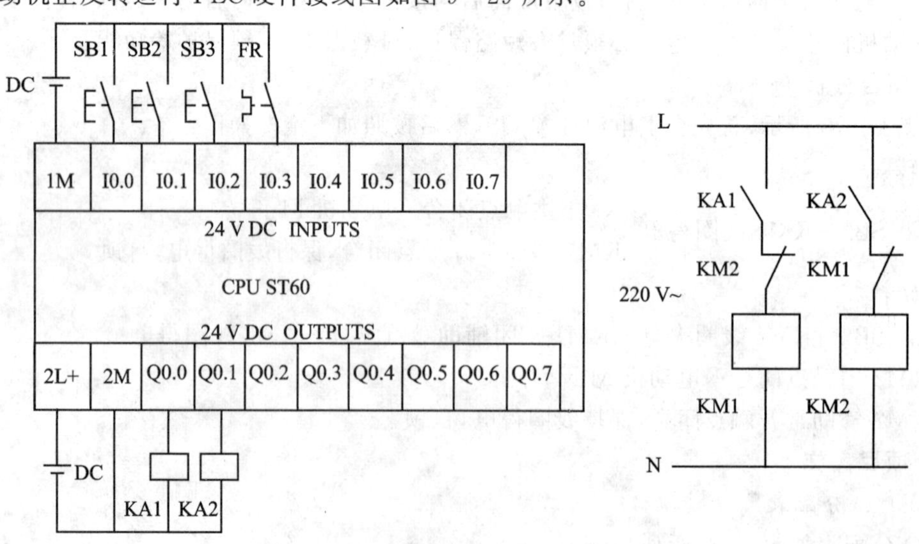

图 9－29　电动机正反转运行 PLC 硬件接线图

（3）梯形图设计

电动机正反转运行 PLC 梯形图如图 9－30 所示。

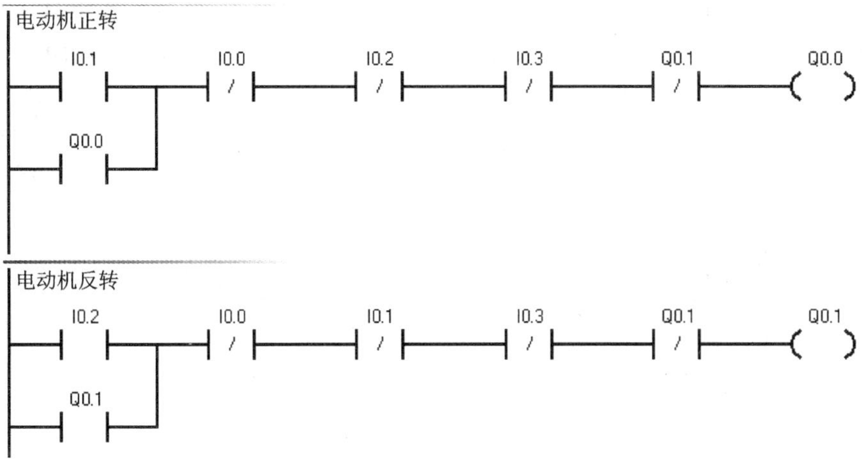

电动机正转
I0.1 I0.0 I0.2 I0.3 Q0.1 Q0.0
Q0.0

电动机反转
I0.2 I0.0 I0.1 I0.3 Q0.1 Q0.1
Q0.1

图 9－30 电动机正反转运行 PLC 梯形图

4．项目评价

在很多工程应用中，经常需要电动机可逆运行，即正、反转，要求正转时不能反转，反转时不能正转，否则会造成电源短路。在继电器控制系统中通过使用机械和电气互锁就可以解决此问题。在 PLC 控制系统中，虽然可通过软件实现互锁，即正反两输出线圈不能同时得电，但不能从根本上杜绝电源短路现象的发生（例如，一个接触器线圈虽失电，但其触点因熔焊不能分离，此时另一个接触器线圈再得电，就会发生电源短路现象），所以必须在接触器的线圈回路中串联对方的辅助常闭触点，如图 9－29 所示。

5．项目练习

线圈的得电与失电也可以用置位、复位指令来实现，相应程序请读者自行编写。

项目 7 电动机 Y－△降压启动控制

1．项目描述

当电动机功率超过 10 kW 时，因启动电流较大，所以一般采用降压启动。降压启动是指利用启动设备将电压适当降低后加到电动机的定子绕组上进行启动，待电动机启动运转后，再使其电压恢复到额定值正常运转。由于电流随电压的降低而减小，所以降压启动达到了减小启动电流的目的。但同时，由于电动机转矩与电压的平方成正比，所以降压启动也将导致电动机的启动转矩大大降低。因此，降压启动需要在空载或轻载下启动。三相鼠笼式异步电动机常见降压启动的方法有：定子绕组串电阻（电抗）启动、自耦变压器降压启动、Y－△降压启动。

使用 PLC 实现三相异步电动机的 Y－△降压启动控制，即按下启动按钮，电动机星形（Y）启动；启动结束后，电动机切换成三角形（△）运行；若按下停止按钮，则电动机停止运转。要求启动和运行时有相应指示。

2．项目分析

如图 9－31 所示，首先合上电源开关 QS，然后按照如下情况操作：

降压启动：按下启动按钮 SB2，KM1 线圈得电并自锁，同时 KM3、KT 线圈得电，KM1 和 KM3 的主触点闭合，电动机接成 Y 形开始降压启动。

全压运行：KT 的延时时间到，其延时断开常闭触点断开，使 KM3 线圈失电，KM3 的主触点断开，同时，KT 的延时闭合常开触点使 KM2 线圈得电并自锁，KM2 主触点闭合。由于此时 KM1 线圈继续得电，故电动机的定子绕组换接成三角形(△)继续运行。

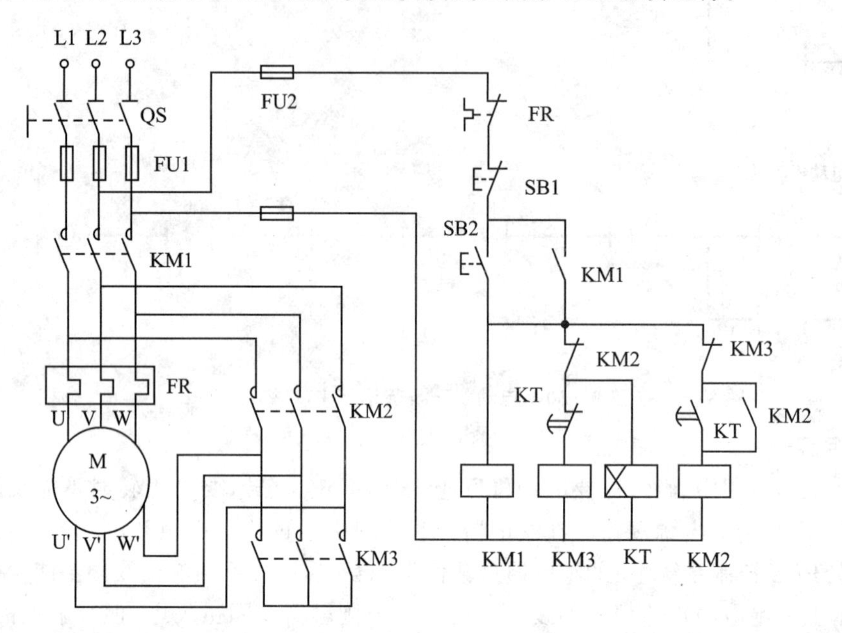

图 9-31　电动机 Y-△降压启动控制电路

3. 项目实施

(1) I/O 分配表

I/O 分配表如表 9-8 所列。

表 9-8　I/O 分配表(项目 7)

输　入		输　出	
输入继电器	物理元件	输出继电器	物理元件
I0.0	停止按钮 SB1	Q0.0	电源接入中间继电器 KA1
I0.1	启动按钮 SB2	Q0.1	△连接中间继电器 KA2
I0.2	热继电器 FR	Q0.2	Y 形连接中间继电器 KA3
—	—	Q0.3	Y 形启动指示灯
—	—	Q0.4	△运行指示灯

(2) 硬件接线图

电动机 Y-△降压启动控制 PLC 硬件接线图如图 9-32 所示。

(3) 梯形图设计

电动机 Y-△降压启动控制 PLC 梯形图如图 9-33 所示，本例中电动机启动延时时间设置为 5 s。

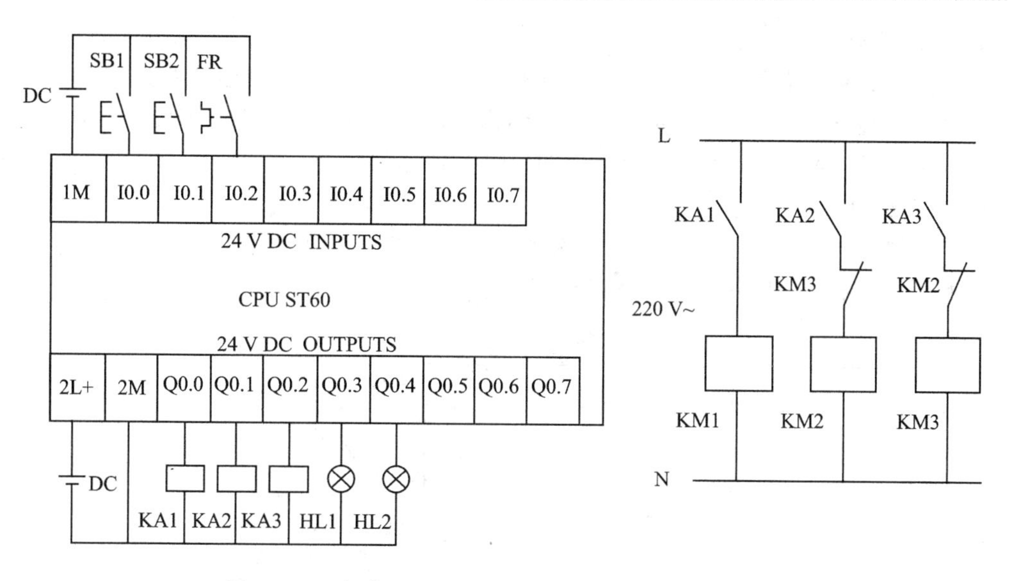

图 9－32　电动机 Y－△降压启动控制 PLC 硬件接线图

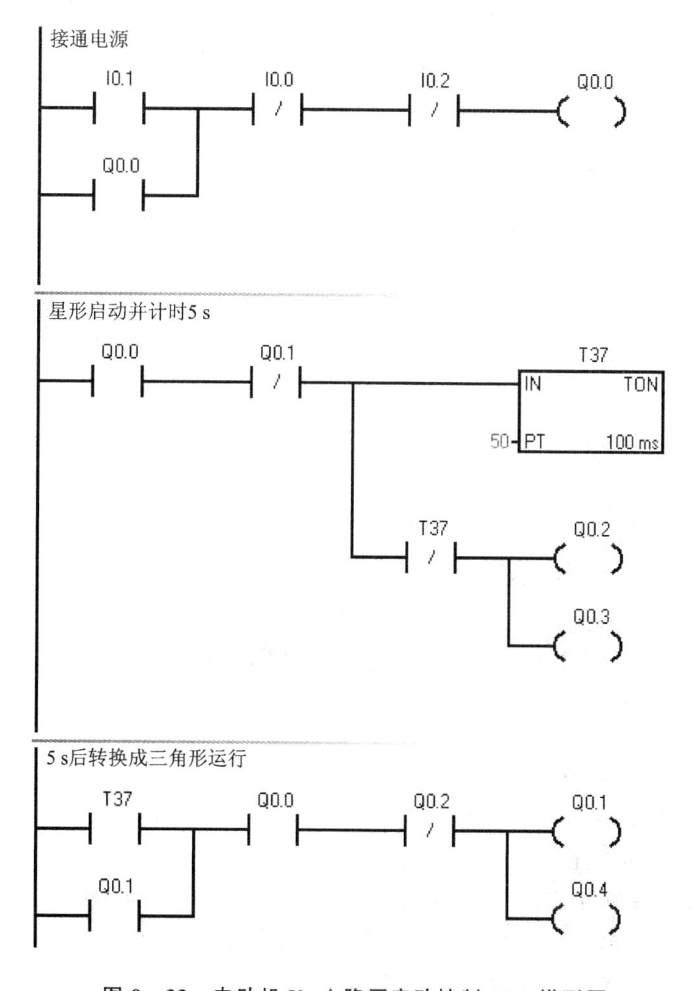

图 9－33　电动机 Y－△降压启动控制 PLC 梯形图

4. 项目评价

在很多控制系统中会经常遇到有多种不同的电压等级负载，这就要求 PLC 的输出点不能任意安排，必须做到同一电源使用一组 PLC 的输出，不能混用，否则会发生危险事故。比如本项目中的中间继电器 KA 和指示灯 HL，都必须是 DC 24 V 电压才能共用一组 PLC 的输出。

5. 项目练习

定子绕组串电阻(电抗)启动控制(电路如图 9－34 所示)和自耦变压器降压启动控制(电路如图 9－35 所示)也可以通过 PLC 来实现，相应程序请读者自行编写。

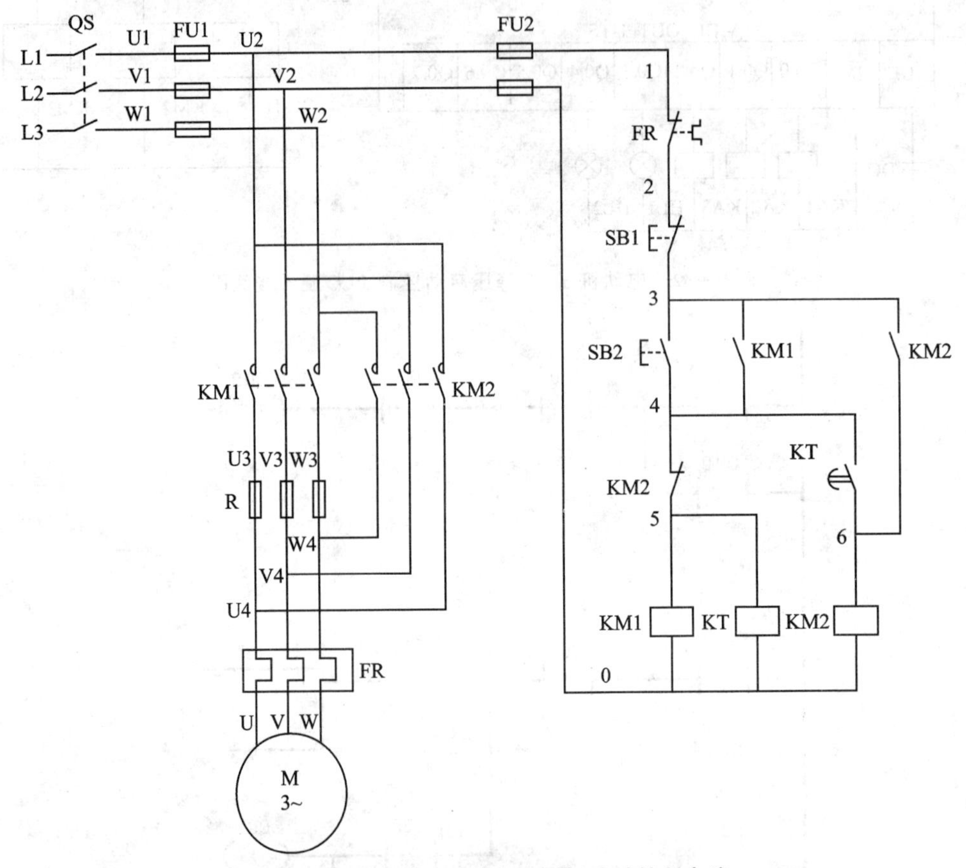

图 9－34　定子绕组串电阻(电抗)启动控制电路

项目 8　电动机顺序控制

1. 项目描述

在多电动机驱动的生产机械上，各台电动机所起的作用不同，设备有时要求某些电动机按一定顺序启动并工作，以保证操作过程的合理性和设备工作的可靠性。例如，铣床工作台(放置工件)的进给电动机必须在主轴(刀具)电动机启动的条件下才能启动。

生产机械除要求按顺序启动外，有时还要求按一定顺序停止，如传送带运转机，前面的第一台运输机先启动，再启动后面的第二台；停车时应先停第二台，再停第一台，这样才不会造成物料在皮带上的堆积和滞留。这就对电动机的启动过程提出了顺序控制的要求，实现顺序控制要求的电路称为电动机顺序控制电路。

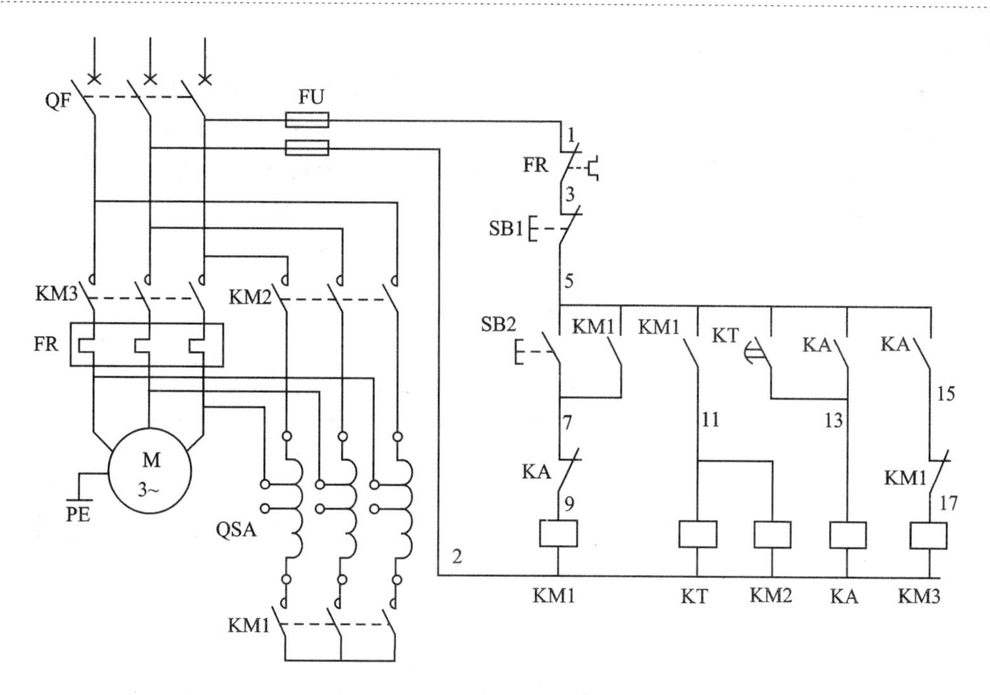

图 9-35　自耦变压器降压启动控制电路

顺序控制电路有两种：按顺序启动和按顺序启动与顺序停止，如图 9-36 所示。

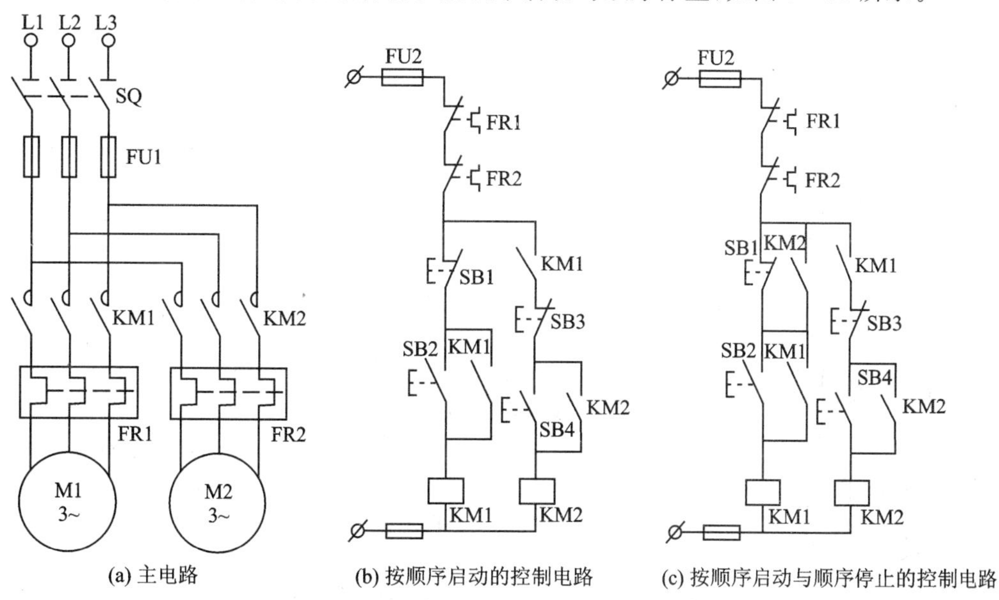

(a) 主电路　(b) 按顺序启动的控制电路　(c) 按顺序启动与顺序停止的控制电路

图 9-36　电动机顺序控制电路

2. 项目分析

以顺序启动与顺序停止控制电路为例(见图 9-36(c))：首先合上电源开关 SQ(见图 9-36(a))，然后按照如下情况操作：

顺序启动：按下启动按钮 SB2，KM1 线圈得电并自锁，电动机 M1 先启动。若 KM1 线圈未得电时按下按钮 SB4，则由于 KM1 常开辅助触点断开，KM2 线圈无法得电，M2 电动机不能启动,从而实现了顺序启动的控制目的。

顺序停止:当两台电动机都正常运行后,若需要停止电动机,则必须先按下按钮 SB3,KM2 线圈断电,M2 电动机停止,KM2 常开辅助触点复位,此时再按下按钮 SB1 才能断开 KM1,使 M1 电动机停止。若 KM2 线圈未断电时直接按下按钮 SB1,则由于 KM2 常开辅助触点闭合,使 SB1 按钮失效,所以不能断开 KM1 线圈使 M1 电动机停止。

3. 项目实施

(1) I/O 分配表

I/O 分配表如表 9-9 所列。

表 9-9 I/O 分配表(项目 8)

输 入		输 出	
输入继电器	物理元件	输出继电器	物理元件
I0.0	M1 电动机停止按钮 SB1	Q0.0	接触器 KM1
I0.1	M1 电动机启动按钮 SB2	Q0.1	接触器 KM2
I0.2	M2 电动机停止按钮 SB3	—	—
I0.3	M2 电动机启动按钮 SB4	—	—
I0.4	M1 电动机热继电器 FR1	—	—
I0.5	M2 电动机热继电器 FR2	—	—

(2) 硬件接线图

电动机顺序控制 PLC 硬件接线图如图 9-37 所示。

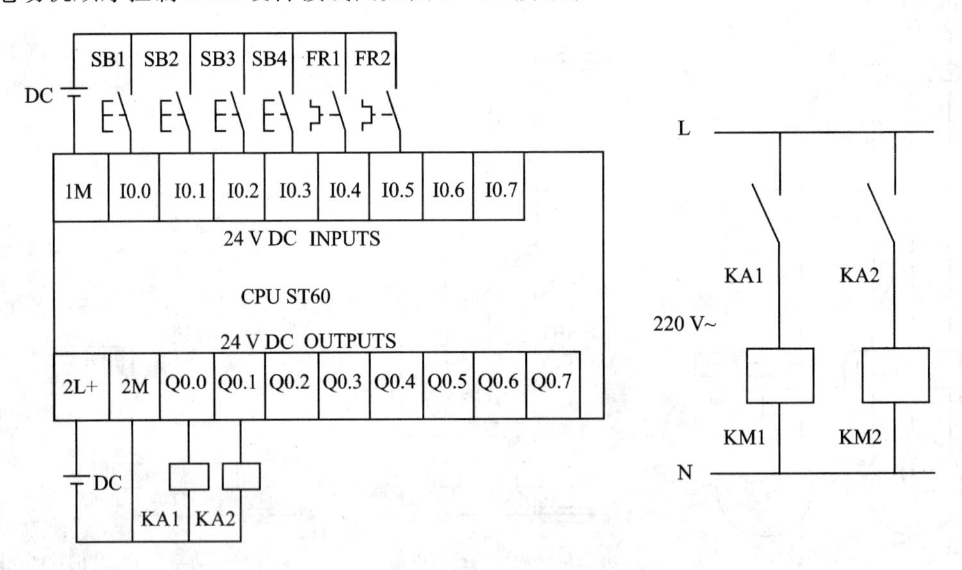

图 9-37 电动机顺序控制 PLC 硬件接线图

(3) 梯形图设计

电动机顺序控制 PLC 梯形图如图 9-38 所示。

4. 项目评价

本项目中,顺序启动的关键是串联在 M2 电动机电路中的常开触点 Q0.0,保证在线圈 Q0.0 得电(即 M1 电动机启动)后,Q0.1(即电动机 M2)才能启动。

顺序停止的关键是 M1 电动机电路中与常闭触点 I0.0 并联的常开触点 Q0.1,当线圈

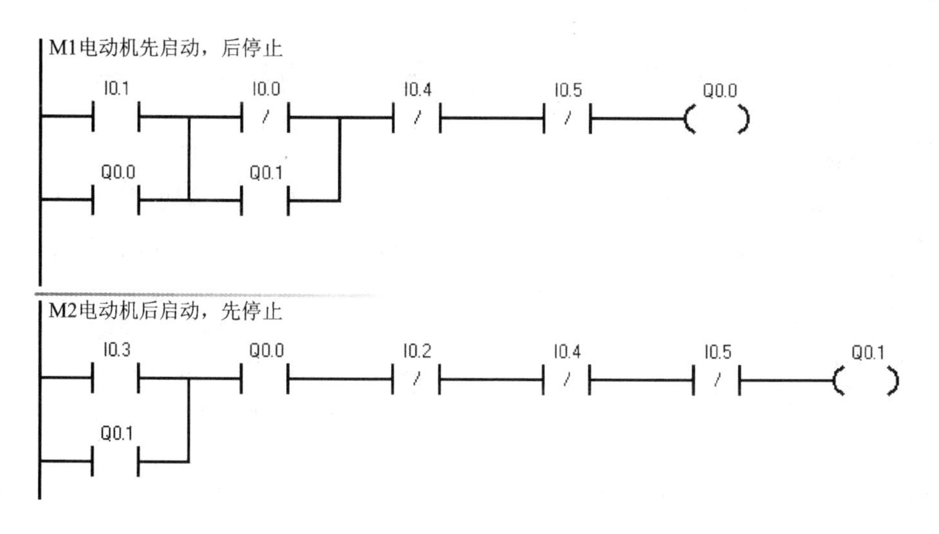

图 9-38 电动机顺序控制 PLC 梯形图

Q0.1 得电（即 M2 电动机运行）时，常闭触点 I0.0（M1 电动机停止按钮）失效，只有 M2 电动机停止后才能停止 M1 电动机。

5. 项目练习

在许多顺序控制中都要求有一定的时间间隔，此时往往用时间继电器来实现。图 9-39 所示为时间继电器控制的电动机顺序启动电路，接通主电路与控制电路电源，按下启动按钮 SB2，KM1、KT 线圈同时得电并自锁；延时后，KT 常开触点闭合，KM2 线圈得电并自锁使电动机 M2 自行启动，同时 KM2 常闭辅助触点断开，将时间继电器 KT 线圈的电路切断，KT 不再工作。相应的 PLC 程序请读者自行编写。

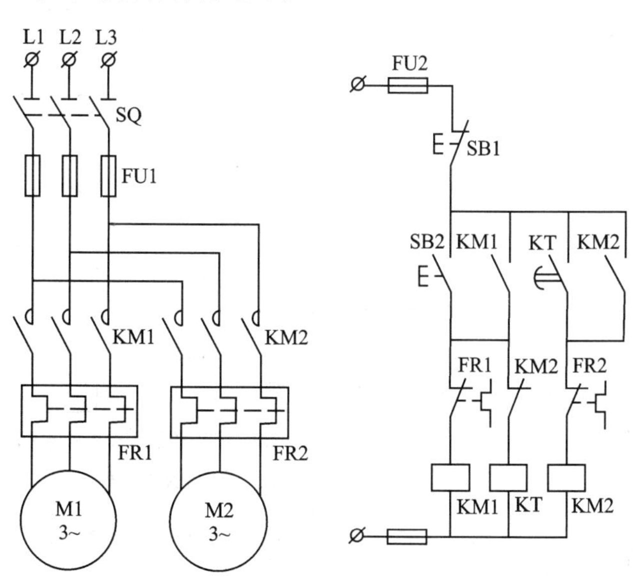

图 9-39 时间继电器控制的电动机顺序启动电路

项目9　用1个按钮控制3组灯

1. 项目描述

通过1个按钮控制3组(或3个)灯，由PLC控制，每按一次按钮增加一组灯亮；3组灯全亮后，每按一次按钮，灭一组灯(要求先亮的灯先灭)；如果按下按钮的时间超过2 s，则灯全灭。

2. 项目分析

本项目主要考察了S7-200 SMART CPU ST60对I/O口、计数器、定时器的应用。首先将PLC用24 V电源供电，然后连接好I/O口与按钮开关，利用软件STEP 7-Micro/WIN SMART编写梯形图程序，并将其下载到PLC中，按下电路中的控制按钮，观察PLC中灯亮灭的变化。

设计该项目时要注意，通过计数器中按钮按下的次数来控制灯的亮灭，当按钮按下的时间超过2 s时，定时器触发关闭命令。

3. 项目实施

(1) 输入/输出元件及其控制功能

根据项目描述自行选择I/O口进行控制，本项目中用到的输入/输出元件及其控制功能如表9-10所列。

表9-10　输入/输出元件及其控制功能(项目9)

项　目	PLC软元件	元件符号	元件作用	控制功能
输入	I0.0	SB	控制按钮	控制3组灯
输出	Q0.0	EL1	照明灯1	照明
	Q0.1	EL2	照明灯2	照明
	Q0.2	EL3	照明灯3	照明

(2) 电路设计

根据控制要求，输入口分别与控制按钮相连接，输出口连接LED灯即可，其连接电路如图9-40所示。

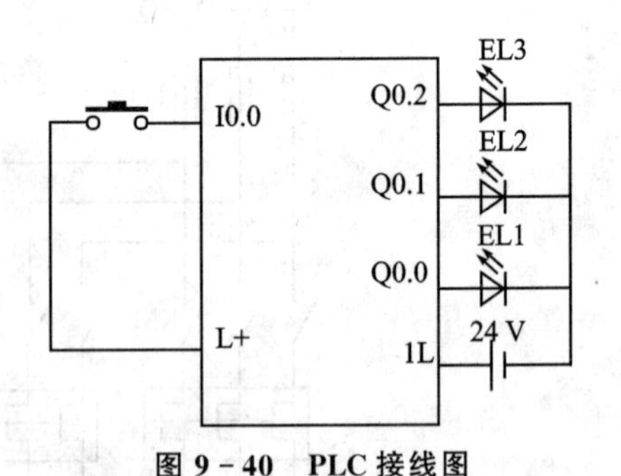

图9-40　PLC接线图

根据控制要求，可用字节加1指令INCB组成一个计数器，计数值用MB0的低3位表示，用计数结果来控制3个灯的组合状态。计数器数值与3组灯的逻辑关系如表9-11所列。

表9-11　3组灯显示输出的真值表

计数值	计数值MB0				灯组3	灯组2	灯组1	说　明
	M0.3	M0.2	M0.1	M0.0	Q0.2	Q0.1	Q0.0	
0	0	0	0	0	0	0	0	灯不亮
1	0	0	0	1	0	0	1	1灯亮
2	0	0	1	0	0	1	1	1、2灯亮

续表 9-11

计数值	计数值 MB0				灯组 3	灯组 2	灯组 1	说　明
	M0.3	M0.2	M0.1	M0.0	Q0.2	Q0.1	Q0.0	
3	0	0	1	1	1	1	1	1、2、3 灯亮
4	0	1	0	0	1	1	0	2、3 灯亮
5	0	1	0	1	1	0	0	3 灯亮
6	0	1	1	0	0	0	0	灯灭

根据表 9-11 可以画出 Q0.0、Q0.1 和 Q0.2 的卡诺图，其中 Q0.0 的卡诺图如图 9-41 所示。

M0.2 \ M0.1 M0.0	00	01	10	11
0	0	1	1	1
1	0	0	0	0

图 9-41　Q0.0 的卡诺图

画卡诺图的步骤如下：

① 将 M0.0、M0.1 和 M0.2 的真值选出，因为 M0.3 的真值没有变化，都为 0，因此不必考虑。

② 将 M0.1、M0.0 看成一个组合，其组合数据有 00、01、10、11 四种。

③ 在 M0.1、M0.0 组合后再查看 Q0.0 为 1 时 M0.2 的值。比如 Q0.0 为 1 时，可以看出 M0.1、M0.0 分别为 01、10、11，而此时若 M0.2 也为 1，则 Q0.0 即为 1。

④ 将卡诺图为 1 的值两两结合来分析。当 M0.1、M0.0 为 01、11 时，M0.1 为 0 或 1，而 M0.0 为 1 无变化，若 Q0.0 为 1，则需要 M0.2 在 0 这一行时的值为 1，因此可以得出 $Q0.0 = M0.1 \cdot \overline{M0.2}$；同理分析，当 M0.1、M0.0 为 10、11 时，M0.0 为 0 或 1，而 M0.1 为 1 无变化，若 Q0.0 为 1，则仍需要 M0.2 在 0 这一行时的值为 1，因此可以得出 $Q0.0 = M0.0 \cdot \overline{M0.2}$。因此可以得出，$Q0.0 = (M0.0 + M0.1) \cdot \overline{M0.2}$。

⑤ 同理，画出 Q0.1、Q0.2 的卡诺图，最终得到 Q0.1、Q0.2 的逻辑表达式如下：

$$Q0.0 = \overline{M0.0} \cdot \overline{M0.1} \cdot M0.2 + M0.1 \cdot \overline{M0.2}$$

$$Q0.0 = M0.0 \cdot M0.1 \cdot \overline{M0.2} + M0.2 \cdot \overline{M0.1}$$

当计数值 MB0=2#00000110 时，即当 M0.1=1，M0.2=1 时，将计数器复位。由上述关系画出 PLC 接线图和控制梯形图。

(3) 梯形图设计

当计数值 MB0=2#00000110 时，即当 M0.1=1，M0.2=1 时，将计数器复位。由上述关系画出 PLC 控制梯形图，如图 9-42 所示。

4. 项目评价

本项目通过一个按钮实现了多灯的控制功能，通过按钮按下次数的计数来分别控制灯的亮灭。本项目采用了加法运算中的 INCB 位递增指令，它是无符号运算指令，将输入值 IN 加 1，并在 OUT 中输出结果。同时，也采用了定时器 TON 指令。S7-200 指令集提供了 3 种不

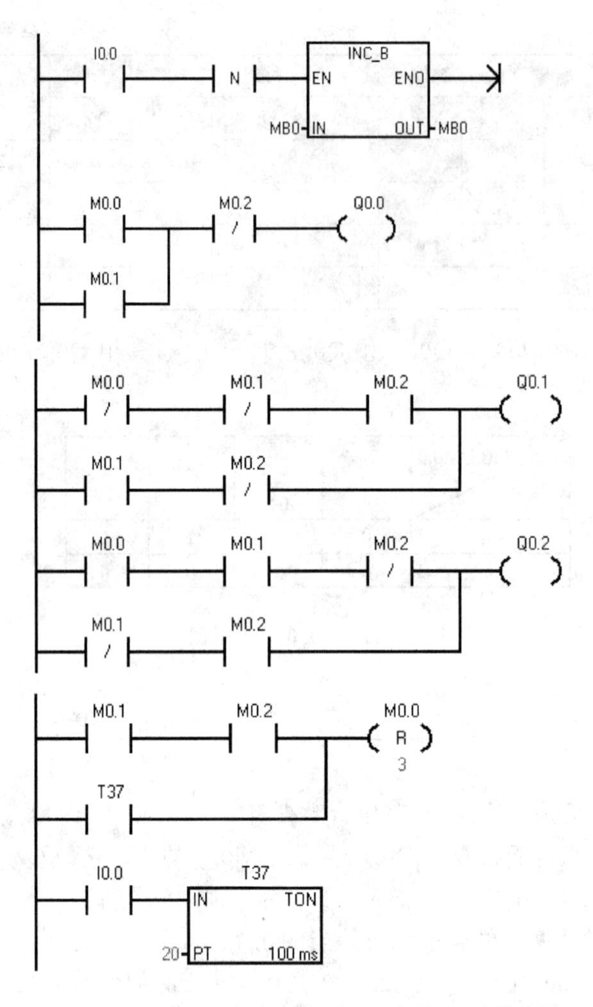

图 9-42　用 1 个按钮控制 3 组灯的 PLC 梯形图

同类型的定时器，此处采用了通电延时型定时器 T37。使用 100 ms 定时器时，为了保证时间间隔至少为 2 000 ms，则预设时间值应设为 20，即实现了按下时间超过 2 s 时灯全部熄灭的定时要求。由于定时器 T37 可在 100 ms 内的任意时刻启动，所以若是要求时间必须大于 2 s，则预设值必须设为比最小所需定时器间隔大 1 的这样一个时间间隔，此处可设为 21。

5. 项目练习

本项目按照电路图对 PLC 进行 24 V 供电，并使用导线将电子元器件与 PLC 输入/输出口连接好；打开 STEP 7 - Micro/WIN SMART 编写梯形图程序，并将其下载到 PLC 中，然后运行 PLC 程序，按下控制按钮，观察 LED 灯组的亮灭变化。

项目 10　用 3 个开关控制 1 个灯

1. 项目描述

用 3 个开关在 3 个不同的地点控制 1 个照明灯，任何一个开关都可以控制照明灯的亮与灭。

2. 项目分析

本项目主要考察的是S7－200 SMART CPU ST60对I/O口的应用。首先将PLC用24 V电源供电，然后连接好I/O口与按钮开关，接着利用软件STEP 7－Micro/WIN SMART编写梯形图程序，并将其下载到PLC中，按下电路中的控制按钮，观察PLC的指示灯的亮灭变化。

该项目主要是任意一个开关闭合时灯亮，任意一个断开时灯灭，这里常开、常闭输入量的组合是解决问题的关键。

3. 项目实施

(1) 输入/输出元件及其控制功能

根据项目描述自行选择I/O口进行控制，本项目中用到的输入/输出元件及其控制功能如表9－12所列。

表9－12　输入/输出元件及其控制功能(项目10)

项　目	PLC软元件	元件符号	元件作用	控制功能
输入	I0.0	S1	开关1	控制灯
输入	I0.1	S2	开关2	控制灯
输入	I0.2	S3	开关3	控制灯
输出	Q0.0	EL1	照明灯	照明

(2) 电路设计

经分析可知，3个开关中只有一个开关闭合时灯亮，再有另一个开关闭合时灯灭，以此类推，即有奇数个开关闭合时灯亮，有偶数个开关闭合时灯灭。根据控制要求列出真值表，如表9－13所列。

表9－13　一个灯显示输出的真值表

I0.2	I0.1	I0.0	Q0.0
0	0	0	0
0	0	1	1
0	1	0	1
0	1	1	0
1	0	0	1
1	0	1	0
1	1	0	0
1	1	1	1

根据表9－13和图9－43所示的PLC接线图列出的逻辑表达式如下：

$$Q0.0=\overline{I0.2}\cdot\overline{I0.1}\cdot I0.0+\overline{I0.2}\cdot I0.1\cdot\overline{I0.0}+I0.2\cdot I0.1\cdot I0.0=$$
$$\overline{I0.2}(\overline{I0.1}\cdot I0.0+I0.1\cdot\overline{I0.0})+I0.2(\overline{I0.1}\cdot\overline{I0.0}+I0.1\cdot I0.0)$$

(3) 梯形图设计

根据逻辑表达式画出梯形图，如图9－44所示。

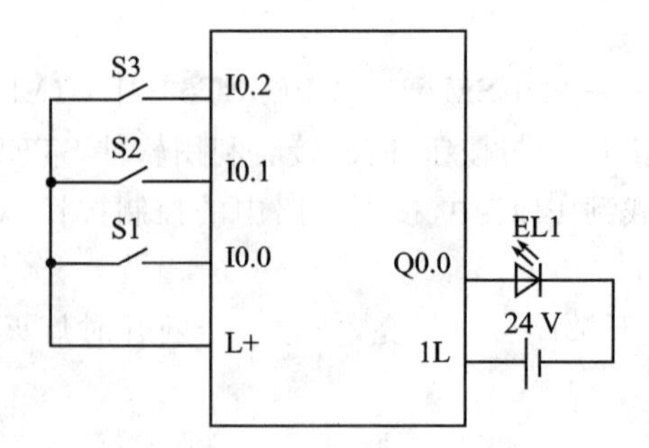

图 9-43 PLC 接线图

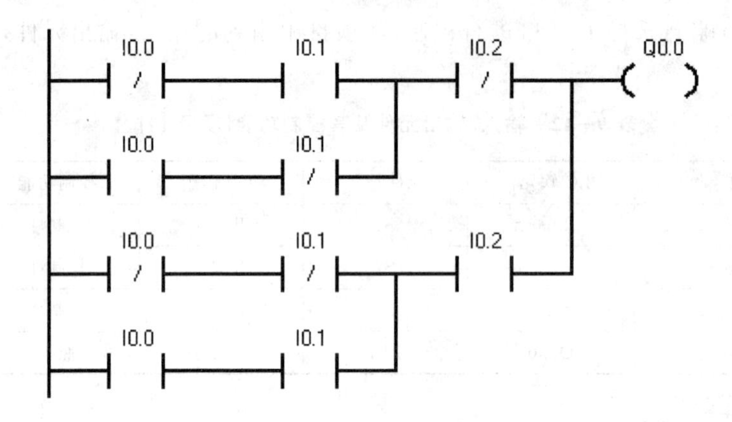

图 9-44 用 3 个开关控制 1 个灯的 PLC 梯形图

4. 项目评价

本项目非常实用,家居安装经常会在卧室中安装多处开关,以此给生活带来方便。主要的软件编程是根据真值表的分析得出的,当 Q0.0=1 时,分别对应真值表中 I0.0、I0.1、I0.2 的值就可写出梯形图。当 I0.0=0 时,选择 I0.0 为常闭触点;当 I0.0=1 时,选择 I0.0 为常开触点,这样问题就迎刃而解了。

5. 项目练习

本项目按照电路图给 PLC 提供 24 V 直流电,并且使用导线将电子元器件与 PLC 的输入/输出口连接好,打开 STEP 7-Micro/WIN SMART 编写梯形图程序,并将其下载到 PLC 中,然后运行 PLC 程序,按下控制按钮,观察 LED 灯组的亮灭变化。

项目 11 用 4 个开关控制 4 个灯

1. 项目描述

4 个开关中每个开关分别控制一个灯,当只有一个开关闭合且其他开关断开时对应的灯亮,当两个及以上个开关闭合时灯灭。

2. 项目分析

本项目主要考察 S7-200 SMART CPU ST60 对 I/O 口的应用,首先用 24 V 电源给 PLC 供电,然后连接好 I/O 口与按钮开关,接着利用软件 STEP 7-Micro/WIN SMART 编写梯形图程序,并将其下载到 PLC 中,按下电路中的控制按钮,观察 PLC 中指示灯的亮灭变化。这里常开、常闭输入量组合是解决问题的关键。

3. 项目实施

(1) 输入/输出元件及其控制功能

根据项目描述自行选择 I/O 口进行控制，本项目中用到的输入/输出元件及其控制功能如表 9 - 14 所列。

表 9 - 14　输入/输出元件及其控制功能(项目 11)

项　目	PLC 软元件	元件符号	元件作用	控制功能
输入	I0.0	S1	开关 1	控制灯
输入	I0.1	S2	开关 2	控制灯
输入	I0.2	S3	开关 3	控制灯
输入	I0.3	S4	开关 4	控制灯
输出	Q0.0	EL1	照明灯	照明
输出	Q0.1	EL2	照明灯	照明
输出	Q0.2	EL3	照明灯	照明
输出	Q0.3	EL4	照明灯	照明

(2) 电路设计

经分析可知，4 个开关中只有一个开关闭合，其他开关断开时对应的灯亮，再有任一个开关闭合时灯灭，如表 9 - 15 所列。

表 9 - 15　4 个灯显示输出的真值表

I0.3	I0.2	I0.1	I0.0	Q0.3	Q0.2	Q0.1	Q0.0	备　注
0	0	0	0	0	0	0	0	—
0	0	0	1	0	0	0	1	只有开关 1 动作时灯 1 亮
0	0	1	0	0	0	1	0	只有开关 2 动作时灯 2 亮
0	0	1	1	0	0	0	0	—
0	1	0	0	0	1	0	0	只有开关 3 动作时灯 3 亮
0	1	0	1	0	0	0	0	—
0	1	1	0	0	0	0	0	—
0	1	1	1	0	0	0	0	—
1	0	0	0	1	0	0	0	只有开关 4 动作时灯 4 亮
1	0	0	1	0	0	0	0	—
1	0	1	0	0	0	0	0	—
1	0	1	1	0	0	0	0	—
1	1	0	0	0	0	0	0	—
1	1	0	1	0	0	0	0	—
1	1	1	0	0	0	0	0	—
1	1	1	1	0	0	0	0	—

根据表 9 - 15 和图 9 - 45 所示的 PLC 接线图列出的逻辑表达式如下：

$$Q0.0 = I0.0 \cdot \overline{I0.1} \cdot \overline{I0.2} \cdot \overline{I0.3}$$

$$Q0.1 = \overline{I0.0} \cdot I0.1 \cdot \overline{I0.2} \cdot \overline{I0.3}$$

$$Q0.1 = \overline{I0.0} \cdot \overline{I0.1} \cdot I0.2 \cdot \overline{I0.3}$$

$$Q0.1 = \overline{I0.0} \cdot \overline{I0.1} \cdot \overline{I0.2} \cdot I0.3$$

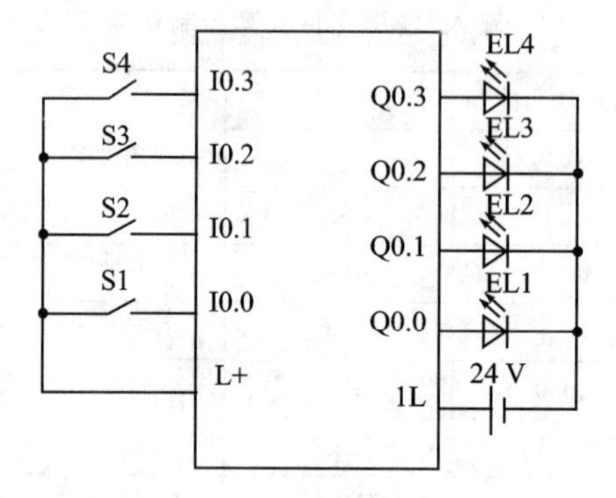

图 9 - 45　PLC 接线图

(3) 梯形图设计

根据逻辑表达式画出梯形图，如图 9 - 46 所示。

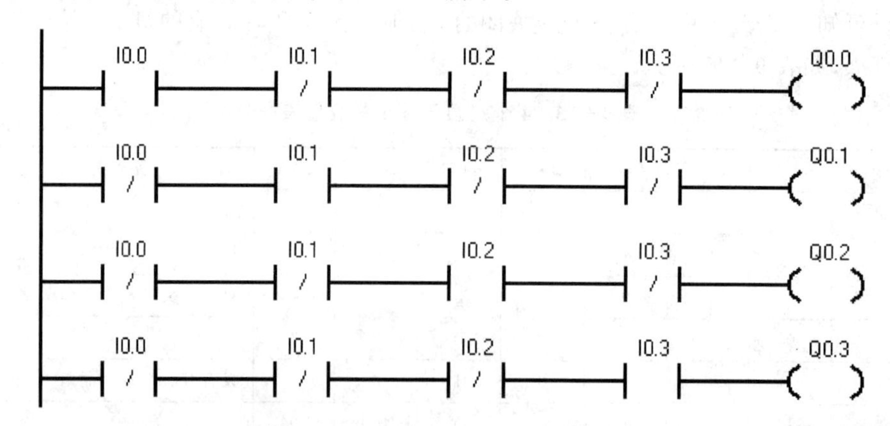

图 9 - 46　用 4 个开关控制 4 个灯的 PLC 梯形图

4. 项目评价

当开关 S1 闭合时，I0.0=1，I0.0 常开触点闭合，Q0.0 线圈经 I0.1、I0.2、I0.3 常闭触点得电；同理，当 I0.1、I0.2 或 I0.3 单独闭合时，对应的线圈 Q0.1、Q0.2 或 Q0.3 单独得电。当 I0.0=1 时，若 I0.1、I0.2 或 I0.3 三个开关中任意一个开关动作，其常闭触点断开，则 Q0.0 无法得电；同理，若 I0.1、I0.2 或 I0.3 单独动作，其他 3 个开关闭合，则对应的输出继电器也无法得电。

5. 项目练习

本项目按照电路图对 PLC 提供 24 V 直流电，并使用导线将电子元器件与 PLC 的输入/输出口连接好，打开 STEP 7 - Micro/WIN SMART 编写梯形图程序，并将其下载到 PLC 中，然后运行 PLC 程序，按下控制按钮，观察 LED 灯的亮灭变化。

项目 12　三相步进电动机控制的设计

1. 项目描述

采用 S7-200 SMART CPU ST60 PLC 对三相步进电动机进行启动、停止、正转、反转、加速、减速等控制，主要介绍了 PLC 的端口分配、PLC 的外围电路接线设计及系统设计中各功能的 PLC 梯形图实现。

常用步进电动机的定子绕组有三相、四相、五相及六相等方式，而三相步进电动机的脉冲分配又分为单三拍、双三拍和单双六拍。采用西门子 PLC 可以实现对步进电动机的启停、脉冲分配、转动方向、加减速的控制。下面采用循环移位指令产生正、反转相序的三相六拍步进脉冲，控制三相步进电动机的正反转及加减速运动。

2. 项目分析

① 按下启动按钮 SB1，三相步进电动机按 SA 预设的方向转动（SA=0 为正转，SA=1 为反转）；

② 按下停止按钮 SB2，三相步进电动机停止相序分配；当再次按下启动按钮 SB1 时，三相步进电动机又从当前相序开始转动；

③ 按一下加速按钮 SB3，若当前速度不是最高速度，则加速一次；

④ 按一下减速按钮 SB4，若当前速度不是最低速度，则减速一次；

⑤ 按下复位按钮 SB5，三相步进电动机返回初始励磁绕组 U 相处；

⑥ 每隔设定间隔时间，相序变化一次。

3. 项目实施

（1）PLC I/O 端口分配

PLC I/O 端口分配如表 9-16 所列。

表 9-16　三相步进电动机控制的 PLC I/O 端口分配

输入外设	I/O	功　能	输出外设	I/O	功　能
SB1	I0.0	启动按钮	U 相	Q0.0	步进励磁绕组
SB2	I0.1	停止按钮	V 相	Q0.1	步进励磁绕组
SB3	I0.2	加速按钮	W 相	Q0.2	步进励磁绕组
SB4	I0.3	减速按钮	—	—	—
SB5	I0.4	复位按钮	—	—	—
SA	I0.5	正、反转选择	—	—	—

（2）PLC 外围电路

根据 PLC 的 I/O 地址分配表，综合系统对控制的要求，可以由 PLC 输出端口直接驱动直流接触器；U、V、W 是三相步进电动机的三相绕组，由直流继电器驱动。PLC 外围电路接线图如图 9-47 所示。

（3）脉冲分配

若对三相步进电动机的三相绕组顺序依次通电励磁，则三相步进电动机就会按通电节拍正转或反转。三相六拍步进脉冲分配以及三相步进电动机的转动方向如图 9-48 所示。

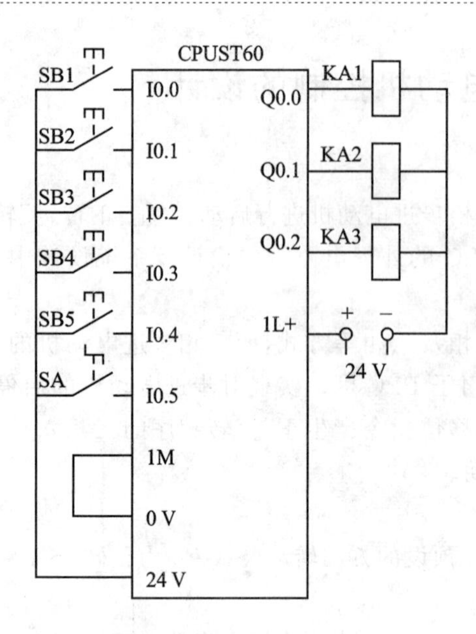

图 9-47 PLC 外围电路接线图

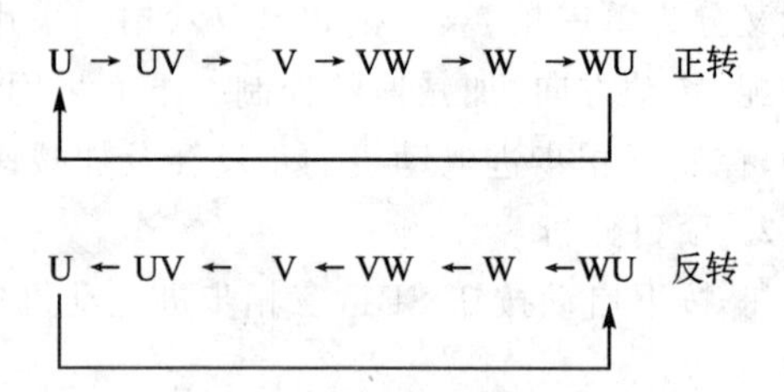

图 9-48 三相步进电动机脉冲分配图

(4) 梯形图程序及流程图

三相步进电动机控制 PLC 梯形图如图 9-49～图 9-52 所示。

网络 1～3 负责由首次扫描信号(SM0.1)和复位信号(I0.4)使移位寄存器 MB0 清零。

网络 4 负责启动按钮 SB1(I0.0)在首次启动时，使 M0.0 置位。若在三相励磁绕组通电状态下，则 I0.0 对移位寄存器 MB0 的值不起任何作用。

网络 5 负责系统启、停控制，按下停止按钮 SB2 (I0.1)，M2.0 线圈断电(值被清零)，移位寄存器停止工作，不再分配脉冲，三相步进电动机停止，且 MB0 保持当前值不变；当再次按下启动按钮 SB1(I0.0)时，三相步进电动机从当前相序继续运转。按下复位按钮 SB5(I0.4)，M2.0 线圈断电(值被清零)，三相步进电动机停止；当再次按下启动按钮 SB1 时，三相步进电动机返回初始励磁 U 相。

网络 6 和网络 7 负责启动的步进电动机自动加速控制。

网络 8～11 负责正向移位、定时控制。

网络 12～15 负责自动加速的加速度控制、手动加速控制，因为三相步进电动机高频特性差，若启动频率过高，则会出现失步、抖动现象，采用启动逐步加速后使启动更平稳。

网络 16 负责手动减速时间控制。

网络 17～20 负责反向运行、定时控制。

网络 21～23 是三相输出的逻辑组合，各相励磁绕组在相邻的三拍中均需要保持通电励磁。

三相步进电动机控制的流程图如图 9-53 所示。

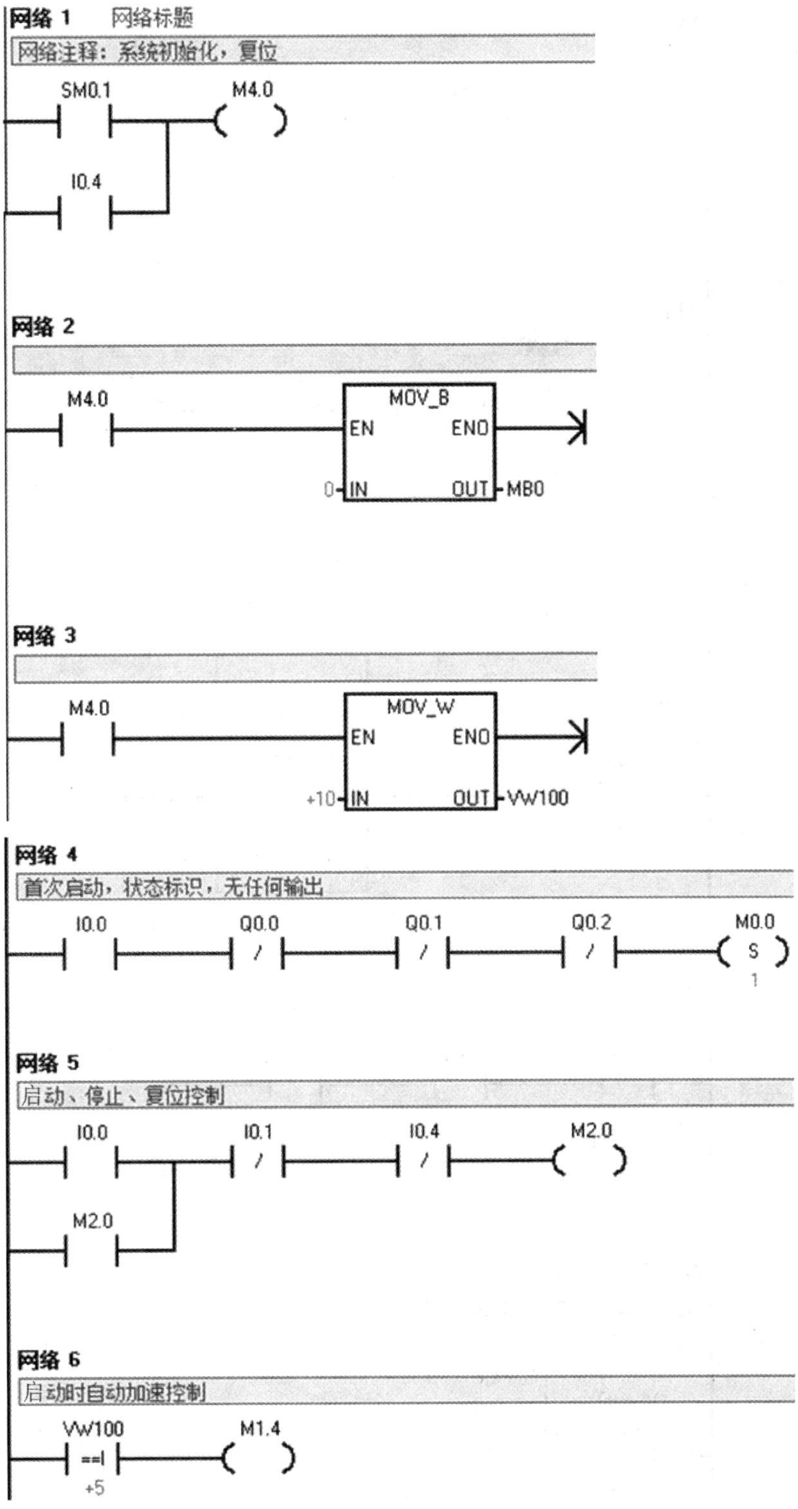

网络 1　网络标题

网络注释：系统初始化，复位

SM0.1　M4.0

I0.4

网络 2

M4.0　MOV_B

EN　ENO

0 - IN　OUT - MB0

网络 3

M4.0　MOV_W

EN　ENO

+10 - IN　OUT - VW100

网络 4

首次启动，状态标识，无任何输出

I0.0　Q0.0　Q0.1　Q0.2　M0.0

S

1

网络 5

启动、停止、复位控制

I0.0　I0.1　I0.4　M2.0

M2.0

网络 6

启动时自动加速控制

VW100　M1.4

==I

+5

图 9－49　三相步进电动机控制 PLC 梯形图(1)

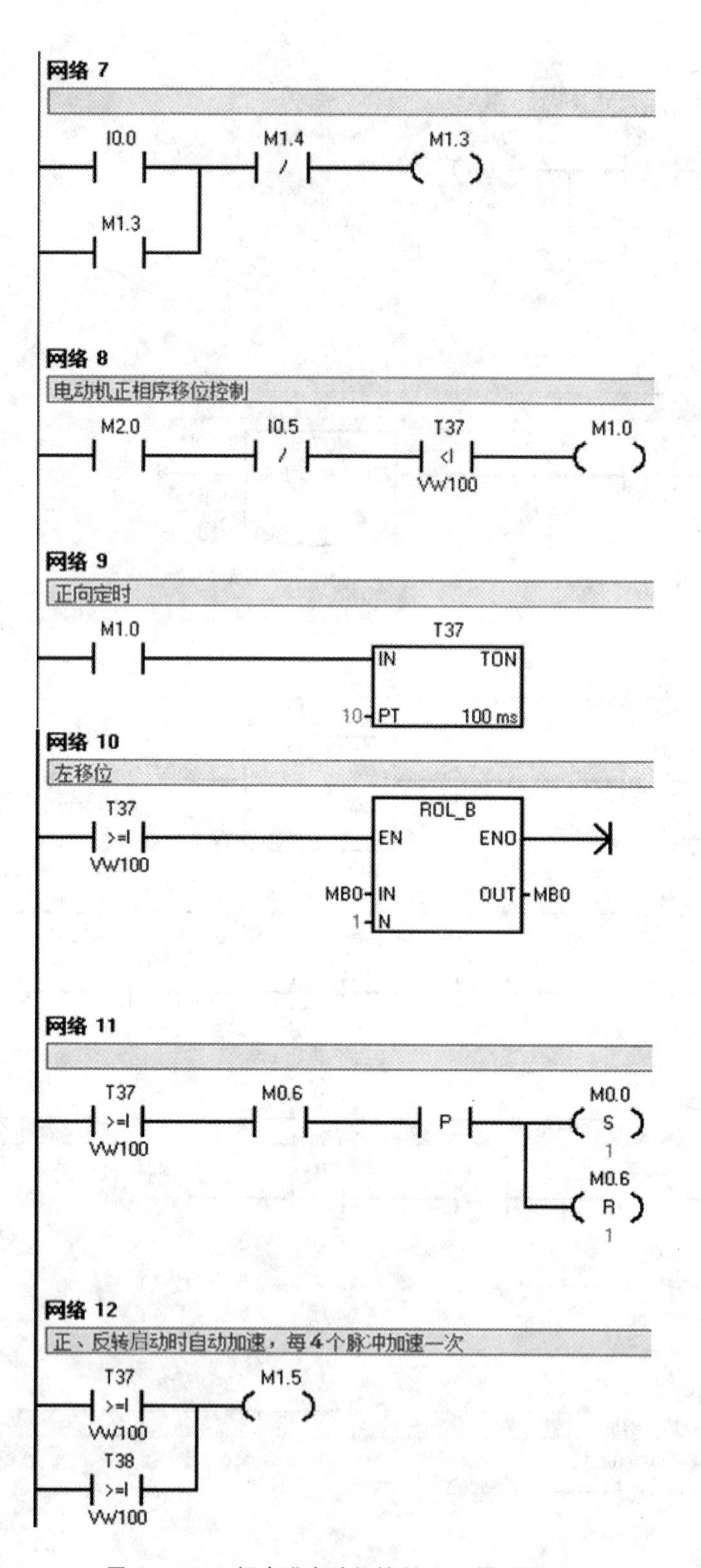

图 9-50　三相步进电动机控制 PLC 梯形图(2)

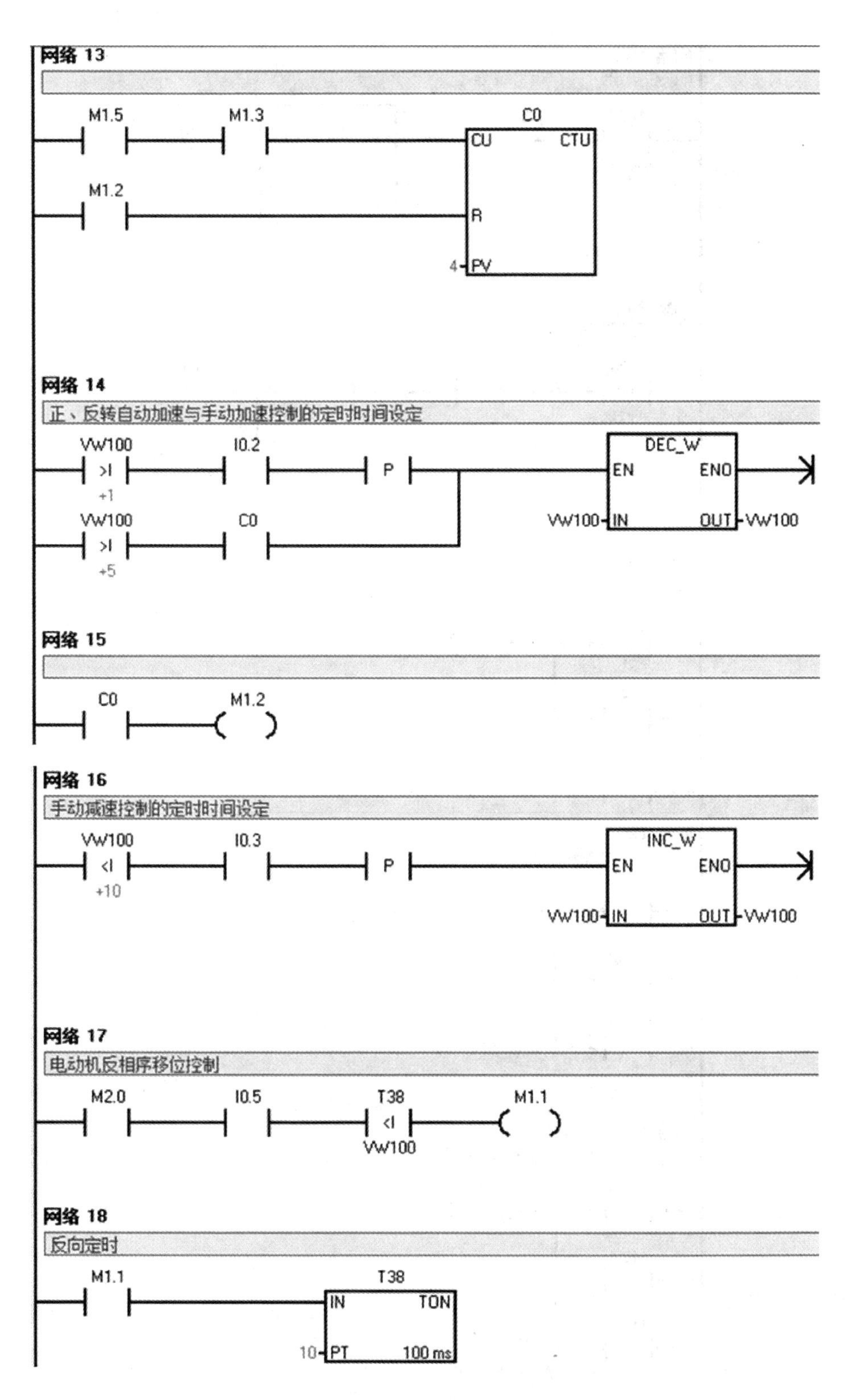

图 9－51　三相步进电动机控制 PLC 梯形图(3)

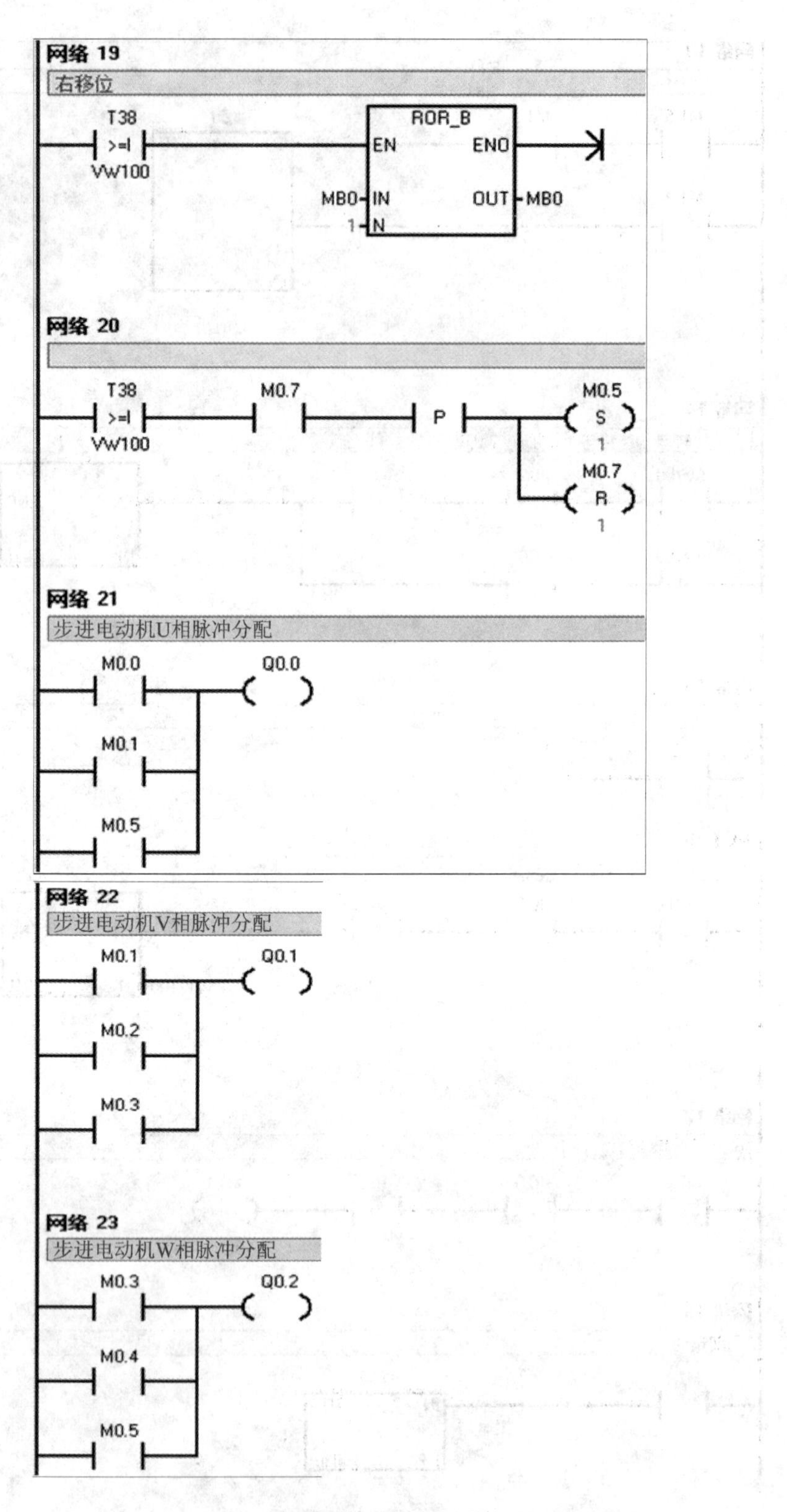

图 9-52　三相步进电动机控制 PLC 梯形图(4)

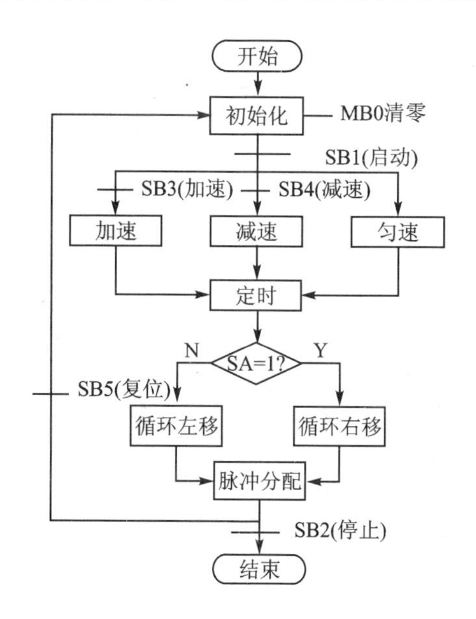

图 9－53　三相步进电动机控制的流程图

4. 项目评价

本项目主要讲述了三相步进电动机的控制原理、方法及过程。当然，控制方法不唯一，还可以通过 PWM 控制，这里不再一一阐述，请读者自行练习。

5. 项目练习

请读者练习八相步进电动机的 PLC 控制系统设计，要求有 PLC 的端口分配、外围电路、PLC 梯形图、流程图及控制分析。

项目 13　电动机手动控制

1. 项目描述

在生产加工过程中，往往要求电动机能实现可逆运行，如机床工作台的前进与后退，主轴的正转与反转，起重机的提升与下降等。这就要求电动机可以正、反转。由电动机原理可知：当改变通入交流电动机定子绕组三相电源的相序(把接入电动机三相电源线中的任意两相对调)时，即可使电动机反转。

本项目采用接触器互锁正反转控制线路。图 9－54 所示为接触器连锁正反转控制线路，图中采用了两个接触器，即正转用接触器 KM1 和反转用接触器 KM2。当 KM1 主触点接通时，三相电源 L1、L2、L3 按 U—V—W 相序接入电动机；当 KM2 主触点接通时，三相电源 L1、L2、L3 按 W—V—U 相序接入电动机，即 W 和 U 两相相序反接。所以当两个接触器分别工作时，电动机的旋转方向相反。

根据控制线路的要求，两个接触器不能同时通电，否则，它们的主触点同时闭合将造成 L1、L3 两相电源短路。为此，在接触器 KM1 和 KM2 线圈各自的支路中相互串联了对方的常闭辅助触点，以保证接触器 KM1 和 KM2 不会同时通电。KM1 和 KM2 的常闭辅助触点在线路中所起的作用称为互锁，这两个接触触点称为互锁触点。这种控制线路要改变电动机的转向时，必须先按停止按钮 SB3，再按反转按钮 SB2，才能使电动机反转，操作不方便。

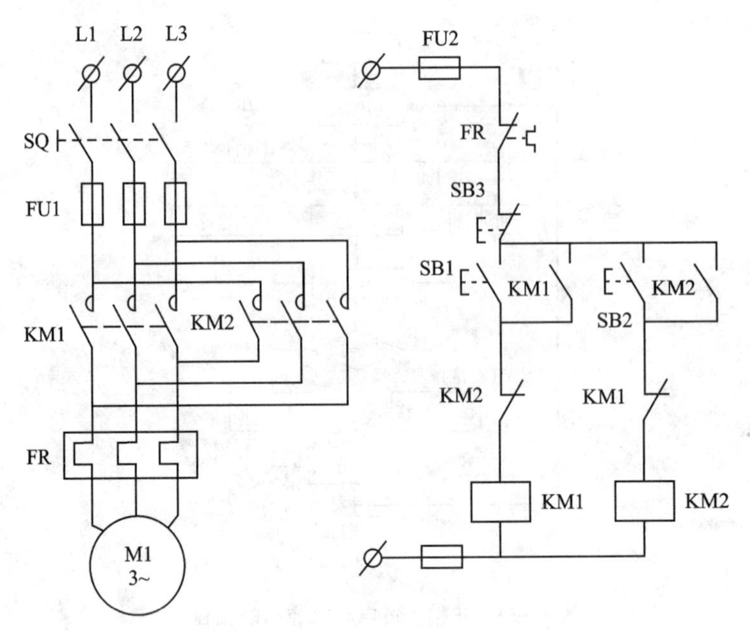

图 9-54　接触器连锁正反转控制线路

2. 项目分析

(1) 输入/输出信号分析

根据电动机正反转的任务描述,电动机正反转控制有正向启动按钮、反向启动按钮、停止按钮 3 个按钮。采用触摸屏控制后,这 3 个按钮组态在触摸屏界面,由触摸屏给 PLC 发出控制信号。输出信号有正向接触器、反向接触器两个输出点,为了观察电动机的工作情况,在触摸屏上组态了两个指示灯,分别指示电动机的正向运行和反向运行。

(2) 系统硬件设计

电动机正反转的 PLC 控制系统的硬件设计包括设计系统的主电路、系统 I/O 元件分配表和输入/输出接线图。

1) 系统的主电路

主电路采用传统的主电路,如图 9-54 中左边的电路所示。

2) 系统 I/O 元件分配表

系统 I/O 元件分配表如表 9-17 所列。

(3) 输入/输出接线图

电动机正反转的 PLC 控制系统输入/输出接线图如图 9-55 所示。

表 9-17　系统 I/O 元件分配表(项目 13)

编　号	名　称	功　能
1	KM1	正转
2	KM2	反转

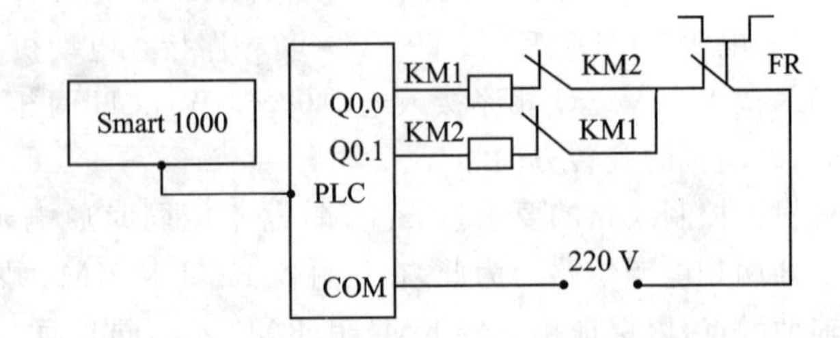

图 9-55　电动机正反转的 PLC 控制系统输入/输出接线图

(4) 器材准备

Smart 1000 触摸屏一台,三相交流异步电动机一台,交流接触器两个,熔断器一个,热继电器一个,电工工具及仪表一套,导线若干。

3. 项目实施

(1) 创建新项目

打开软件 WinCC flexible 2008,选择创建一个空项目,设备类型从 Smart Line 中选择"Smart 1000",进入项目视图。在左侧的项目树中单击"画面_1",然后右击"画面_1",在弹出的快捷菜单中选择"重命名"重新命名为"画面"。单击"保存"按钮,输入项目名称"电动机手动控制"保存项目,如图 9-56 所示。

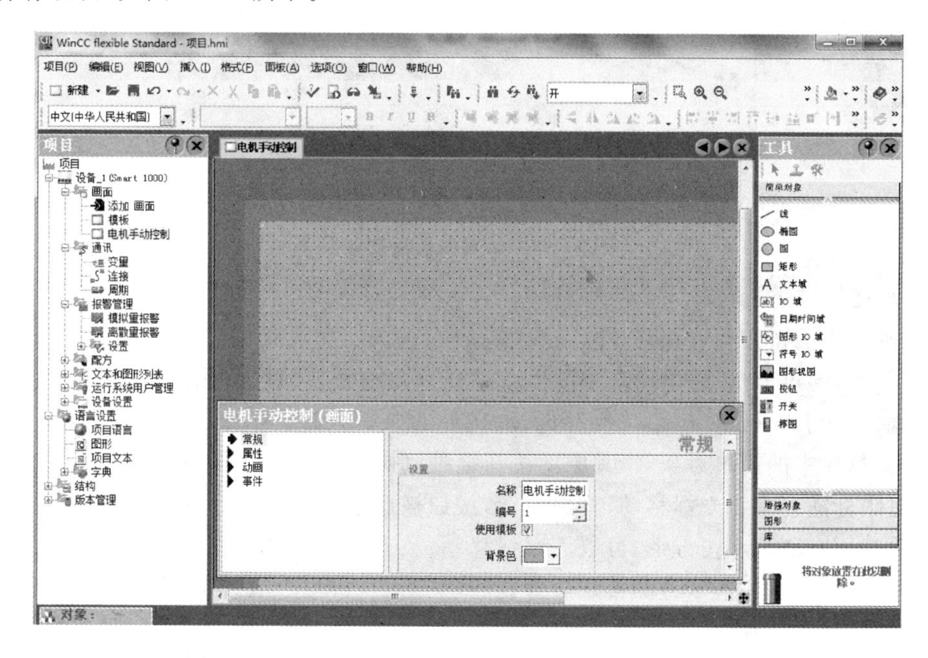

图 9-56　创建新项目

(2) 新建变量

在左侧项目树的"通讯"下面双击"变量",在标题名称下双击空白行新建一个表示过程温度的整型内部变量,命名为"正向启动按钮";"地址"选择"M0.0",在下方的常规属性视图中设置"连接"为"CPU ST40",即选择"S7 - 200";"数据类型"选择 Bool;"采集周期"设置为"100 ms"。同样的方法组态表 9-18 中的变量。

表 9-18　变量名

变量名称	类　型	地　址
正向启动按钮	Bool	M0.0
反向启动按钮	Bool	M0.1
停止按钮	Bool	M0.2
正向接触器	Bool	Q0.0
反向接触器	Bool	Q0.1

完成后的效果如图 9－57 所示。

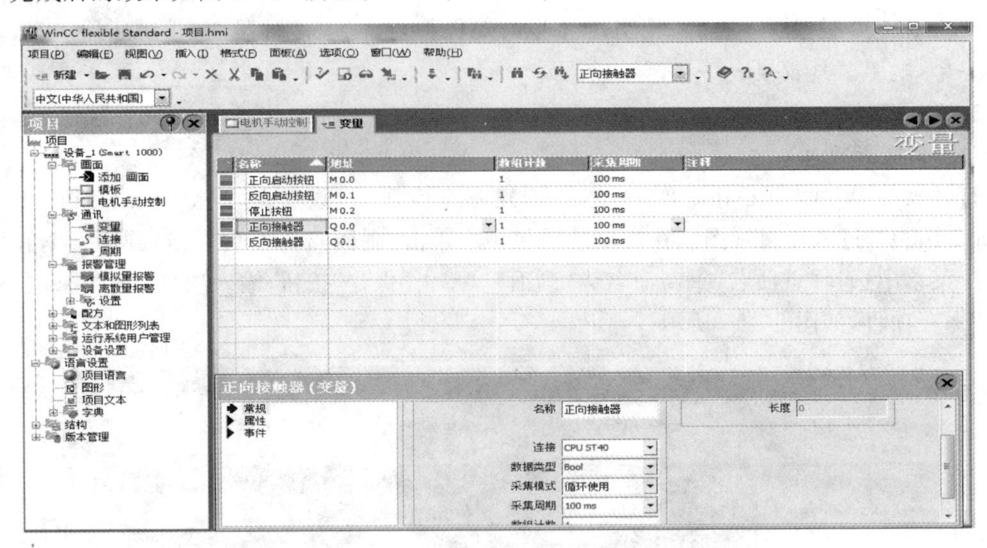

图 9－57　设置变量后的效果

(3) 新建按钮

组态画面中的按钮与连接在 PLC 输入端的物理按钮功能相同，主要用来给 PLC 提供开关量输入信号，通过 PLC 的程序来控制生产过程。在画面中的按钮元件不能与 S7 系列 PLC 的数字量输入(例如 I0.0)连接，应与存储位(例如 M0.0)连接。

单击工具栏中的简单对象，将其中的按钮拖拽到画面中，拖动的过程中鼠标的光标变成十字形，按钮图标随着十字光标移动；释放鼠标，按钮被放置在画面中，其左上角在十字光标的中心，按钮的四周有 8 个小正方形，可以用鼠标移动、放大、缩小按钮。

设置按钮。在工作区下方的常规属性视图(见图 9－58)中，在左侧列表框中选择“常规”，在“按钮模式”选项组中选中“文本”单选按钮，在“文本”选项组中选中“文本”单选按钮，在“'OFF' 状态文本”文本框中输入“正向启动”，同样地继续组态“反向启动”和“停止按钮”。完成后的效果如图 9－59 所示。外观中可以设置背景颜色，在属性的“文本”中可以修改字体的格式和对齐方式。

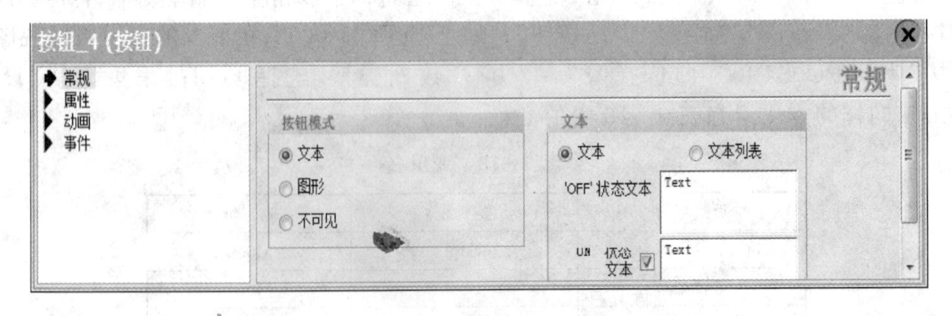

图 9－58　常规属性视图

设置按钮的功能。选择文本为“正向启动”的按钮，选择常规属性视图“事件”中的“按下”，单击视图右侧最上面的一行，再单击其右侧的下三角按钮(在单击之前它是隐藏的)，在出现的系统函数列表中选择“编辑位”文件夹中的函数 SetBit(置位)，如图 9－60 所示。直接单击系

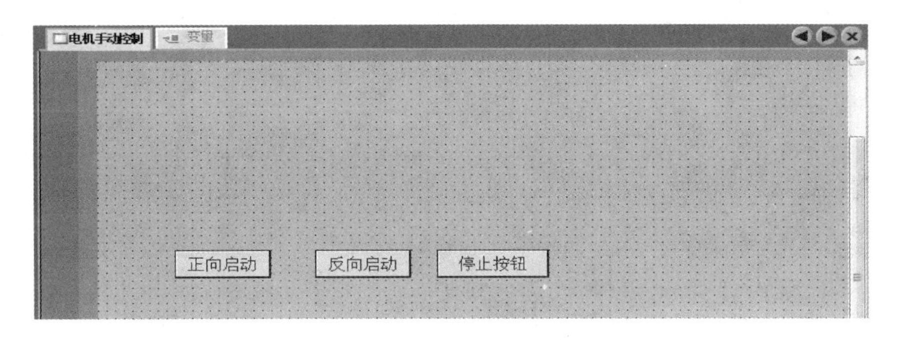

图 9-59　设置按钮的效果

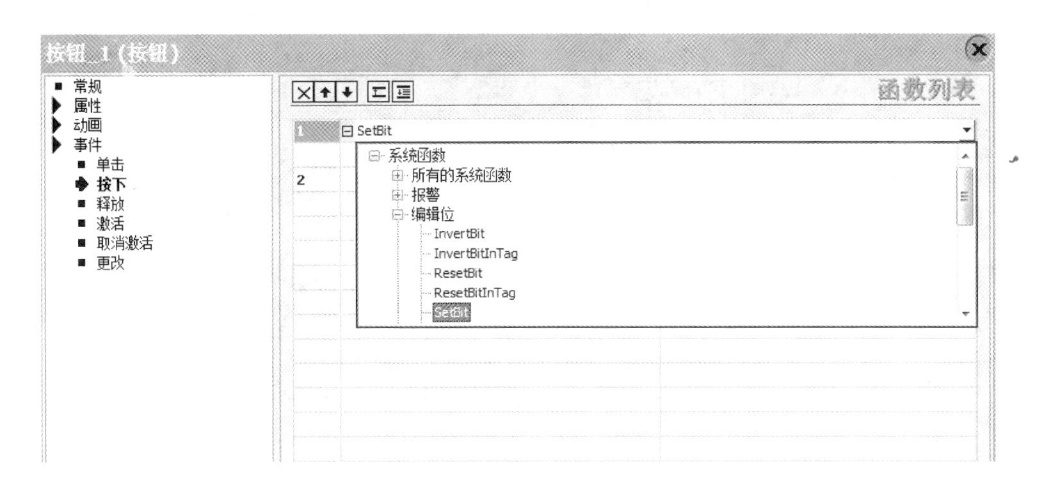

图 9-60　组态按钮按下时执行的函数

统函数列表中第 2 行右侧隐藏的下三角按钮，在出现的变量列表中选择变量“正向启动按钮”（见图 9-61），在运行时按下该按钮，将变量“正向启动按钮”置位为 1 状态。

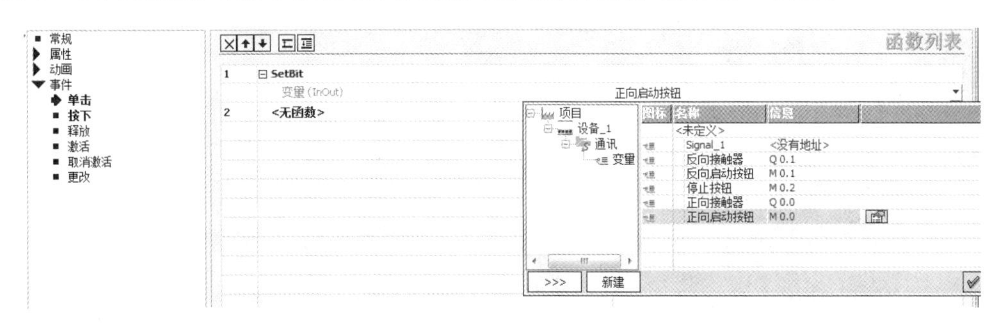

图 9-61　组态按钮按下时操作的变量

继续选择文本为“正向启动”的按钮，选择常规属性视图“事件”下的“释放”，用与上述相同的方法，在出现的系统函数列表中选择“编辑位”文件夹中的函数 ResetBit（置位），如图 9-62 所示的操作。直接单击系统函数列表中第 2 行右侧隐藏的下三角按钮，在出现的变量列表中选择变量“正向启动按钮”（见图 9-63），在运行时释放该按钮，将变量“正向启动按钮”复位为 0 状态。

同样的方法分别组态“反向启动”按钮与变量“反向启动按钮”的连接以及“停止”按钮与变量“停止按钮”的连接，在按下时调用系统函数 SetBit，在释放时调用系统函数 ResetBit。

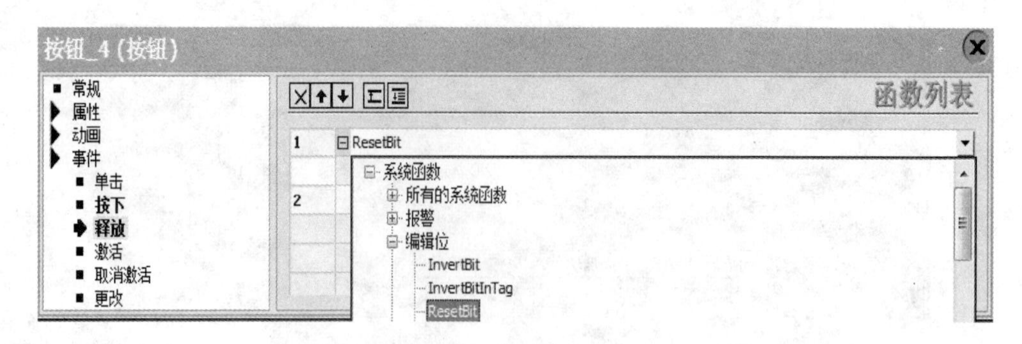

图 9-62　组态按钮释放时执行的函数

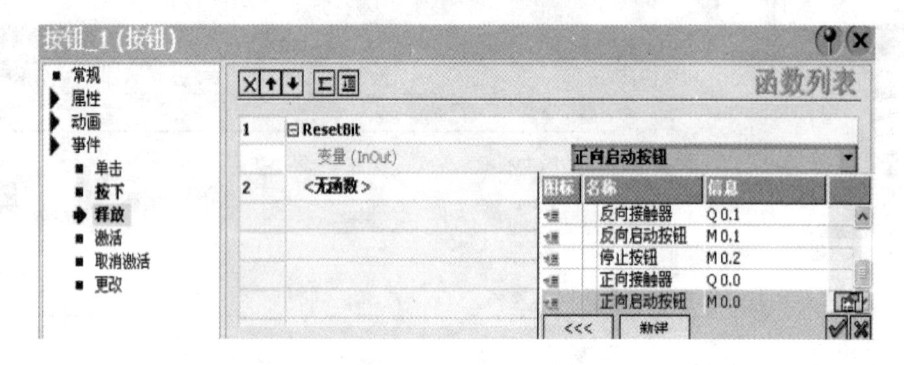

图 9-63　组态按钮释放时操作的变量

(4) 设置指示灯

在工具箱中右击“库”组，在弹出的快捷菜单选择“库”→“打开”菜单项，打开“打开全局库”对话框，如图 9-64 所示，在左侧列表框中选择“系统库”，在右侧列表框中选择“Button_and_switches.wlf”，单击“打开”按钮完成库的加载。

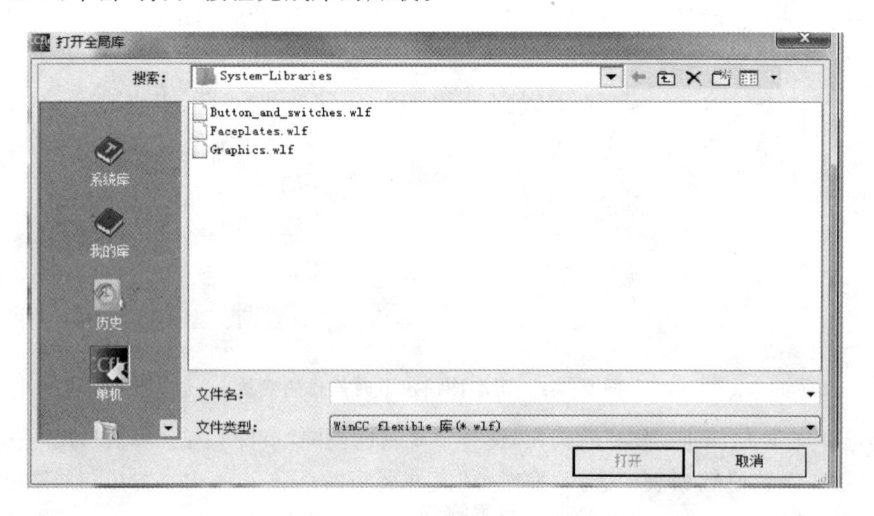

图 9-64　“打开全局库”对话框

在工具箱中选中“库”组，打开刚刚加载的“Button_and_switches”库，在该库中选择“Indicator_switches”(指示灯/开关)，如图 9-65 所示，将“PilotLight-1”拖拽到画面中，拖拽两个指示灯，分别对应“正向启动”和“反向启动”按钮；继续添加浅色的指示灯到“停止按钮”上方，完成后如图 9－66 所示。

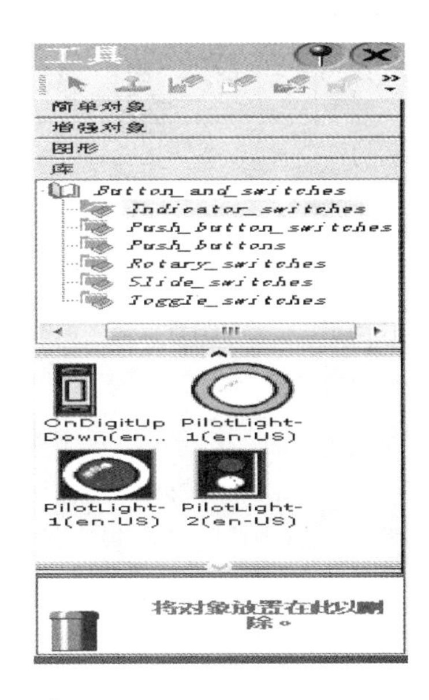

图 9－65　选择指示灯

(5) 对象列表

在常规属性视图左侧列表框中选择“常规”，在右侧“按钮模式”选项组中选中“图形”单选按钮，然后在“图形”选项组中选中“图形列表”单选按钮，在“过程”选项组中的“变量”下拉列表框中选择“正向接触器”，完成后如图 9－67 所示。同样的方法设置反向启动按钮的指示灯，过程变量选择“反向接触器”。注意：在设置停止指示灯时有些不同，用两个图形 signal1_on1 和 signal1_off1 来表示指示灯的点亮(对应的变量为 1 状态)和熄灭(对应的变量为 0 状态)，图形 signal1_on1 的中间部分为深色，signal1_off1 的中间部分为浅色。在选择停止按钮的指示灯时，在下方常规图形的设置中单击右侧的下三角按钮便可以弹出如图 9－68 所示的对话框，完成后单击“设置”按钮。

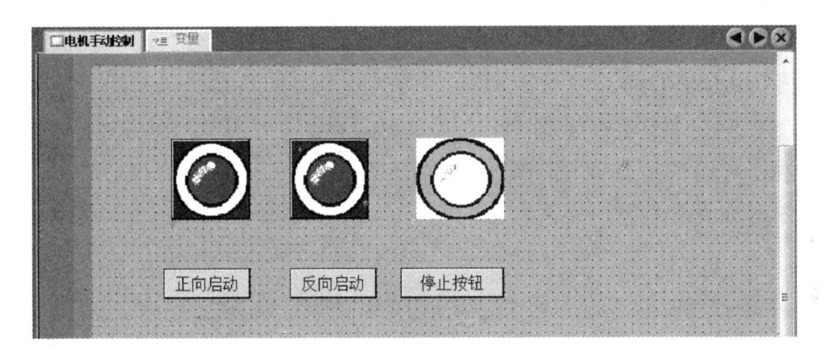

图 9－66　添加指示灯后的效果

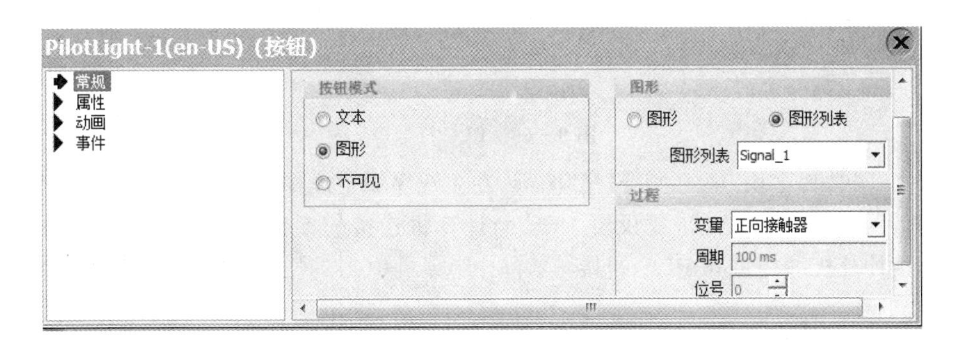

图 9－67　对象列表设置

(6) 触摸屏文件的下载

用 PC/PPI 通信电缆连接好计算机与触摸屏 Smart 1000，接通电源后，触摸屏上的

图 9-68 设置停止按钮的指示灯

“POWER”LED 灯和屏幕将被点亮,启动期间将显示进度条。启动后的短暂期间,将会出现装载程序的画面。单击装载程序视图中的“传送”(Transfer)按钮,传送项目。

单击 WinCC flexible 2008 工具栏中的“传送设置”按钮,在出现的“通信设置”对话框中,设置将项目文件下载到触摸屏的通信参数。其中的“端口”应设置成与 PLC 同一区段的 IP 地址。单击“传送”按钮开始编译项目,如果编译过程中发现错误,那么将在输出视图中产生错误信息,并终止编译过程;如果编译成功,那么系统将检查目标设备的版本,建立与设备的连接,从连接的设备中获取信息。如果组态计算机与 HMI 设备的连接出现故障,那么将在输出视图中输出错误信息;如果未发生错误信息,那么该项目将被传送到 HMI 设备上。下载成功后,Smart 1000 触摸屏将自动进入运行状态,显示初始画面。

(7) S7-200 SMART 的编程与参数设置

打开 S7-200 SMART 的编程软件,双击其指令数“符号表”中的“表格 1”图标,在打开的“符号表”对话框中可以创建各变量的符号,如图 9-69 所示。它们与 WinCC flexible 2008 变量表中的符号和地址完全相同。

变量

名称	连接	数据类型	地址	数组计数	采集周期	注释
Signal_1	<内部变量>	Bool	<没有地址>	1	1 s	
反向接触器	CPU ST40	Bool	Q 0.1	1	100 ms	
反向启动按钮	CPU ST40	Bool	M 0.1	1	100 ms	
停止按钮	CPU ST40	Bool	M 0.2	1	100 ms	
正向接触器	CPU ST40	Bool	Q 0.0	1	100 ms	
正向启动按钮	CPU ST40	Bool	M 0.0	1	100 ms	

图 9-69 PLC 符号表

双击指令树“程序块”中的“主程序”图标,在主程序中生成梯形图程序,如图 9-70 所示。

将项目下载到 PLC 之前,要设置 PLC 与计算机连接的参数,主要是设置 IP 通信地址。用网线连接计算机的接口和 PLC 的接口,单击计算机中工具栏的“下载”按钮将程序下载到 PLC 中。

(8) 项目运行

使 PLC 进入运行模式,此时绿色的“RUN”LED 灯点亮,如果通信正常,则 Smart 1000 触摸屏显示初始画面后再过数秒,其面板上的通信指示灯将快速闪动。

单击初始画面中的“正向启动”按钮,由于梯形图程序的运行,S7-200 SMART 的 Q0.0

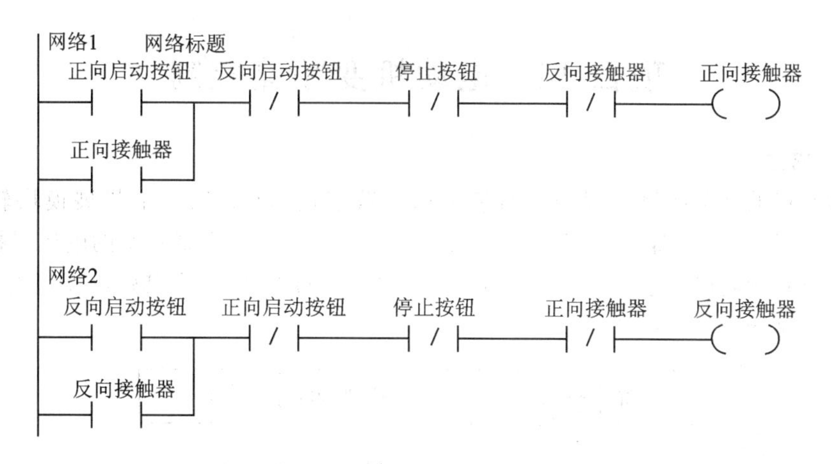

图9-70 在主程序中生成的梯形图

变为1状态，初始画面中的正向指示灯亮；单击“停止按钮”按钮，Q0.0变为0状态，初始画面中的正向指示灯熄灭。

单击初始画面中的“反向启动”按钮，由于梯形图程序的运行，S7-200 SMART的Q0.1变为1状态，初始画面中的反向指示灯亮；单击“停止按钮”按钮，Q0.1变为0状态，初始画面中的反向指示灯熄灭。

4. 项目评价

该项目可以使学生熟练掌握PLC的编程操作，能够按照被控设备的动作要求进行触摸屏的组态(这里包括组态按钮、接触器、指示灯等)，通过亲自调试系统并达到正确运行状态，可以很好地锻炼学生发现问题、解决问题的能力。该项目很好地整合了触摸屏、WinCC flexible 2008软件、PLC设备、STEP 7 SMART梯形图程序的编写、电动机等，通过触摸屏、PLC设备的通信连接，可以在触摸屏上控制电动机的转动，同时在显示器上有对应的指示灯状态的显示，便于操作员实时了解电动机的状态。

5. 项目练习

设计一个用PLC控制的十字路口交通灯的控制系统，并利用触摸屏组态其界面。控制要求如下：

①自动运行时，按一下启动按钮，信号系统按照如图9-71所示的要求开始工作(绿灯闪烁的周期为1 s)；按一下停止按钮，所有信号灯熄灭。

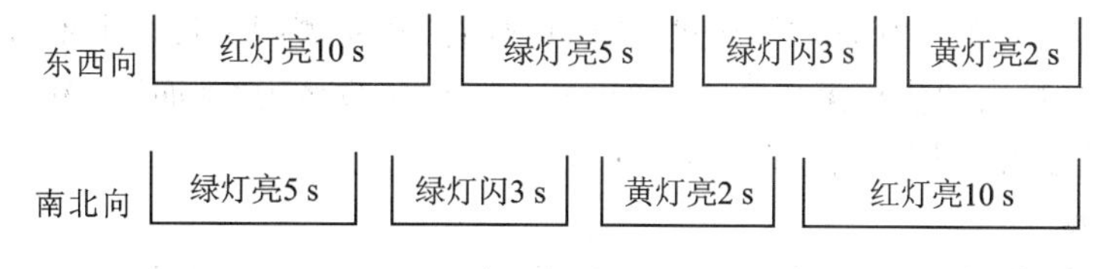

图9-71 信号灯状态图

② 手动运行时，两个方向的黄灯同时闪亮，周期是1 s。

项目 14　电动机变频器控制

1. 项目描述

交流电动机的变频控制可以通过触摸屏输入数字量，再经 PLC 的扩展模块转变为模拟量，这个模拟量控制变频器（Variable Frequency Drive，VFD）输出某频率的电压以控制交流电动机。由此可知，触摸屏上输入 0～32 000 的数字后，通过 SM332 在其输出端将输出 0～10 V 的电压。其控制示意图如图 9－72 所示。

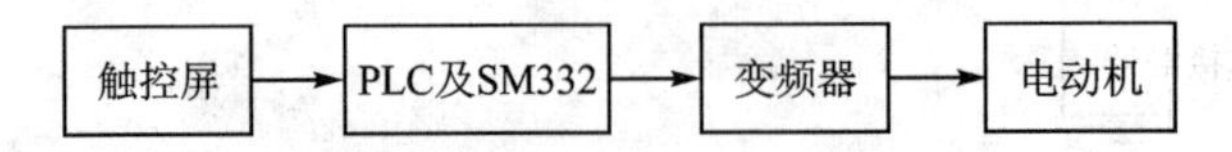

图 9－72　电动机变频器控制的示意图

组态软件的变量名与 PLC 的地址分配表如表 9－19 所列。

表 9－19　组态软件的变量名与 PLC 的地址分配

文本名	变量名	PLC 地址
频率输入	频率	VW64

PLC 的内存和输出地址如表 9－20 所列。

表 9－20　PLC 的内存和输出地址

项　目	名　称	功　能
PLC 内存地址	VW64	PLC 的字型内存变量，用于存储输入域变量“频率”的输入值
PLC 输出地址	AQW0	PLC 模拟量输出端地址，将 VW64 中的数字量转化成模拟量由此端口输出

2. 项目分析

该项目较为简单，触摸屏的组态画面只需组态 IO 域，注明频率输入即可，建立一个变量，将其连接起来。

3. 项目实施

（1）创建新项目

打开软件 WinCC flexible 2008，选择使用向导创建一个空项目，设备类型从 Smart Line 中选择“Smart 1000”，单击“确定”按钮进入项目视图。在左侧的项目树中单击“画面_1”，然后右击“画面_1”，在弹出的快捷菜单中选择“重命名”，重新命名为“画面”。单击“保存”按钮，输入项目名称“电机变频器控制”保存项目。

（2）创建连接

双击项目树中“通讯”中的“连接”，然后继续双击项目视图中的空白处，连接名称不做修改，将通信驱动程序改为“S7－200”。在下方参数模块中设置 HMI 触摸屏设备的地址和波特率，然后继续设置网络以及 PLC 的地址，此处请参照 7.3.3 小节触摸屏 Smart 1000 的组态软件中关于 WinCC flexible 2008 软件与 PLC 的通信连接设置部分。

（3）创建变量

双击项目树中“通讯”中的“变量”，继续双击项目视图中的空白处，将变量名称修改为“频率”,连接处选择刚刚新建的“连接_1”,数据类型选择 Int,地址选择“VW64”。在视图下方选择属性中的限制值,设置范围为 10～50,如图 9-73 所示。

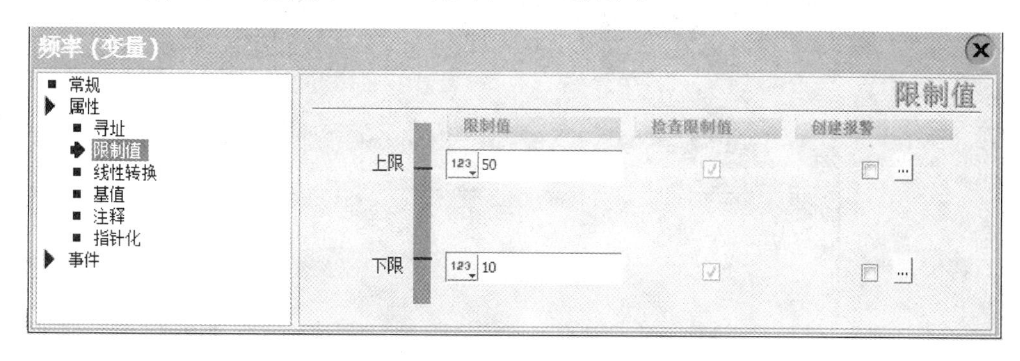

图 9-73 设置限制值

(4) 组态画面

单击“画面”,在右侧“工具”中选择“简单对象”中的“文本域”,并将其拖拽到视图中,修改名称为“频率输入”,在其后侧继续拖拽“IO 域”,完成后如图 9-74 所示。

图 9-74 组态画面

选中“频率输入”文本,在动画外观中选中“启用”,变量选择“频率”,单击“√”确认选项。选中“IO 域”,在动画外观中选中“启用”,变量选择“频率”,数据类型均为整型数。

(5) 模拟运行

单击使用仿真器,启动使用系统按钮,模拟运行项目。在模拟运行器中,选择变量为“频率”,设置数值为“2”,则会发现在组态画面中,IO 域会显示底色为黄色的数字 2;当设置数值为“30”时,在 IO 域会显示底色为白色的数字 30;当设置数值为“70”时,在 IO 域会显示底色为红色的数字 70;在输入的频率值中,若超出限制范围 10～50,则 IO 域会用底色进行警告,如图 9-75 所示。

(6) PLC 编程

组态软件输入域输入的是变量“频率”的值,要把变量“频率”的值转化为模拟量输出模块能够接收的数字量,还需要把 0～50 范围内的数字量转化为 0～32 000 范围内的数字量,PLC 编程很容易做到,如图 9-76 所示。SM0.0 是一个特殊的常开继电器,PLC 一上电,此继电器

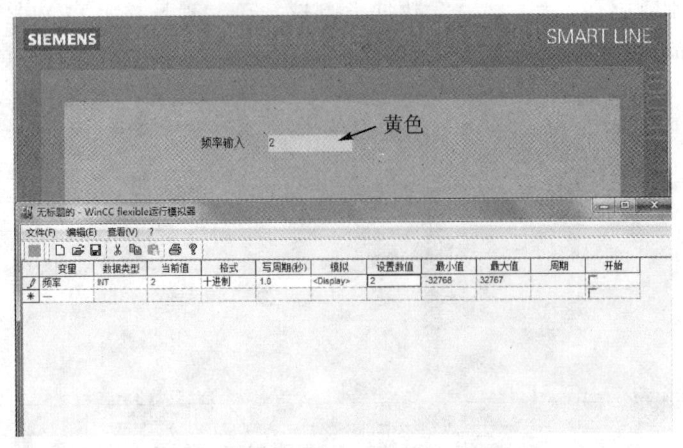

(a) 设置数值为“2”

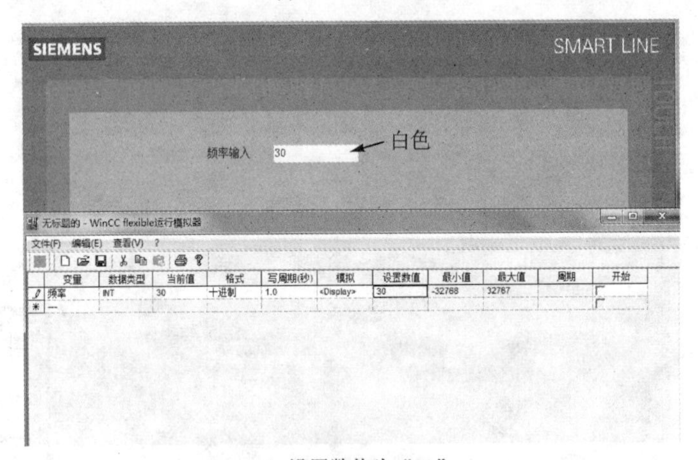

(b) 设置数值为“30”

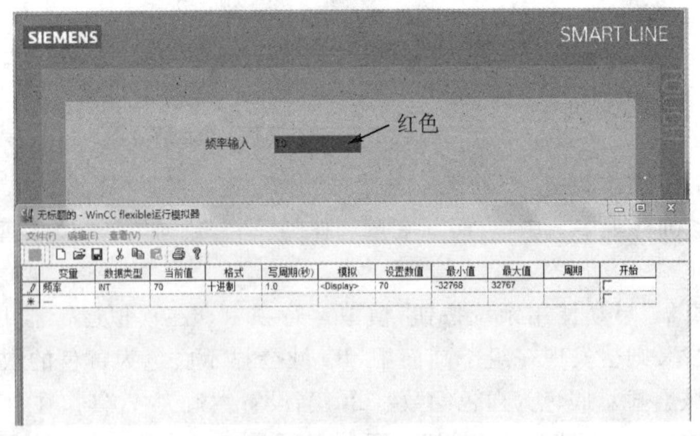

(c) 设置数值为“70”

图 9－75　IO 域状态图

立即闭合。继电器与乘法器相连，两个输入端 IN1 和 IN2 相乘，结果保存在 OUT 中。因此，当 SM0.0 闭合时，VW64 中的值乘以 640 后，结果保存在 VW66 中。VW66 的数值传送到模拟量输出模块的第一个通道，可以通过图 9－77 所示的程序完成。AQW0 输出的就是 0～

10 V的电压，它可以直接驱动变频器，使电动机变速转动。

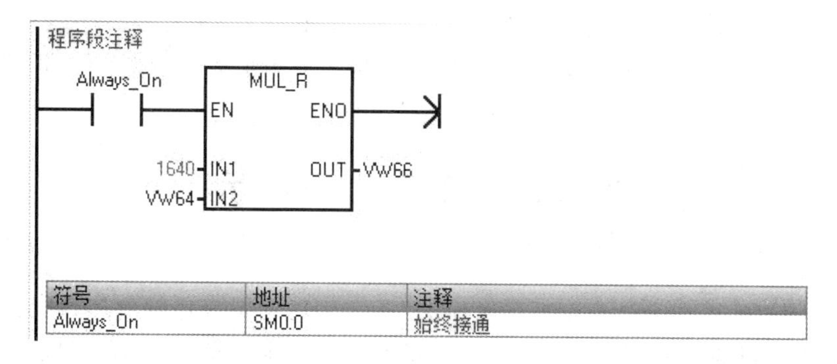

图 9－76　PLC 程序(1)

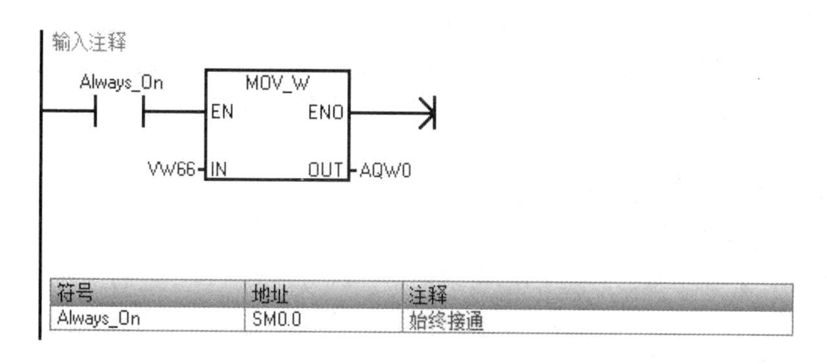

图 9－77　PLC 程序(2)

(7) 电动机变频器控制联机调试

假设频率输入域中输入频率为 30 Hz，也就是组态软件的变量“频率”赋值为 30，那么对应 PLC 的变量 VW64 的值也是 30。经过图 9－76 所示的 PLC 程序：VW64 的值乘以 640，所得的值 19 200 传送到 VW66 中，这就转化为 0～32 000 范围内的值，模拟量扩展模块 SM332 就是一个 D/A转换器，它将 0～32 000 范围内的数字转化为 0～10 V 的模拟量，从输出端 AQW0 输出。图 9－77所示的 PLC 程序就可以完成此功能。0～10 V 的模拟量接到变频器的输入信号端。0～10 V的模拟量输入对应于 0～50 Hz 的变频器，再由变频器的输出端控制电动机的转速。

4. 项目评价

变频器是应用变频技术与微电子技术，通过改变电动机工作电源频率的方式来控制交流电动机的电力控制设备。变频器主要由整流(交流变直流)、滤波、逆变(直流变交流)、制动单元、驱动单元、检测单元、微处理单元等组成。变频器靠内部 IGBT 的通、断来调整输出电源的电压和频率，根据电动机的实际需要来提供其所需要的电源电压，进而达到节能、调速的目的；另外，变频器还有保护功能，诸如过流、过压、过载保护等。随着工业自动化程度的不断提高，变频器也得到了非常广泛的应用，从小型家电到大型的矿场研磨机及压缩机。由于全球约1/3的能量是消耗在驱动定速离心泵、风扇及压缩机的电动机上，所以能源效率的显著提升是变频器应用广泛的主要原因之一。

该项目可培养学生使用变频器控制交流电动机调速的能力，了解变频器的工作原理，编制 PLC 梯形图程序，以及组态触摸屏和 PLC。

5. 项目练习

手动取样传送,要求在触摸屏上实现按钮控制:电动机正转,取样皮带传入;电动机反转,取样皮带传出。同时,组态画面中要求在取样传入时,对应指示箭头竖直向上;取样传出时,对应箭头竖直向下。

项目 15　工作时间显示

1. 项目描述

在日常的工作中,有时需要在触摸屏上显示时间,例如物料操作控制屏,因为要在不同的时间段进行不同原料的添加,有了时间的显示,就可以很好地把握在不同的时间进行不同物料的添加,不会因为时间的原因而导致不可逆的恶劣后果。

在 WinCC flexible 2008 软件中,可以实现在画面中显示系统的当前日期和时间,在画面中通过对日期时间域的设置显示日期时间型变量的值。此项目主要是通过使用软件自身提供的时间域进行工作时间的组态。

2. 项目分析

在触摸屏上显示当前系统的工作日期和时间。在 WinCC flexible 2008 软件工具栏中的简单对象内有日期时间域,可以将其直接添加到画面中;同时,可以通过设置变量修改当前的时间值。这样对于界面组态的时间来说,可以根据特殊的需要进行相应的设置。

3. 项目实施

(1) 创建新项目

打开软件 WinCC flexible 2008,选择创建一个空项目,设备类型从 Smart Line 中选择"Smart 1000",进入项目视图。在左侧的项目树中单击"画面_1",然后右击"画面_1",在弹出的快捷菜单中选择"重命名",重新命名为"画面"。单击"保存"按钮,输入项目名称"工作时间显示"保存项目,如图 9-78 所示。

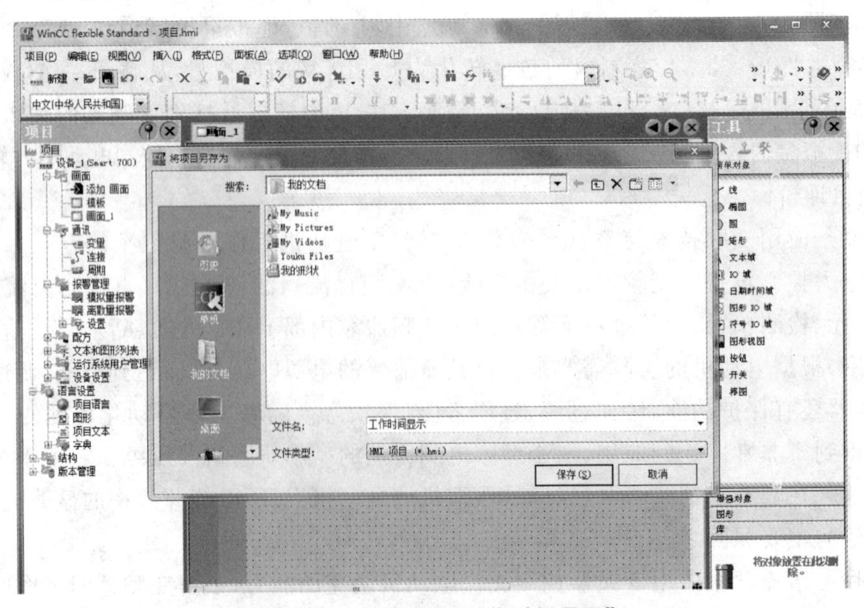

图 9-78　创建项目"工作时间显示"

(2) 新建变量

在左侧项目树的“通讯”下面双击“变量”，在标题名称下双击空白行新建一个变量，命名为“tag1”；后面的“连接”中选择“内部变量”；数据类型选择 DateTime；地址不用设置，如图 9－79 所示。

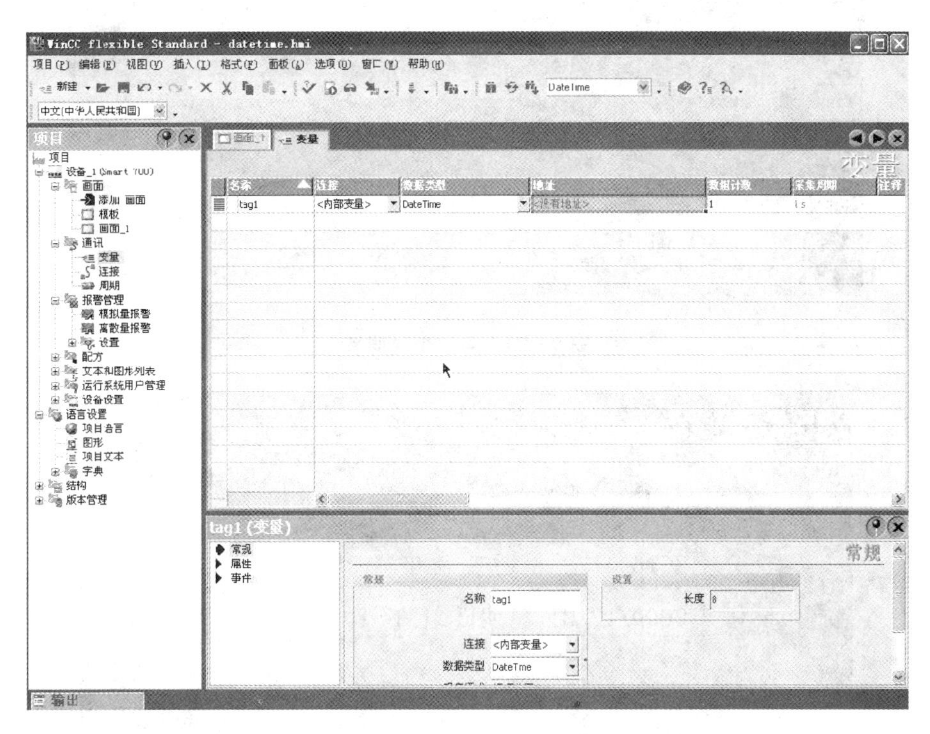

图 9－79 新建变量“tag1”

(3) 组态画面

单击“画面”，从变量编辑界面切换到画面编辑界面。在右侧的“工具”中选择“简单对象”中的“日期时间域”并将其拖拽到画面中，在项目视图下方的左侧列表框中选择“常规”，在其对应的显示区域中类型模式选择“输出”，过程项选择“显示系统时间”，还可以在格式中选择是否显示日期和显示时间；在“外观”对应的显示区域中，修改文本为红色；在“文本”对应的显示区域中修改“字体”为宋体粗体 24 号字，对齐方式为水平居中和垂直中间。完成后的效果如图 9－80 所示。

再拖放一个日期时间域到画面中，在“常规”对应的显示区域中类型修改为输入输出，过程修改为使用变量，变量选择开始新建的变量“tag1”，单击“√”完成选择。在“外观”对应的显示区域中，修改文本为蓝色。在“文本”中修改“字体”为宋体粗体 24 号字，对齐方式为水平居中和垂直居中。完成后的效果如图 9－81 所示。单击保存项目，项目组态完成。

(4) 模拟运作

单击工具栏中的仿真器启动运行按钮，模拟运行项目。如图 9－82 所示，可以看到在第一个日期时间域中显示的是当前面板的内部时间，而在第二个日期时间域中显示的是默认的日期时间，即变量 tag1 的初始值。可以修改变量 tag1 为 2019 年 12 月 12 日 12 时 12 分 12 秒，按 Enter 键结束输入，结果如图 9－83 所示。

图 9-80 第一个时间域

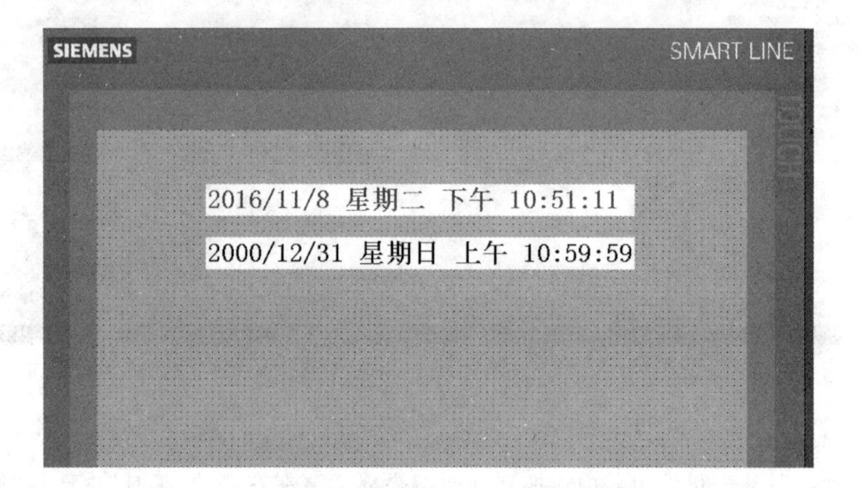

图 9-81 第二个时间域

图 9-82 显示日期和时间

图 9-83 修改默认时间

可以在变量仿真器中查看变量 tag1 的值，如图 9-84 所示。同样在变量仿真器中也可以修改变量 tag1 的值。在数值修改项中进行日期时间的修改，按 Enter 键完成，会发现当前值变为输入的日期时间。

图 9-84 模拟仿真器

4. 项目评价

该项目使用了“工具”中的“日期时间域”，通过拖拽的方式在项目视图中直接创建，同时通过变量的设置，可以修改当前的日期和时间。通过该项目，可以使学生学会如何在触摸屏上显示系统的当前日期和时间。当组态的项目对日期有特殊要求，需要修改日期和时间时，可以通过设置变量的方法，在组态界面内直接进行日期和时间的修改。

5. 项目练习

将该项目中的日期 tag1 修改为“2020 年 1 月 1 日 1 时 1 分 1 秒”，并在组态界面中显示。

项目 16 手动调整转速

1. 项目描述

手动调整转速是指用户将指定范围内的数据输入到输入域中，通过符号标志增加或减小数值，并在输入域中显示数值的变化过程，以此控制 PLC 脉冲输出宽度，达到手动调整转速的目的。

2. 项目分析

采用工具栏中增强对象下的测量表，实现将电动机转速在当前界面中进行显示，通过组态按钮实现对电动机转速的增加或减少的控制。如果用户想要获得自己需要的转速，则可以组态 I/O 域，通过设置变量将其与测量表连接，随时将转速调整到需要值。

3. 项目实施

(1) 创建新项目

打开软件 WinCC flexible 2008，选择使用向导创建一个空项目，设备类型从 Smart Line 中选择“Smart 1000”，进入项目视图。在左侧的项目树中单击“画面_1”，然后右击“画面_1”，在弹出的快捷菜单中选择“重命名”，重新命名为“画面”。单击“保存”按钮，输入项目名称“手动调整转速”保存项目。

(2) 新建变量

双击项目树中“通讯”下的“连接”，继续双击项目视图中的空白处，新建“连接_1”，通信驱动程序选择“SIMATIC 300/400”，在线状态选择“开”。项目视图下方的参数设置与前面项目设置相同，这里不再赘述。

双击项目树中“通讯”下的“变量”，继续双击项目视图的空白处，新建名称为“转速”的变量，连接刚刚新建的“连接_1”，数据类型选择 Int，地址选择为“MW 60”，完成后如图 9-85 所示。

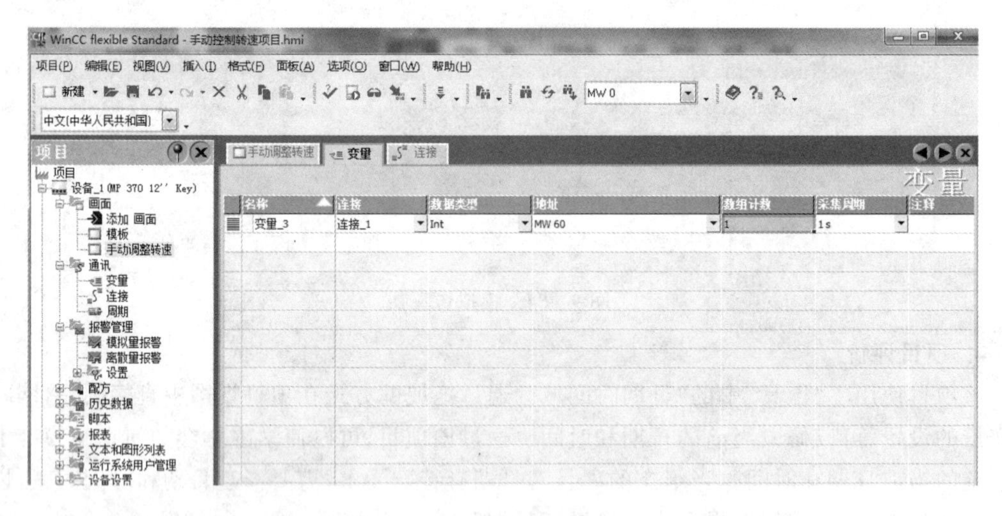

图 9-85 设置变量

(3) 组态画面

单击“手动调整转速”画面，在视图右侧的“工具”中选择“简单对象”中的“文本域”，将其拖拽到画面中，并将其名称修改为“转速值”。在项目视图下方的左侧列表框中单击“属性”，在“外观”对应的显示区域中设置文本颜色为“红色”；在“文本”对应的显示区域中设置样式中的字体为宋体粗体 20 号字，其他设置不变。继续拖拽一个 IO 域到画面中，放置在文本域“转速值”的下方，在“常规”对应的显示区域中设置“类型”为“输出”，“过程变量”选择“转速”，“格式类型”选择“十进制”，“格式样式”选择“999”，完成后如图 9-86 所示。

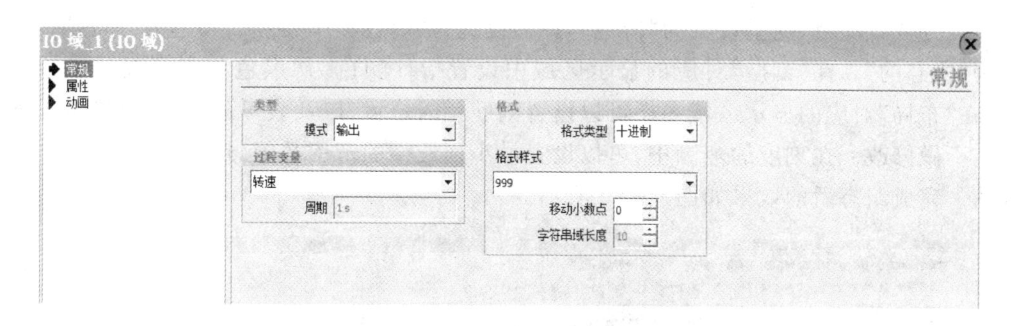

图 9-86　IO 域的常规设置

继续拖拽两个按钮到画面中，选中第一个按钮，在“常规”对应的显示区域中的“按钮模式”选项组中选中“图形”单选按钮，在“图形”选项组中，选中“图形”单选按钮，在“'OFF' 状态图形”中选择“向上箭头”，如图 9-87 所示。选择“事件”中的“单击”，在右侧相应的显示区域中选择“系统函数”→“计算”→IncreaseValue，在函数下方的变量选项中选择“转速”，如图 9-88 所示。

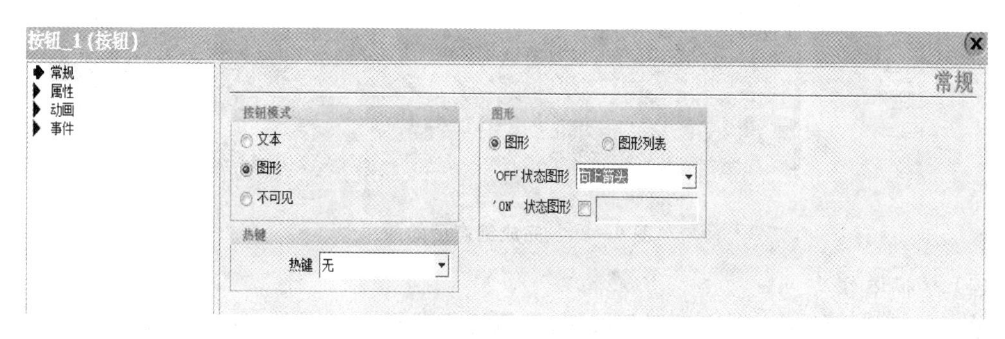

图 9-87　设置按钮

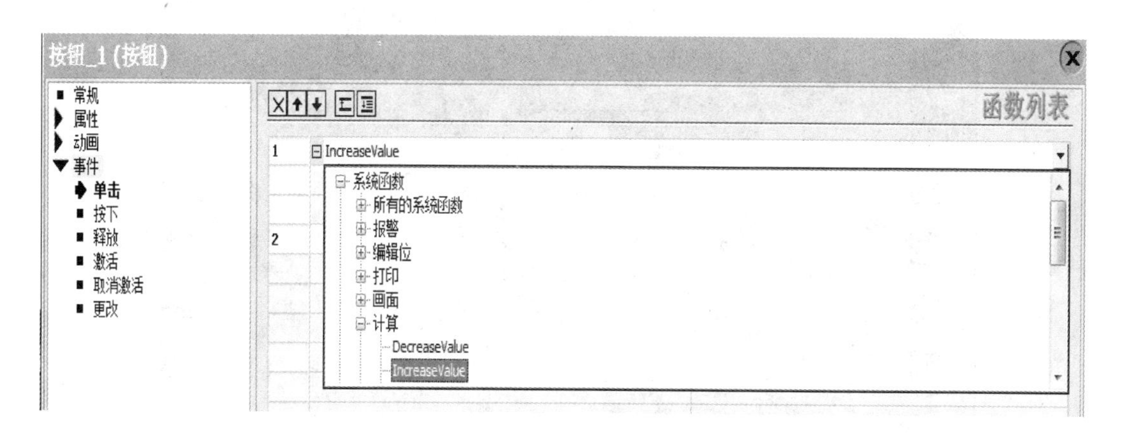

图 9-88　设置函数

同样的方法设置第二个按钮，箭头方向设置朝下，函数选择 DecreaseValue。

单击工具箱中的增强对象，拖拽量表到画面中，在项目视图下方“常规”对应的显示区域中设置过程变量为“转速”。在“常规”对应的显示区域中可以设置刻度表的单位，在视图中可以设置表盘的背景图形和表盘图形，在此不做修改。继续单击“属性”，在“外观”对应的显示区域中可以设置背景颜色，这里设置为“橙色”，钟面设置为“白色”，中心点的颜色为“黑色”，填充样式均为“实心的”。在“刻度”对应的显示区域中设置指针颜色为“黑色”，刻度线的颜色为“蓝色”。在“布局”对应的显示区域中还可以设置刻度盘的位置，以及表盘的尺寸、刻度线长度等，在此均不做修改。在刻度的范围中，可以设置最小到最大的范围数值，还可以在刻度当中设置分度值。完成组态后的效果如图 9－89 所示。

图 9－89　完成组态后的效果

(4) 模拟运行

单击工具栏中的仿真器启动运行按钮，模拟运行项目。如图 9－90 所示，在画面中，刻度

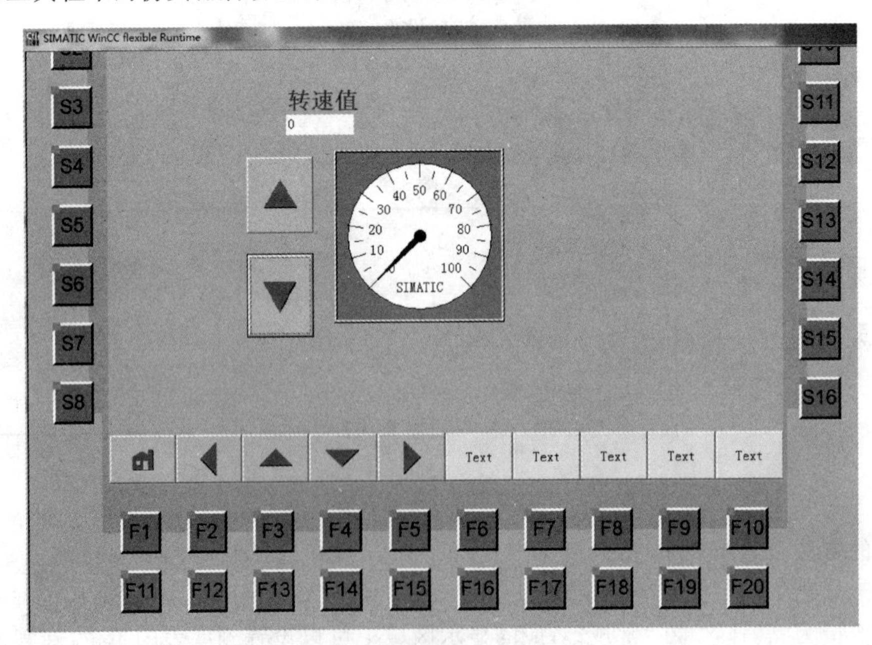

图 9－90　模拟运行画面

表用于显示电动机当前的转速值。与此同时，为了直接修改电动机的转速，可以在“转速值”文本框中输入需要的电动机转速，则刻度表会立刻转到需要的数值。

当单击向上按钮▲时，转速值显示“1”，在刻度表中指针转动 1，继续单击向上按钮▲转速值增加 1，显示为“2”，刻度表中转动到 2 的位置；当单击向下按钮▼时，转速值减 1，同时刻度表向相反方向转动 1。

4. 项目评价

该项目通过组态界面模拟对电动机转速的控制，实现了触摸屏实时控制电动机转速的功能，并且可以在组态界面中直接观察电动机的转速，形象、直观。

5. 项目练习

触摸屏组态电动机频率显示棒图，要求启动按钮打开后，在 IO 域输入端口输入频率值，频率棒图显示对应的频率值；当启动按钮关闭后，棒图的频率值为 0。

附　录

操作数寻址范围如附表1所列。

附表1　操作数寻址范围

数据类型	寻址范围
Byte	IB、QB、MB、SMB、VB、SB、LB、AC、常数、* VD、* AC、* LD
Int/Word	IW、QW、MW、SW、SMW、T、C、VW、AIW、LW、AC、常数、* VD、* AC、* LD
Dint	ID、QD、MD、SMD、VD、SD、LD、HC、AC、常数、* VD、* AC、* LD
Real	ID、QD、MD、SMD、VD、SD、LD、AC、常数、* VD、* AC、* LD

注：输出(OUT)操作数寻址范围不含常数项，* VD表示间接寻址。

参考文献

[1] 王兆义.可编程控制器教程[M].北京:机械工业出版社,2006.

[2] 陈立定,吴玉香,苏开才.电气控制与可编程控制器[M].广州:华南理工大学出版社,2001.

[3] 杨后川,张学民,陈勇.SIMATIC S7-200 可编程控制器原理及应用[M].北京:北京航空航天大学出版社,2008.

[4] 赵春华.可编程控制器及其工程应用[M].武汉:华中科技大学出版社,2012.

[5] 吴建强.可编程控制器及其应用[M].北京:高等教育出版社,2010.

[6] 马小军.可编程控制器及其应用[M].南京:东南大学出版社,2007.

[7] 许廖,王淑英.电器控制与 PLC 控制技术[M].北京:机械工业出版社,2011.

[8] 张万忠,刘明芹.电器与 PLC 控制技术[M].北京:化学工业出版社,2003.

[9] 宫淑贞,徐世许.可编程控制器原理及应用[M].2 版.北京:人民邮电出版社,2009.

[10] 王阿银.西门子 S7-200 PLC 编程实例精解[M].北京:电子工业出版社,2016.

[11] 宋伯生.PLC 编程理论·算法及技巧[M].北京:机械工业出版社,2005.

[12] 西门子(中国)有限公司.S7-200 SMART 可编程控制器系统手册.2013.

[13] 廖常初. S7-200 SMART PLC 应用教程[M]. 北京:机械工业出版社,2015.

[14] 于风卫. PLC 编程技术及应用[M]. 北京:机械工业出版社,2015.

[15] 侍寿永. S7-200 PLC 编程及应用项目教程[M]. 北京:机械工业出版社,2013.

[16] 张运刚,宋小春. PLC 职业技能培训及视频精讲——西门子 STEP 7 [M]. 北京:人民邮电出版社,2010.

[17] 王阿根. 西门子 S7-200 PLC 编程实例精解[M]. 北京:电子工业出版社,2011.

[18] 向晓汉. 西门子 S7-200 PLC 完全精通教程[M]. 北京:化学工业出版社,2012.

[19] 刘摇摇. 西门子 S7-200 PLC 基础及典型应用[M]. 北京:机械工业出版社,2015.

[20] 廖常初. S7-300/400 PLC 应用技术[M].3 版.北京:机械工业出版社,2012.

[21] 李军. WinCC 组态技巧与技术问答[M]. 北京:机械工业出版社,2013.

[22] 冯清秀,邓星钟.机电传动控制[M].武汉:华中科技大学出版社,2011.

[23] 孙平.可编程控制器原理及应用[M].北京:高等教育出版社,2008.

[24] 王凤阁. PLC 硬件构成及应用[J]. 电气时代, 2008(9):76-76.

[25] 戴仙金. 西门子 S7-200 系列 PLC 应用与开发[M]. 北京:中国水利水电出版社,2007.

[26] 李辉,肖宝兴,李宏伟. S7-200 PLC 编程原理与工程实训[M]. 北京:北京航空航天大学出版社,2008.

[27] 向晓汉. S7-200 SMART PLC 完全精通教程[M]. 北京:机械工业出版社,2013.

[28] 吴文廷.浅谈 S7-200 SMART PLC 的特点及其在实验教学中的应用[J]. 廊坊师范学院学报(自然科学版), 2015, 15(5):125-128.